Anwendungen
zur
FLUIDMECHANIK

Aufgaben und Lösungen

Rheinisch-Westfälische Technische Hochschule

Aachen

Aerodynamisches Institut
und
Lehrstuhl für Strömungslehre

Ehab Fares
Mario Opiela
Wolfgang Schröder

AACHENER BEITRÄGE ZUR STRÖMUNGSMECHANIK

Herausgeber:

Univ.-Prof. Dr.-Ing. Wolfgang Schröder

BIBLIOGRAFISCHE INFORMATION DER DEUTSCHEN BIBLIOTHEK
Die Deutsche Bibliothek verzeichnet diese Publikation in der Deutschen Nationalbibliografie; detaillierte bibliografische Daten sind im Internet über http://dnb.ddb.de abrufbar.

Wissenschaftsverlag Mainz in Aachen, 2010
(Aachener Beiträge zur Strömungsmechanik, Band 8)
ISBN 3-86130-376-0

Wissenschaftsverlag Mainz in Aachen
Süsterfeldstr. 83, 52072 Aachen
Telefon: 02 41 / 2 39 48 oder 02 41 / 87 34 34
Fax: 02 41 / 87 55 77
www-Verlag-Mainz.de

Herstellung: Druckerei Mainz GmbH,
Süsterfeldstr. 83, 52072 Aachen
Telefon 02 41 / 87 34 34; Fax: 02 41 / 87 55 77

Gedruckt auf chlorfrei gebleichtem Papier

Inhaltsverzeichnis

Einleitung

Die "Anwendungen zur Fluidmechanik" enthalten mehr als 130 Aufgaben und Lösungen zu grundlegenden Fragestellungen in der Strömungsmechanik, die während des Studiums der Ingenieur- und Naturwissenschaften sowie im späteren Berufsleben von Interesse sind. Die Aufgabensammlung verdeutlicht die Breite der technischen Anwendungen der Strömungslehre.

Die Einteilung der Kapitel folgt der Darstellung der Themenbereiche in dem einführenden Text "Fluidmechanik", in dem die theoretischen Zusammenhänge und die fundamentalen Ansätze ausführlich diskutiert sind. Aus diesem Grund werden die Lösungen nicht detailliert kommentiert. Die Lösungen der ersten Aufgaben zu den jeweiligen Kapiteln sind exemplarisch mathematisch umfassend angegeben, während bei den weiteren Aufgaben die Lösungen kompakter dargestellt sind, da sich wiederholende Lösungsschritte zusammengefasst sind. Zur verständlichen Formulierung sind die Aufgabenstellungen und Lösungsangaben durch zahlreiche Skizzen und graphische Darstellungen ergänzt.

3 Kinematik der Fluide

3.1 Ein Kreiszylinder bewegt sich reibungsfrei in ruhender Umgebung mit konstanter Geschwindigkeit. Zeichnen Sie Stromlinien und Bahnlinien für ein ausgewähltes Fluidteilchen.

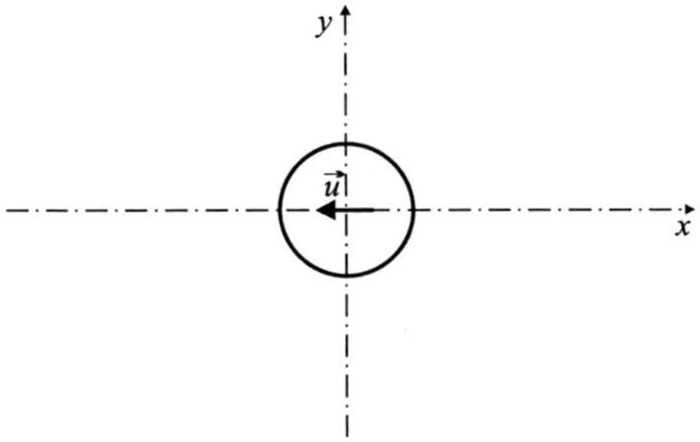

3.2 Bestimmen Sie für das Geschwindigkeitsfeld

$$u = u_0 \ \cos(\omega t) \quad v = -v_0 \sin(\omega t)$$

mit $u_0/\omega = v_0/\omega = 1 \ m$

a) die Stromlinien für $\omega t = 0, \ \pi/4, \ \pi/2,$

b) die Bahnlinien,

c) die Bahnlinie des Teilchens, das sich zur Zeit $t = 0 \ s$ im Punkt $x = 0 \ m, \ y = 1 \ m$ befindet.

4 Grundgleichungen strömender Fluide

Vektoren, Tensoren, Operatoren

1.) Skalare (Tensoren 0. Stufe)
z.B. Druck p, Dichte ρ, Temperatur T
$\longrightarrow$ reelle Zahl (+ physikalische Einheit)

2.) Vektoren (Tensoren 1. Stufe)

z.B. Ortsvektor $\vec{r} = \begin{pmatrix} x \\ y \\ z \end{pmatrix} = x \cdot \vec{i} + y \cdot \vec{j} + z \cdot \vec{k}$,

Geschwindigkeitsvektor $\vec{v} = \begin{pmatrix} u \\ v \\ w \end{pmatrix} = u \cdot \vec{i} + v \cdot \vec{j} + w \cdot \vec{k}$

$\longrightarrow$ n Dimensionen

3.) Dyaden (Tensoren 2. Stufe)
z.B. Spannungstensor τ , $(\vec{v}\,\vec{v})$
$\longrightarrow$ n Dimensionen ($n \times n$ Matrix)

Nabla - Operator $\vec{\nabla} = \left(\frac{\partial}{\partial x}, \frac{\partial}{\partial y}, \frac{\partial}{\partial z} \right)$

Gradient $grad\ p = \vec{\nabla}\, p = \left(\frac{\partial p}{\partial x}, \frac{\partial p}{\partial y}, \frac{\partial p}{\partial z} \right)$

Divergenz $div\ \vec{v} = \vec{\nabla} \cdot \vec{v} = \left(\frac{\partial}{\partial x}, \frac{\partial}{\partial y}, \frac{\partial}{\partial z} \right) \cdot \begin{pmatrix} u \\ v \\ w \end{pmatrix} = \frac{\partial u}{\partial x} + \frac{\partial v}{\partial y} + \frac{\partial w}{\partial z}$

Rotation $\vec{\nabla} \times \vec{v} = \begin{vmatrix} \vec{i} & \vec{j} & \vec{k} \\ \frac{\partial}{\partial x} & \frac{\partial}{\partial y} & \frac{\partial}{\partial z} \\ u & v & w \end{vmatrix} = \begin{pmatrix} \frac{\partial w}{\partial y} - \frac{\partial v}{\partial z} \\ \frac{\partial u}{\partial z} - \frac{\partial w}{\partial x} \\ \frac{\partial v}{\partial x} - \frac{\partial u}{\partial y} \end{pmatrix}$

Partielle Ableitungen

Totales Differential einer Funktion $f = f\,(x,\ y,\ z)$

$$df = \frac{\partial f}{\partial x} \cdot dx + \frac{\partial f}{\partial y} \cdot dy + \frac{\partial f}{\partial z} \cdot dz$$

Das totale Differential beschreibt den Funktionszuwachs, z.B. gilt für die Geschwindigkeit $\vec{v} = \vec{v}\,(t,\ x,\ y,\ z)$

$$d\vec{v} = \frac{\partial \vec{v}}{\partial t} \cdot dt + \frac{\partial \vec{v}}{\partial x} \cdot dx + \frac{\partial \vec{v}}{\partial y} \cdot dy + \frac{\partial \vec{v}}{\partial z} \cdot dz$$

$$\Longrightarrow \frac{d\vec{v}}{dt} = \frac{\partial \vec{v}}{\partial t} + \frac{\partial \vec{v}}{\partial x} \cdot \frac{dx}{dt} + \frac{\partial \vec{v}}{\partial y} \cdot \frac{dy}{dt} + \frac{\partial \vec{v}}{\partial z} \cdot \frac{dz}{dt}$$

$$\Longrightarrow \underbrace{\frac{d\vec{v}}{dt}}_{\text{substantielle}} = \underbrace{\frac{\partial \vec{v}}{\partial t}}_{\text{lokale}} + \underbrace{u \cdot \frac{\partial \vec{v}}{\partial x} + v \cdot \frac{\partial \vec{v}}{\partial y} + w \cdot \frac{\partial \vec{v}}{\partial z}}_{\text{konvektive Beschleunigung}} = \frac{\partial \vec{v}}{\partial t} + (\vec{v} \cdot \nabla) \cdot \vec{v}$$

4.1

a) Beweisen Sie die folgenden Identitäten

1) $\vec{\nabla} \times \vec{\nabla} p = 0$

2) $\vec{\nabla} \times \vec{\nabla}^2 \vec{v} = \vec{\nabla}^2 (\vec{\nabla} \times \vec{v})$

3) $(\vec{v} \cdot \vec{\nabla})\vec{v} = \vec{\nabla}\frac{\vec{v}^{\,2}}{2} - \vec{v} \times (\vec{\nabla} \times \vec{v})$

b) Wie lauten die Kontinuitätsgleichung und die Impulsgleichungen für eine dreidimensionale, inkompressible instationäre Strömung in Vektor-Schreibweise?

4.2

a) Ein Kolben bewegt sich mit der Geschwindigkeit $v_{\mathrm{Kolben}}(t)$ in einem unendlich langen Rohr mit konstanten Querschnitt A. Das Fluid innerhalb des Rohres besitzt eine konstante Dichte.

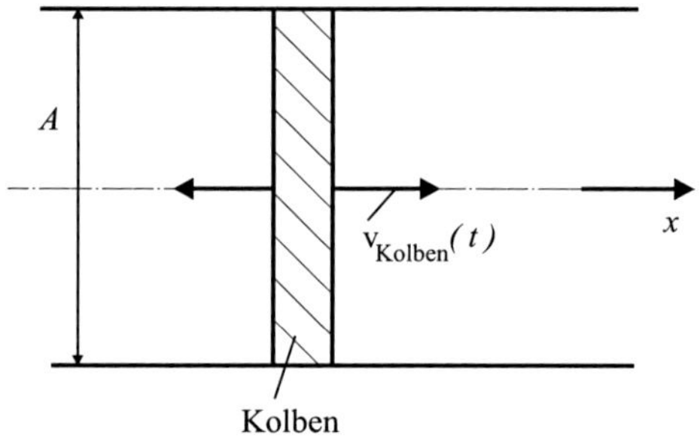

Bestimmen Sie die substantielle Beschleunigung des Fluids in dem Rohr.

b) Ein Fluid mit konstanter Dichte strömt mit der konstanten Geschwindigkeit $v = v_0$ in einen Diffusor, dessen Querschnitt durch $A(x)$ beschrieben sei. Bestimmen Sie die substantielle Beschleunigung des Fluids entlang der Koordinatenachse x.

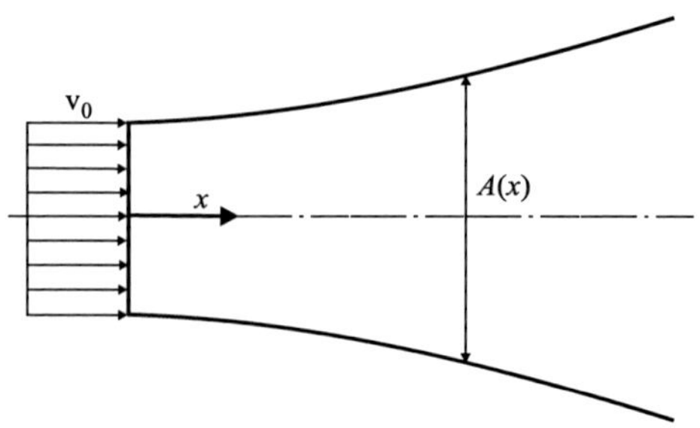

4.3 Transformieren Sie die folgende Kontinuitätsgleichung, die in kartesischen Koordinaten formuliert ist:

$$\frac{d\rho}{dt} + \rho \cdot \left(\frac{\partial u}{\partial x} + \frac{\partial v}{\partial y} + \frac{\partial w}{\partial z} \right) = 0 \quad \text{(Gl. 1)}$$

mit $v = \begin{pmatrix} u \\ v \\ w \end{pmatrix} = \begin{pmatrix} v_x \\ v_y \\ v_z \end{pmatrix}$ auf

a) Zylinderkoordinaten

Hinweis:

$$x = r \cdot \cos\phi \qquad r = \sqrt{x^2 + y^2}$$
$$y = r \cdot \sin\phi \qquad \phi = \arctan\left(\frac{y}{x}\right)$$
$$z = z \qquad z = z$$

b) Kugelkoordinaten

Hinweis:

$$x = r \cdot \sin\Theta \cdot \cos\phi \qquad r = +\sqrt{x^2 + y^2 + z^2}$$
$$y = r \cdot \sin\Theta \cdot \sin\phi \qquad \Theta = \arctan\left(\frac{\sqrt{x^2 + y^2}}{z}\right)$$
$$z = r \cdot \cos\Theta \qquad \phi = \arctan\left(\frac{y}{x}\right)$$

4.4 Ein inkompressibles Fluid mit der Zähigkeit η strömt laminar und stationär zwischen zwei parallelen Scheiben.

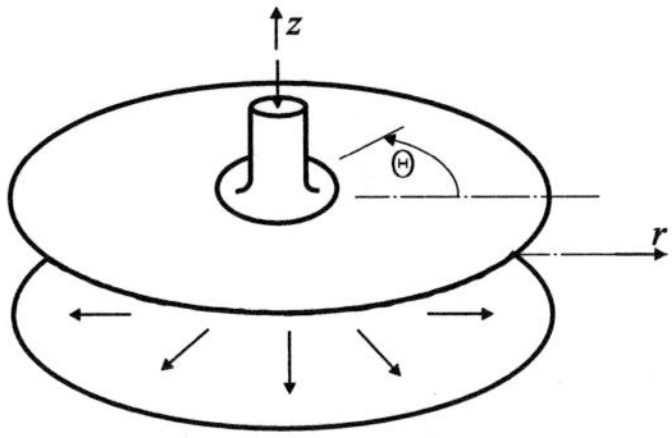

Die Strömung sei nur radial nach außen gerichtet. Die bestimmenden Differentialgleichungen, gegeben in Polarkoordinaten, sind:

$$\frac{1}{r}\frac{\partial(\rho\, r\, v_r)}{\partial r} + \frac{1}{r}\frac{\partial(\rho\, v_\Theta)}{\partial \Theta} + \frac{\partial(\rho\, v_z)}{\partial z} = 0$$

$$\rho\left(v_r \frac{\partial v_r}{\partial r} + \frac{v_\Theta}{r}\frac{\partial v_r}{\partial \Theta} - \frac{v_\Theta^2}{r} + v_z \frac{\partial v_r}{\partial z}\right) = -\frac{\partial p}{\partial r} + \eta\left(\frac{\partial}{\partial r}\left(\frac{1}{r}\frac{\partial(r\, v_r)}{\partial r}\right) + \frac{1}{r^2}\frac{\partial^2 v_r}{\partial \Theta^2} - \frac{2}{r^2}\frac{\partial v_\Theta}{\partial \Theta} + \frac{\partial^2 v_r}{\partial z^2}\right)$$

Vereinfachen Sie diese Gleichungen für obiges Strömungsproblem.

4.5 Gegeben sind die Navier-Stokes Gleichungen für rotationssymmetrische, instationäre, inkompressible Strömungen in Zylinderkoordinaten:

$$\frac{1}{r}\frac{\partial(r \cdot v_r)}{\partial r} + \frac{\partial v_z}{\partial z} = 0$$

$$\rho\left(\frac{\partial v_r}{\partial t} + v_r\frac{\partial v_r}{\partial r} + v_z\frac{\partial v_r}{\partial z}\right) = -\frac{\partial p}{\partial r} + \eta\left[\frac{\partial}{\partial r}\left(\frac{1}{r}\frac{\partial}{\partial r}(r\, v_r)\right) + \frac{\partial^2 v_r}{\partial z^2}\right]$$

$$\rho\left(\frac{\partial v_z}{\partial t} + v_r\frac{\partial v_z}{\partial r} + v_z\frac{\partial v_z}{\partial z}\right) = -\frac{\partial p}{\partial z} + \eta\left[\frac{1}{r}\frac{\partial}{\partial r}\left(r\frac{\partial v_z}{\partial r}\right) + \frac{\partial^2 v_z}{\partial z^2}\right]$$

$$\rho\, c_p\left(\frac{\partial T}{\partial t} + v_r\frac{\partial T}{\partial r} + v_z\frac{\partial T}{\partial z}\right) =$$

$$\frac{dp}{dt} + \lambda\left[\frac{1}{r}\frac{\partial}{\partial r}\left(r\frac{\partial T}{\partial r}\right) + \frac{\partial^2 T}{\partial z^2}\right] + 2\eta\left\{\left(\frac{\partial v_r}{\partial r}\right)^2 + \left(\frac{v_r}{r}\right)^2 + \left(\frac{\partial v_z}{\partial z}\right)^2\right\} + \eta\left(\frac{\partial v_z}{\partial r} + \frac{\partial v_r}{\partial z}\right)^2$$

Betrachtet wird eine stationäre, laminare, ausgebildete, inkompressible Rohrströmung mit zeitlich und räumlich veränderlicher Temperaturverteilung.

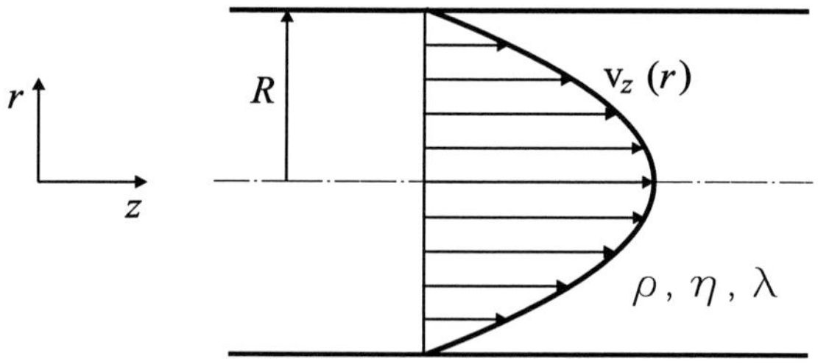

Vereinfachen Sie die Gleichungen für diesen Fall.

4.6 Gegeben sind die Navier-Stokes Gleichungen für instationäre, inkompressible Strömungen in einem Schwerefeld $\vec{g}$:

$$\nabla \cdot \vec{v} = 0$$

$$\rho\frac{d\vec{v}}{dt} = -\nabla p + \eta\nabla^2\vec{v} + \rho\vec{g}$$

Formulieren Sie die Gleichungen für eine stationäre, reibungsfreie zweidimensionale Strömung in den kartesischen Koordinatenrichtungen $(x,\ y)$.

5 Hydrostatik

5.1 In zwei übereinandergeschichteten Flüssigkeiten schwebt ein Würfel.

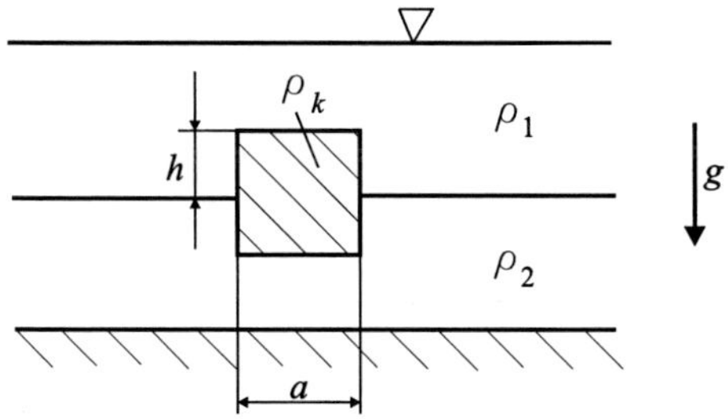

Gegeben: $\rho_1 = 850\ kg/m^3,\ \rho_2 = 1000\ kg/m^3,\ \rho_K = 900\ kg/m^3,\ a = 0,1\ m$

Bestimmen Sie die Höhe h!

5.2 Ein Behälter ist mit einem Fluid der Dichte ρ gefüllt. Der Abfluss des Behälters (Füllhöhe h) ist durch eine Halbkugelschale (Radius R, Gewicht G) abgeschlossen.

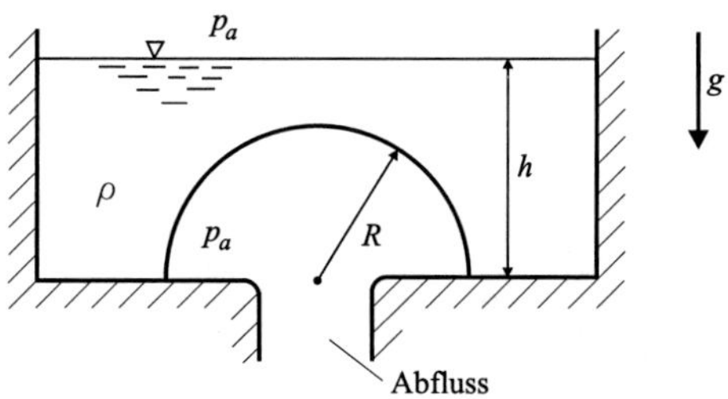

Gegeben: $h,\ \rho,\ R,\ G,\ g$

Welche Kraft F ist notwendig, um den Abfluss zu öffnen?

Hinweis: Das Volumen einer Kugel ist: $V_k = \dfrac{4}{3}\ \pi\ R^3$

5.3 Eine unten offene Boje der Masse m_B, die mit einem Seil am Boden eines Sees befestigt ist, ragt mit einem Drittel ihrer Höhe aus dem Wasser, wenn das Seil nicht gespannt ist (Skizze 1). Durch steigenden Wasserstand wird die Boje unter die Wasseroberfläche gezogen (Skizze 2) und sinkt bei der Eintauchtiefe H zu Boden.

Bestimmen Sie H!

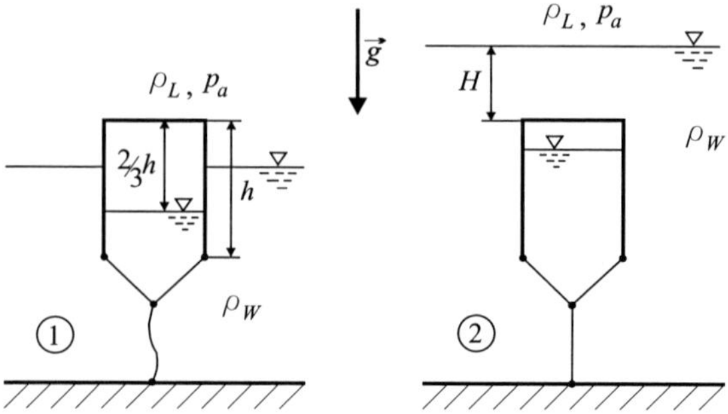

Gegeben: m_B, p_a, ρ_W, h, g, $\rho_L << \rho_W$

Hinweis: Nehmen Sie an, dass die Temperatur im Innern der Boje konstant ist, und die eingeschlossene Luft als ideales Gas betrachtet werden kann.
Das Gewicht des Seiles ist zu vernachlässigen.

5.4 Ein Schiff mit vertikalen Seitenwänden hat bei einem Gewicht G_0 in Meerwasser den Tiefgang h_0 und verdrängt das Volumen τ_0. Vor der Einfahrt in eine Flußmündung wird das Gewicht um ΔG vermindert, damit das Schiff nicht auf Grund läuft. Danach betragen der Tiefgang h_1 und das Volumen τ_1. Die Dichte des Meerwassers ist ρ_M, die des Flußwassers ρ_F.

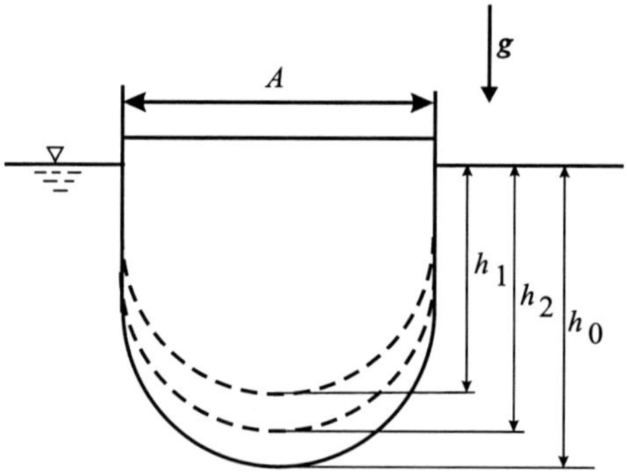

Gegeben: $G_0 = 1,1 \cdot 10^9\ N$, $\Delta G = 10^8\ N$, $h_0 = 11\ m$, $h_1 = 10,5\ m$, $\rho_M = 1,025 \cdot 10^3\ kg/m^3$, $\rho_F = 10^3\ kg/m^3$, $g = 10\ m/s^2$

Bestimmen Sie
a) das Volumen τ_0,
b) die Deckfläche A,
c) die Differenz $\tau_2 - \tau_1$ der verdrängten Volumina in Süßwasser und in Salzwasser,
d) den Tiefgang h_2 in Süßwasser!

5.5 Das unten skizzierte Wehr der Länge L trennt zwei Wasserbecken mit unterschiedlicher Wassertiefe voneinander ab.

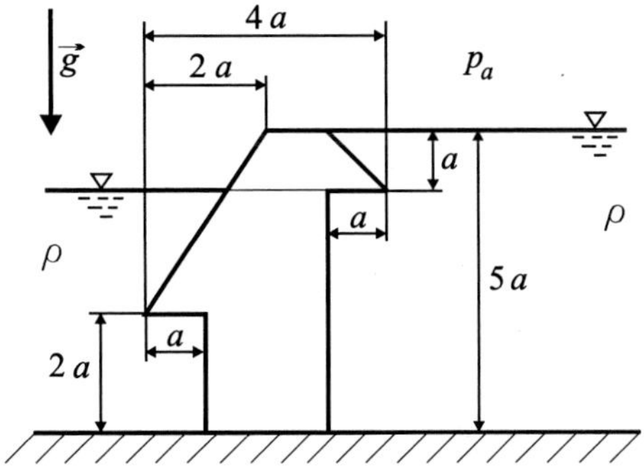

Gegeben: $\rho,\ g,\ L,\ a$

Bestimmen Sie den Betrag der Kraft, die das Wasser auf das Wehr ausübt.

5.6 Ein mit Wasser gefüllter Kessel hat oben eine kleine Öffnung und ist auf einer Platte festgeschraubt.

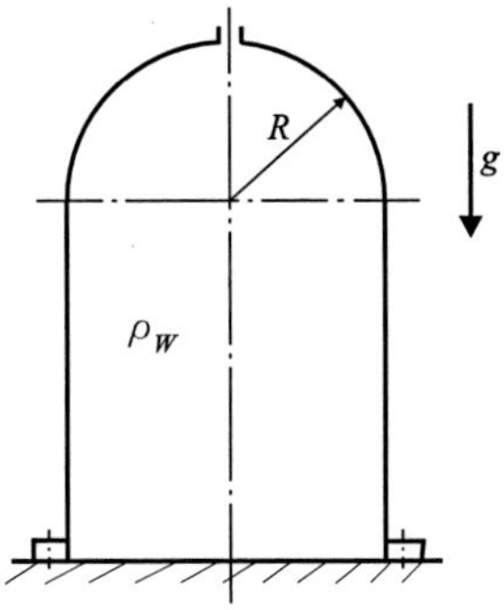

Gegeben: $R = 1\ m,\ \rho_W = 10^3\ kg/m^3,\ g = 10\ m/s^2$

Bestimmen Sie unter Vernachlässigung des Behältergewichtes die Schraubenkraft!

5.7 Ein mit Wasser gefüllter Wagen wird mit der konstanten Beschleunigung a_x in x-Richtung bewegt.

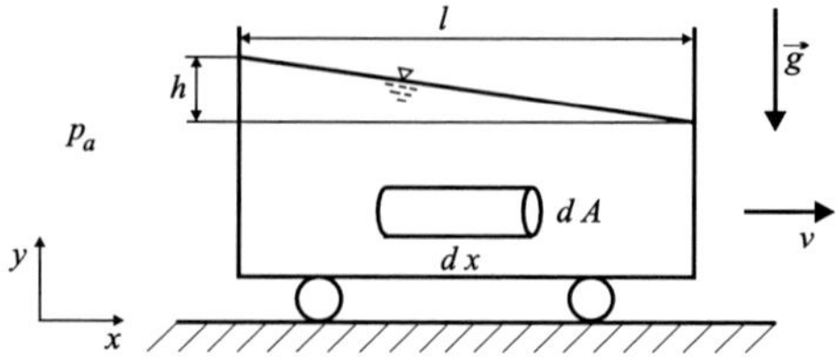

Gegeben: $h,\ \rho_W,\ g,\ a_x$

1. Bestimmen Sie den Druckgradienten $\partial p/\partial x$ aus der Kräftebilanz am eingezeichneten Volumenelement mit der Länge dx und dem Querschnitt dA.

2. Bestimmen Sie die Wagenlänge l.

5.8 Eine Flüssigkeit rotiert in einem oben offenen, kreiszylindrischen Gefäß mit konstanter Winkelgeschwindigkeit, die so groß ist, daß die Flüssigkeit gerade den Gefäßrand erreicht. Im Ruhezustand füllt die Flüssigkeit den Behälter bis zur Höhe h_0.

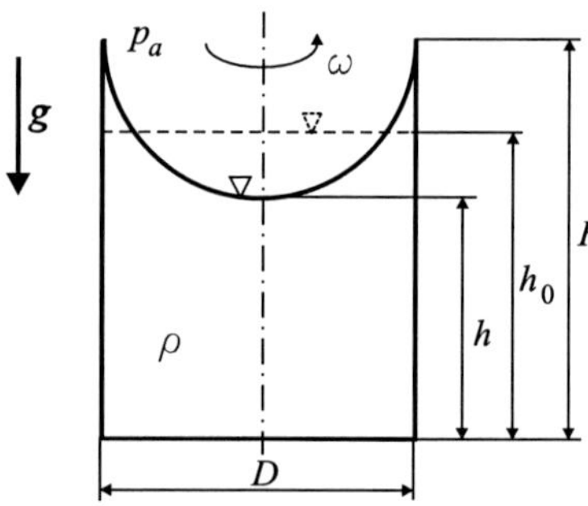

Gegeben: $D = 0,5\ m,\ h_0 = 0,7\ m,\ H = 1\ m,\ \rho = 10^3\ kg/m^3,\ p_a = 10^5\ N/m^2,\ g = 10\ m/s^2$

Bestimmen Sie

a) die Höhe h und die Winkelgeschwindigkeit ω,

b) den Druckverlauf an der Wand und am Boden!

Hinweis:

$$\frac{\partial p}{\partial r} = \rho\omega^2 r \qquad \frac{\partial p}{\partial z} = -\rho g \qquad dp = \frac{\partial p}{\partial r}dr + \frac{\partial p}{\partial z}dz$$

5.9 Ein kugelförmiger, offener, starrer Gasballon ist für eine Steighöhe H von 10 km in isothermer Atmosphäre (Temperatur T_0) ausgelegt.

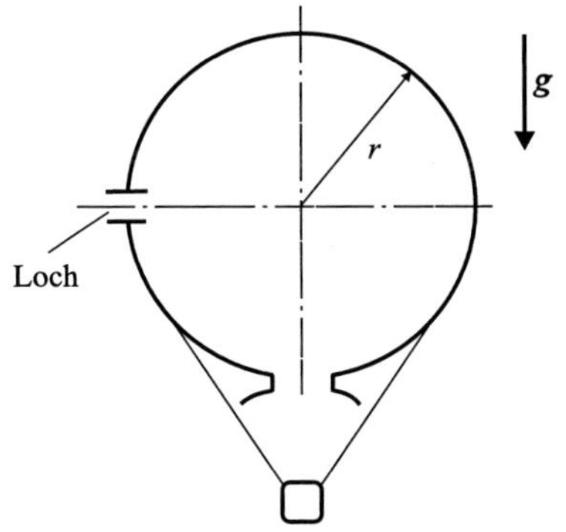

Gegeben: $H = 10^4\ m,\ R_L = 287\ \dfrac{Nm}{kg\ K},\ g = 10\ \dfrac{m}{s^2},\ T_0 = 287\ K$

Wie groß ist die Steighöhe h, wenn die Ballonhülle ein Loch hat (siehe Skizze)?

5.10 Ein Wetterballon mit Masse m und Anfangsvolumen V_0 steigt in einer isothermen Atmosphäre auf. Bis zum Erreichen des maximalen Volumens V_1 ist die Hülle schlaff.

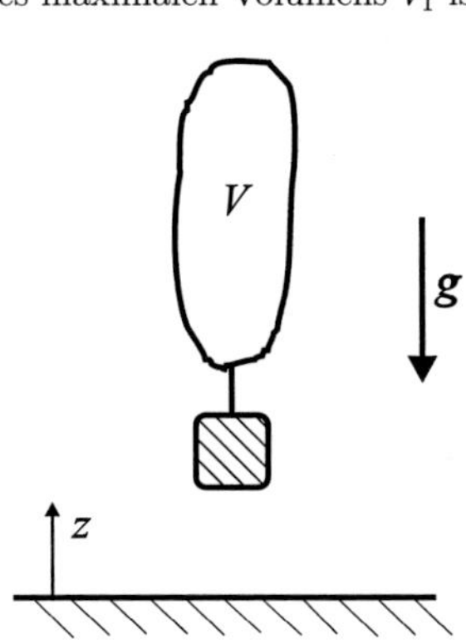

Gegeben: $p_0 = 10^5\ N/m^2,\ \rho_0 = 1,27\ kg/m^3,\ m = 2,5\ kg,\ V_0 = 2,8\ m^3,\ V_1 = 10\ m^3,\ R = 287\ Nm/kgK,\ g = 10\ m/s^2$

a) Mit welcher Kraft muß der Ballon vor dem Start festgehalten werden?
b) In welcher Höhe erreicht der Ballon das Volumen V_1?
c) Wie hoch steigt der Ballon?

6 Kontinuitätsgleichung und Bernoulli Gleichung

6.1 Ein großer See ist durch einen Überströmkanal mit einem Reservoir und durch ein Leitungssystem mit einem tiefer gelegenen See verbunden (siehe Skizze).

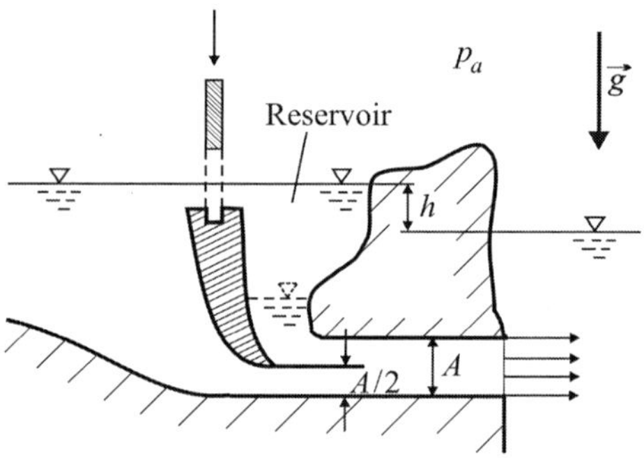

Gegeben: $\rho,\ g,\ h,\ A$

Bestimmen Sie den gesamten Volumenstrom $\dot{V}$, der bei geöffnetem Überströmkanal in den unteren See fließt.

Hinweis: Die Höhenunterschiede in den horizontal verlaufenden Leitungen und die Wandreibung sind zu vernachlässigen.

6.2 Zur Ermittlung der Geschwindigkeit einer Rohrströmung wird die Druckdifferenz Δp gemessen. Bei starker Versperrung weicht die Druckdifferenz vom Staudruck der ungestörten Strömung ab.

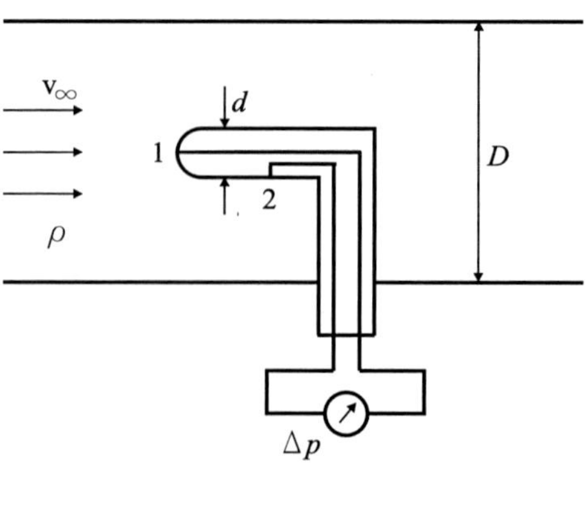

Stellen Sie für reibungsfreie Strömung den Verlauf von $v_\infty/\sqrt{\dfrac{2\Delta p}{\rho}}$ in Abhängigkeit von $\dfrac{d}{D}$ graphisch dar.

6.3 Aus einem großen Behälter strömt durch einen gut gerundeten Auslauf mit dem Radius R eine inkompressible Flüssigkeit mit der Dichte ρ stationär ins Freie.

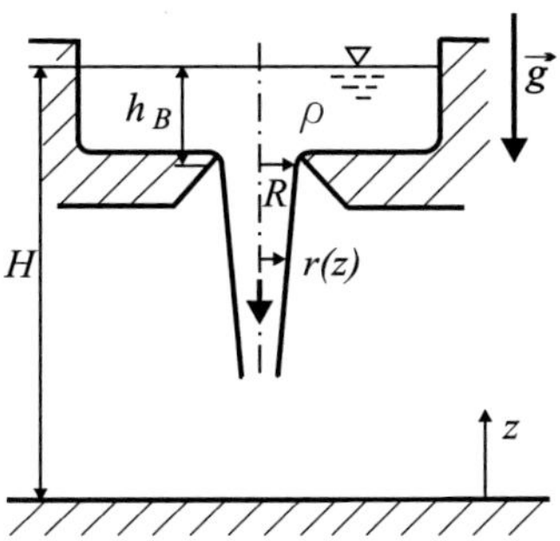

Gegeben: $H,\ h_B,\ R,\ \rho,\ g$

Berechnen Sie den Radius $r(z)$ des Flüssigkeitsstrahls als Funktion der Höhe z.

6.4 Aus einem großen Überdruckbehälter strömt Wasser ins Freie. Zwischen den Querschnitten A_1 und A_2 wird die Druckdifferenz Δp gemessen.

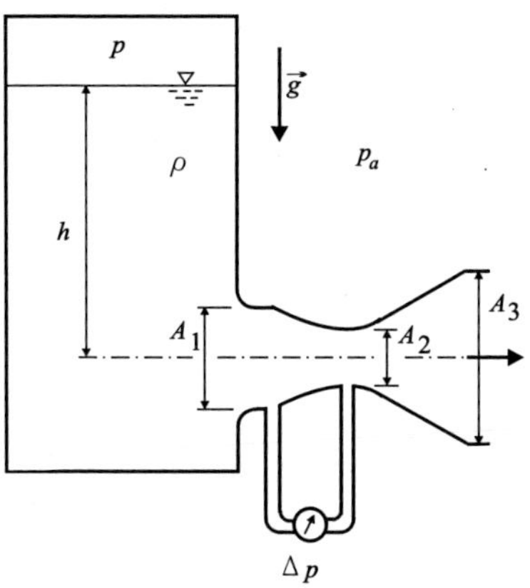

Gegeben: $A_1 = 0,3\ m^2,\ A_2 = 0,1\ m^2,\ A_3 = 0,2\ m^2,\ h = 1\ m,\ \rho = 10^3\ kg/m^3,\ p_a = 10^5\ N/m^2,\ \Delta p = 0,64 \cdot 10^5\ N/m^2,\ g = 10\ m/s^2$

Bestimmen Sie
a) die Geschwindigkeiten $v_1,\ v_2,\ v_3$,
b) die Drücke $p_1,\ p_2,\ p_3$ und den Druck p über dem Wasserspiegel!

6.5 Zwei große übereinanderliegende Becken sind durch eine Hebeleitung miteinander verbunden. Am Ende der Leitung befindet sich eine Düse.

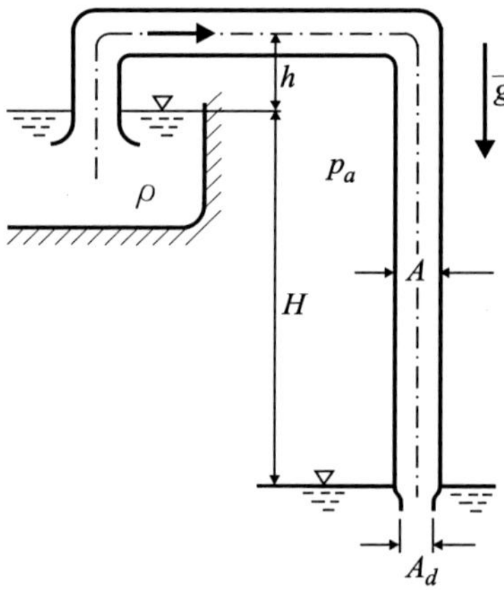

Gegeben: $A = 1\ m^2,\ A_d = 0,1\ m^2,\ h = 5\ m,\ H = 80\ m,\ p_a = 10^5\ N/m^2,\ \rho = 10^3\ kg/m^3,\ g = 10\ m/s^2$

a) Wie groß ist der Volumenstrom?
b) Skizzieren Sie den Verlauf des statischen Druckes in der Leitung!
c) Bei welchem Austrittsquerschnitt bilden sich Dampfblasen, wenn der Dampfdruck $p_D = 0,025 \cdot 10^5\ N/m^2$ ist?

6.6 Die Klappe am Ende der Ausströmleitung (konstante Breite B) eines großen Behälters wird plötzlich geöffnet. Es stellt sich eine verlustfreie Strömung ein.

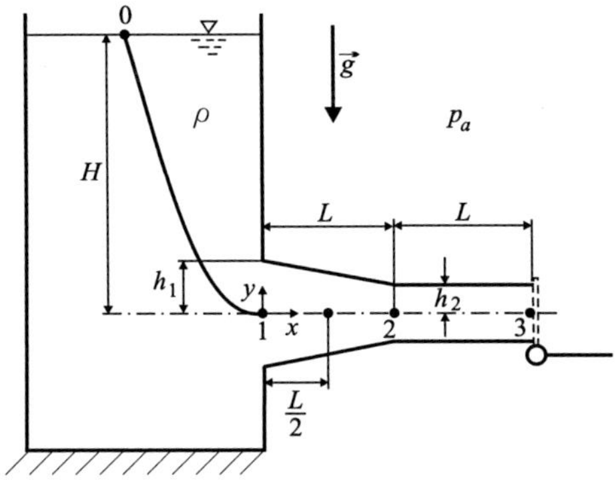

Gegeben: $H,\ h_1,\ h_2,\ g,\ L; \quad L >> h_1$

Bestimmen Sie

a) die Differentialgleichung für die Ausströmgeschwindigkeit v_3

b) - die lokale Beschleunigung
   - die konvektive Beschleunigung
   - die substantielle Beschleunigung

an der Stelle $x = \dfrac{L}{2}$ zu dem Zeitpunkt, an dem die Ausströmgeschwindigkeit die Hälfte des stationären Endwertes erreicht hat!

Hinweis: Zur Lösung der Aufgabe ist die Berechnung von $v(t)$ nicht erforderlich.

6.7 Der Ausfluß eines großen Behälters ist als Diffusor ausgebildet. Die am Ende des Diffusors angebrachte Klappe wird zum Zeitpunkt $t = 0$ plötzlich geöffnet.

Gegeben: $L,\ p_a,\ p_2 \approx p_a,\ A_2,\ h$

Bestimmen Sie

a) die Beschleunigung $\dfrac{dv_2}{dt}$ im Punkt "2" unmittelbar nach dem Öffnen der Klappe,

b) die Stelle x im Diffusor, an der der Druck ein Maximum besitzt, wenn die Geschwindigkeit v_2 gerade die Hälfte ihres stationären Endwertes erreicht hat.

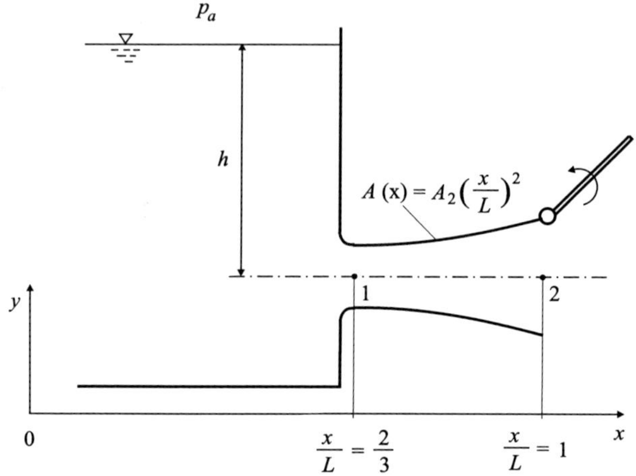

6.8 Aus einem großen Reservoir strömt Wasser in ein tiefer gelegenes Becken, dessen Abflussöffnung plötzlich auf ein Drittel verkleinert wird.

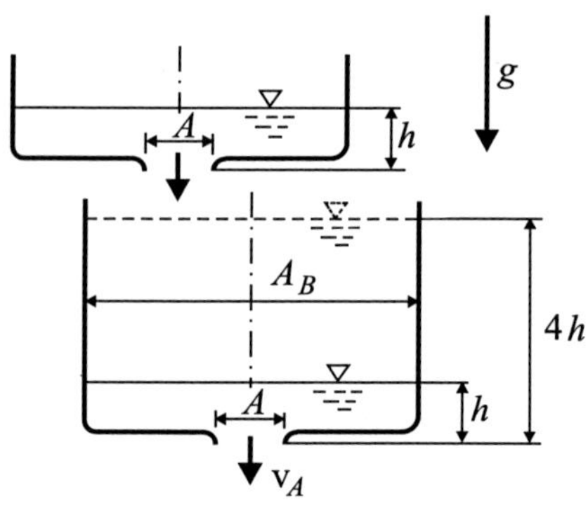

Gegeben: $A = 0,03\ m^2,\ A_B = 1\ m^2,\ h = 5\ m,\ g = 10\ m/s^2,\ \left(\frac{dh}{dt}\right)^2 << (v_A)^2$

Bestimmen Sie die Zeit, in der der Wasserspiegel von seiner ursprünglichen Höhe h auf das Vierfache ansteigt.

Hinweis: $\int \frac{dx}{a - \sqrt{x}} = 2\left[(a - \sqrt{x}) - a\ \ln(a - \sqrt{x})\right] + C$

6.9 Ein Springbrunnen wird aus einem großen Behälter gespeist. Durch Einschalten einer Pumpe im Zulaufrohr wird eine konstante Druckdifferenz Δp erzeugt. Nach 7,6 Sekunden erreicht die Geschwindigkeit am Rohrende 99,9 % des stationären Endwertes ($v(t \to \infty)$).

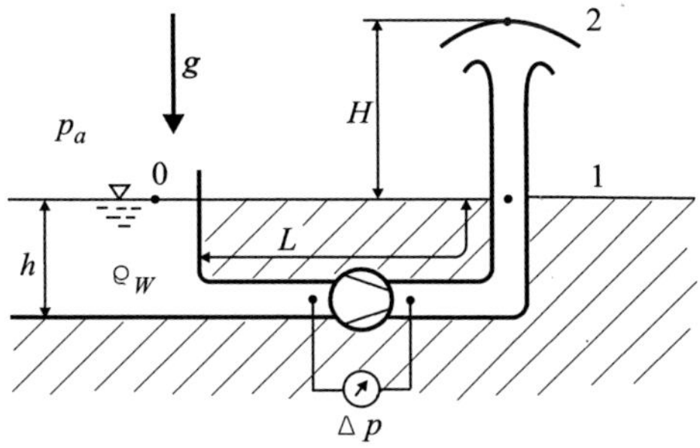

Gegeben: $T_{99,9} = 7.6\ s,\ \ L = 10\ m,\ \ g = 10\ m/s^2$

a) Bestimmen Sie die Höhe H der Fontäne für $t \to \infty$.
b) Nach welcher Zeit $t_{1/2}$ erreicht sie die halbe stationäre Höhe?

Hinweis: Die Wandreibung ist zu vernachlässigen.

$$\int \frac{1}{a^2 - x^2}\, dx \;=\; \frac{1}{2a}\, \ln\, \frac{a + x}{a - x}$$

6.10 Eine Kolbenpumpe saugt Wasser mit dem Dampfdruck p_D aus einem Reservoir. Der Kolben hat die Frequenz ω und den Hub ξ_0. Die Pumpe hat einen konstanten Querschnitt A und der Kolben liegt in der Höhe h über der Wasseroberfläche. Die Ansauglänge sei L.

Gegeben: $p_a,\ L,\ \xi_0,\ h,\ A,\ \rho,\ p_D,\ g$

a) Bestimmen Sie den dimensionslosen Druck am Kolbenboden $p_K\ /\ (\rho L^2 \omega^2) = f(\omega)$ als Funktion der Kolbenfrequenz.
b) Bestimmen Sie für $\xi_0 << L$ die kritische Pumpfrequenz bei der gerade der Dampfdruck p_D am Kolbenboden erreicht wird.
c) Bestimmen Sie das mittlere Hubvolumen pro Zeit $\dot{V}$.

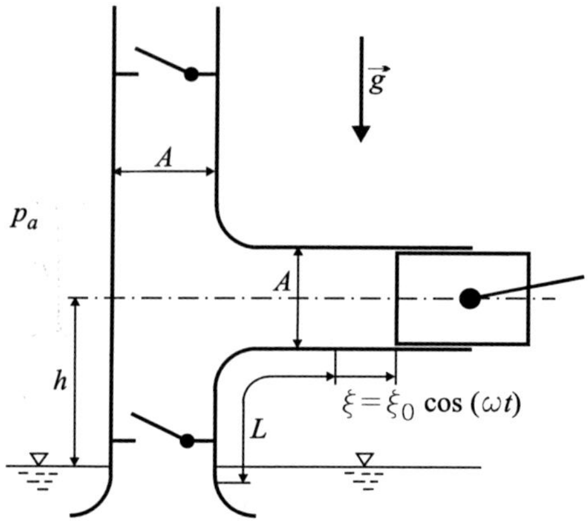

6.11 Aus einem großen Behälter fließt Wasser unter der Einwirkung der Schwerkraft durch ein abgewinkeltes Rohr reibungsfrei ins Freie. Zum Zeitpunkt $t = 0$ beschleunigt ein Motor plötzlich das abgewinkelte Rohr auf die Winkelgeschwindigkeit ω_r.

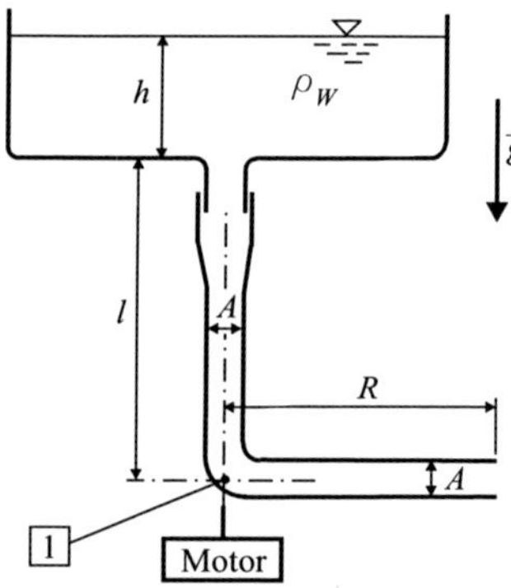

Gegeben: $h,\ l,\ R,\ A,\ \omega_r,\ \rho_W,\ p_a,\ \vec{g}$

a) Nach welcher Zeit ΔT erreicht die Strömung die Hälfte der Geschwindigkeit, die sich für $t \to \infty$ im senkrechten Teil des Rohres einstellt?

b) Bestimmen Sie den Druck in Punkt $\boxed{1}$ für $t \to \infty$ im mit $\omega = \omega_r$ rotierenden Rohr.

Hinweis:

$$\int \frac{dx}{a^2 - x^2} = \frac{1}{2a} \ln \frac{a+x}{a-x} + C \qquad \frac{\partial p}{\partial r} = \rho\, \omega^2\, r$$

7 Impulssatz und Impulsmomentensatz

7.1 In einer Gasleitung ist ein Pitotrohr über zwei U-Rohre mit jeweils einer weiteren Druckbohrung verbunden.

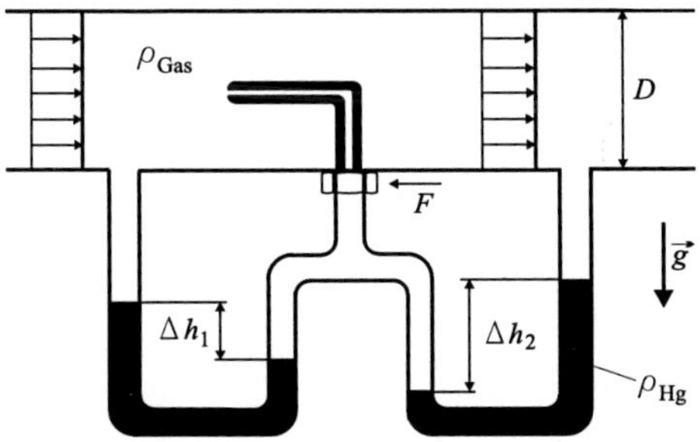

Gegeben: $\rho_{Hg} \gg \rho_{Gas}$, g, Δh_1, Δh_2, D

Bestimmen Sie die Haltekraft F, die von der Halterung des Pitotrohres aufgenommen wird. Nehmen Sie inkompressible Strömung an! Die Wandreibung in der Leitung ist zu vernachlässigen!

7.2 Bestimmen Sie unter Vernachlässigung der Wandreibung die Druckdifferenz $\Delta p = p_2 - p_1$ in der skizzierten Rohrverzweigung.

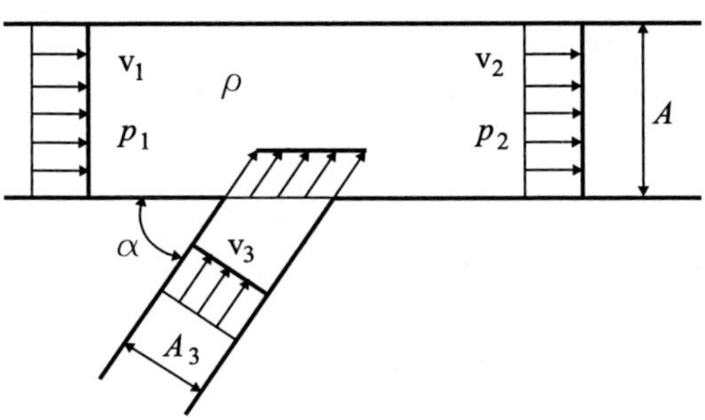

Gegeben: $v_1,\ v_2,\ A_3 = \frac{1}{4}A,\ \alpha,\ \rho = konst.$

7.3 Aus einer Verzweigung strömt Wasser stationär und reibungsfrei ins Freie. In der Zuströmleitung ist der Druck um Δp höher als in der Umgebung. Das Bild gibt die Draufsicht wieder.

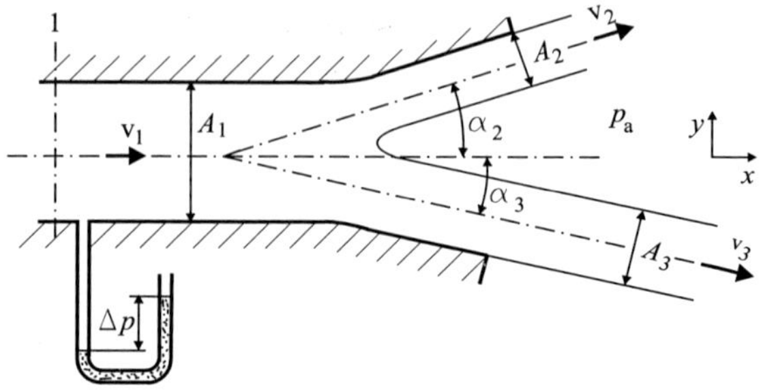

Gegeben: $A_1 = 0,2\ m^2$, $A_2 = 0,03\ m^2$, $A_3 = 0,07\ m^2$, $\alpha_2 = 30°$, $\alpha_3 = 20°$, $\Delta p = 10^4\ N/m^2$, $\rho = 10^3\ kg/m^3$

Bestimmen Sie
a) die Geschwindigkeiten v_1, v_2, v_3,
b) die Kraft F_s im Schnitt 1,
c) den Winkel α_3, bei dem F_{sy} verschwindet.

7.4 Eine ebene Platte konstanter Dicke mit der Masse m und der Länge l ist an einem Gelenk aufgehängt und wird von einem ebenen Wasserstrahl der Höhe h und Breite B mit der Geschwindigkeit v angeströmt. Die Strömung in dem Strahl sei verlustfrei.

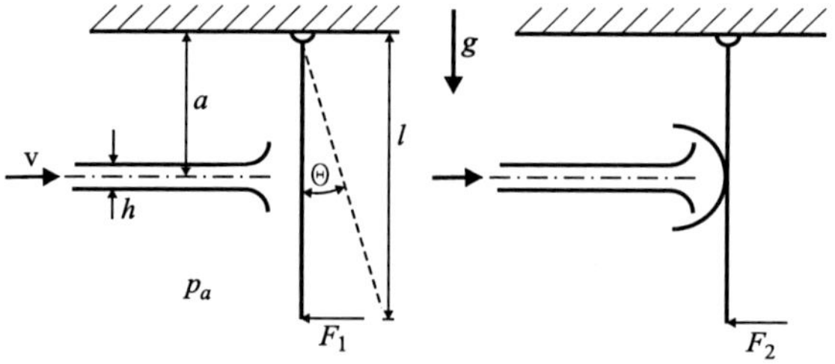

Gegeben: m, a, l, h, B, v, ρ, g, p_a

a) Berechnen Sie Kraft F_1, die am unteren Ende der Platte aufgebracht werden muß, um die Platte vertikal zu halten.
b) Berechnen Sie die erforderliche Haltekraft F_2, wenn die Platte mit einer Umlenkschaufel versehen wird.
c) Berechnen Sie für den stationären Endzustand den Winkel θ, um den die Platte ausgelenkt wird, wenn sie frei schwingen kann.

Hinweis: Die Volumenkraft des Wassers sei vernachlässigbar.

7.5 Eine Rakete bewegt sich mit konstanter Geschwindigkeit. Die an der Rakete vorbeiströmende Luft wird radial verdrängt. Im Strahl ist die Geschwindigkeit v_A, daneben v_1.

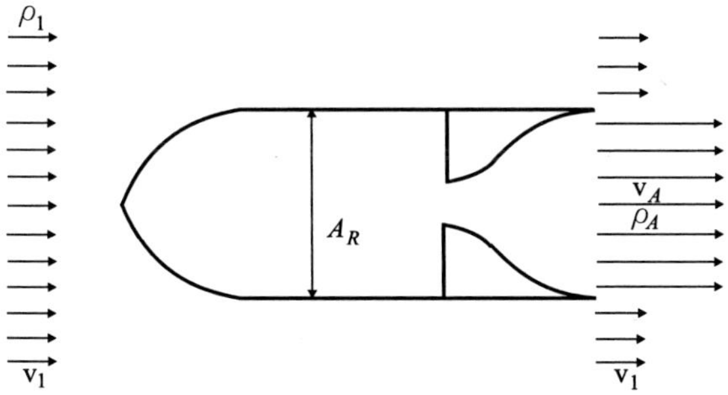

Gegeben: $v_1, \; v_A, \; \rho_1, \; \rho_A, \; A_R$

Bestimmen Sie
a) die verdrängte Luftmasse,
b) den Schub und die Nutzleistung.

7.6 Ein Propeller wird mit konstanter Geschwindigkeit v_1 angeströmt. In einiger Entfernung stromab vom Propeller ist die Geschwindigkeit im Strahl v_2, außerhalb v_1.

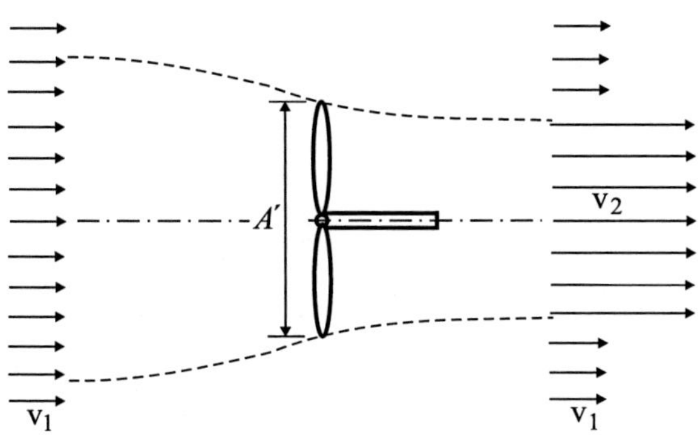

Gegeben: $A' = 7{,}06 \; m^2, \; v_1 = 5 \; m/s, \; v_2 = 8 \; m/s, \; \rho = 10^3 \; kg/m^3$

Bestimmen Sie
a) die Geschwindigkeit v' in der Propellerebene,
b) den Wirkungsgrad.

7.7 Ein ummantelter Propeller wird mit konstanter Geschwindigkeit angeströmt. Der Einlauf ist gut gerundet.

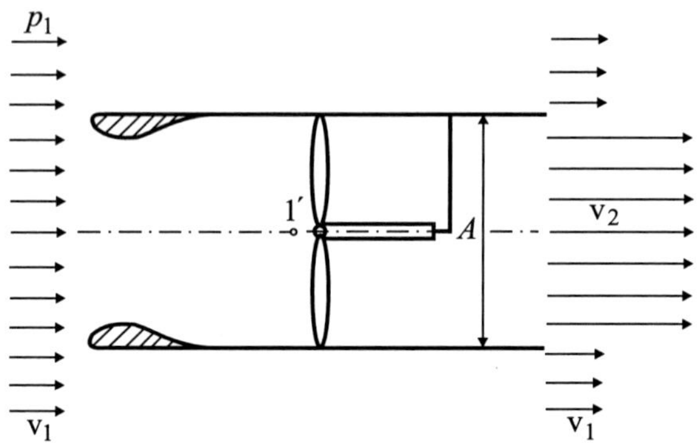

Gegeben: $A = 1\ m^2,\ v_1 = 10\ m/s,\ p_1 = 1,345 \cdot 10^5\ N/m^2,\ p_{1'} = 10^5\ N/m^2,\ \rho = 10^3\ kg/m^3$

a) Skizzieren Sie den Verlauf des statischen Druckes längs der Achse

und bestimmen Sie
b) den Massenstrom,
c) den Schub,
d) die vom Propeller an die Strömung abgegebene Leistung.

7.8 Zwei Gebläse, die Luft aus der Umgebung ansaugen, unterscheiden sich in der Form des Einlaufs.

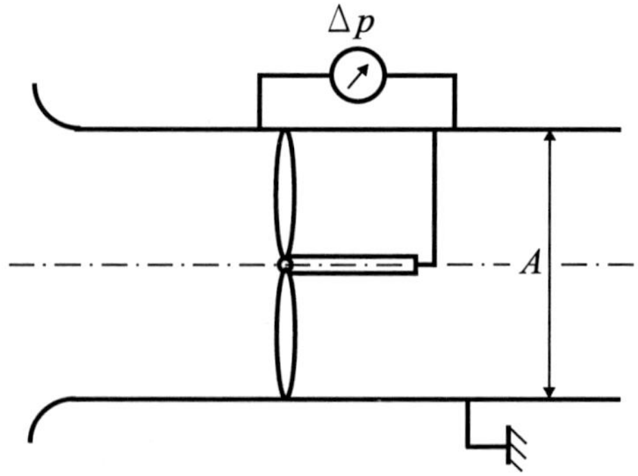

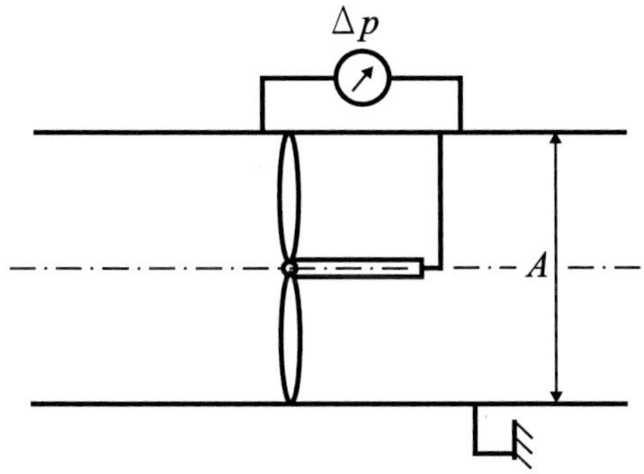

Gegeben: ρ, A, Δp

Bestimmen Sie
a) den Volumenstrom,
b) die Gebläseleistung,
c) die Haltekraft.

7.9 Ein Luftkissenfahrzeug mit dem Gewicht G, der Breite B und der Länge L schwebt stationär über dem Boden.

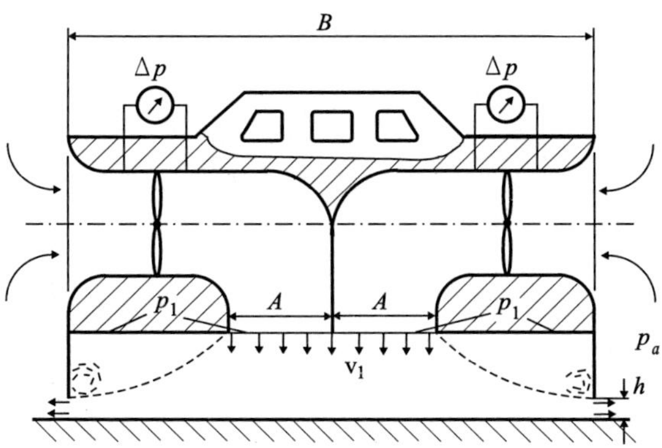

Gegeben: Δp, ρ, G, A, $\quad BL = 20\,A$, $\quad h(B+L) = A$

Berechnen Sie unter Vernachlässigung der Wandreibung und der Kompressibilität:
a) den Druck p_1 und den durch das Luftkissenfahrzeug durchgesetzten Volumenstrom $\dot{V}$,
b) die von den Gebläsen an die Strömung abgegebene Leistung sowie die Leistungsverluste infolge Strömungsverwirbelung in der Luftkammer.

Hinweis: Vernachlässigen Sie die Differenzen der geodätischen Energien.

7.10 Ein Ball mit dem Gewicht G wird von einem Fluidstrahl (z.B. einem Luftstrahl) reibungsfrei umströmt und dadurch in der Schwebe gehalten. Der Strahl strömt den Ball mit der Geschwindigkeit v_1 unter dem Winkel α_1 an.

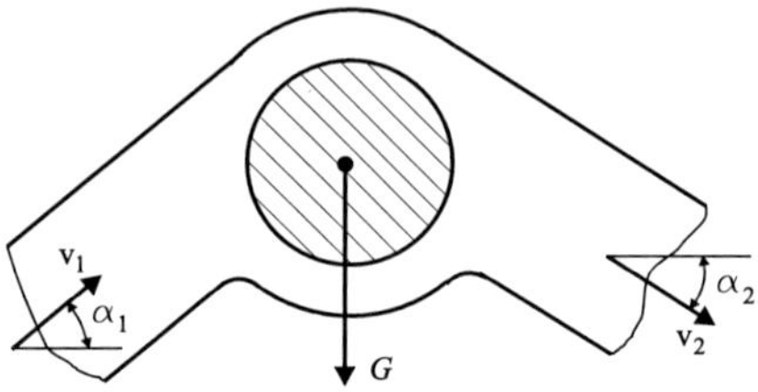

Gegeben: $v_1,\ G,\ \alpha_1$

Bestimmen Sie
a) die Abströmgeschwindigkeit v_2
b) den Winkel α_2 unter dem das Fluid abströmt,
c) den erforderlichen Massenstrom $\dot{m}$, um den Ball in der Schwebe zu halten.

Hinweis: Die Wirkung der Schwerkraft auf den Strahl wird vernachlässigt.

7.11 Ein Rasensprenger mit drei Armen wird aus einem großen Behälter gespeist und rotiert mit der Winkelgeschwindigkeit $\omega = konst.$. Die Wasserstrahlen treten unter dem Winkel α gegenüber der Umfangsrichtung aus.

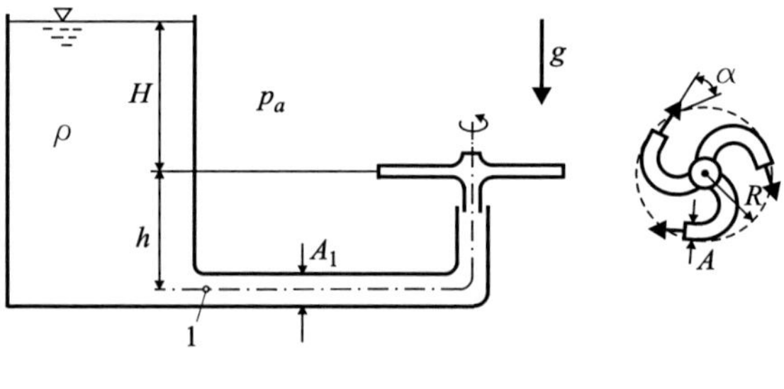

Gegeben: $H = 10\ m,\ R = 0,5\ m,\ h = 1\ m,\ A = 0,5 \cdot 10^{-4}\ m^2,\ A_1 = 1,5.10^{-4}\ m^2,\ \alpha = 30°,\ p_a = 10^5\ N/m^2,\ \rho = 10^3\ kg/m^3,\ g = 10\ m/s^2,\ \omega = 15\ s^{-1}$

Bestimmen Sie
a) die relative Austrittsgeschwindigkeit,
b) das Drehmoment und den Volumenstrom,
c) den Druck p_1,
d) das maximale Drehmoment.

7.12 Ein im Punkt D drehbar gelagerter Behälter mit dem Gewicht G ist mit einem um 90° gekrümmten Ausflußrohr versehen. Der Schwerpunkt des Systems befindet sich im Abstand h zum Drehpunkt. Wie groß ist die Neigung α der Rohrachse gegenüber der Vertikalen, wenn das Wasser reibungsfrei ausströmt?

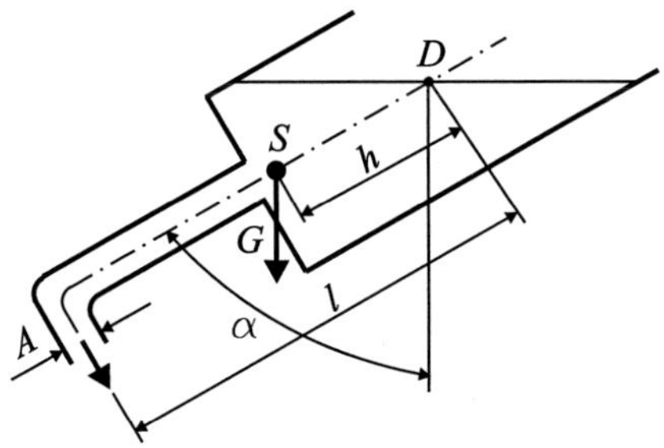

Gegeben: $G,\ l,\ h,\ A,\ \rho$

Hinweis: Der Behälter ist so groß, dass der Wasserspiegel nicht sinkt.

8 Strömung in offenen Gerinnen

8.1 In einem Gerinne steht ein Wassersprung.

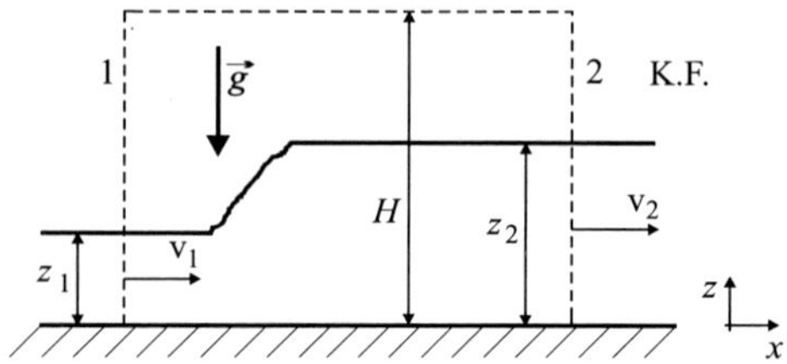

Gegeben: $z_1 = 0,1\ m,\ z_2 = 0,2\ m,\ g = 10\ m/s^2$

Bestimmen Sie
a) die Geschwindigkeiten v_1 und v_2
b) die Froudeschen Zahlen Fr_1 und Fr_2
c) den Energiehöhenverlust $H_1 - H_2$

8.2 Die aus einem Stausee abfließende Wassermenge wird mit einem Hubschütz reguliert.

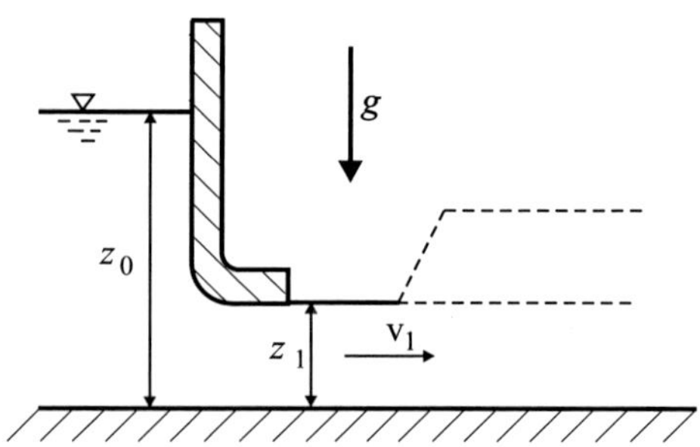

Gegeben: $z_0 = 7,5\ m,\ g = 10\ m/s^2$

Bestimmen Sie
a) die Ausströmgeschwindigkeit v_1 in Abhängigkeit vom Hub z_1 (Warum ist v_1 über den Querschnitt konstant?),
b) den Hub, bei dem der Volumenstrom am größten ist,
c) den Hub, bei dem gerade kein Wassersprung entsteht,
d) die Wassertiefe und die Geschwindigkeit stromab vom Sprung für $z_1 = 2,5\ m$!

8.3 Die Wassertiefe z_1 eines Gerinnes mit konstantem Volumenstrom wird durch Veränderung der Höhe y_W eines Wehres reguliert. Für $y_W = 0$ beträgt die Wassertiefe z_0.

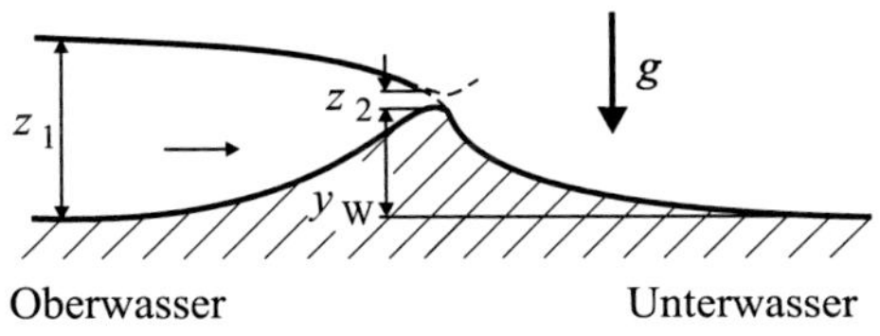

Gegeben: $\dot{V} = 80\ m^3/s,\ B = 20\ m,\ z_0 = 2\ m,\ \rho = 10^3\ kg/m^3,\ g = 10\ m/s^2$

a) Skizzieren Sie den Verlauf der Wassertiefen für $y_W < y_{gr}$ und $y_W > y_{gr}$!
b) die Grenzhöhe y_{gr} des Wehres,

Bestimmen Sie für $y_W = 1\ m$
c) die Wassertiefen z_1 und z_2,
d) die Differenz der Energiehöhen zwischen Ober- und Unterwasser,
e) die Kraft auf das Wehr!

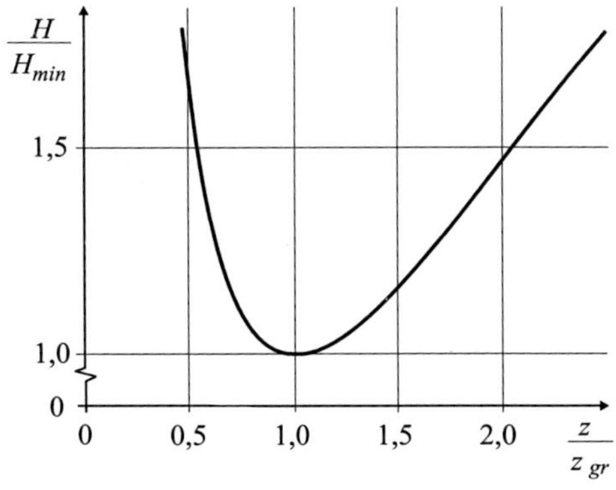

Hinweis: Für schießenden Zustand stellt sich am Wehrrücken ein Wassersprung ein, und die Wassertiefe im Unterwasser ist z_0.

8.4 In einer Gerinneströmung (Breite B) wird über einem Wehr eine Spiegelabsenkung Δz beobachtet.

Gegeben: $z_1 = 2\ m,\ \Delta z = 0,1\ m,\ y_W = 0,3\ m,\ g = 10\ m/s^2,\ B = 1\ m$

a) Bestimmen Sie den Volumenstrom.
b) Für welchen Volumenstrom ist $y_W = y_{gr}$ bei unveränderter Wasserhöhe über dem Wehr?

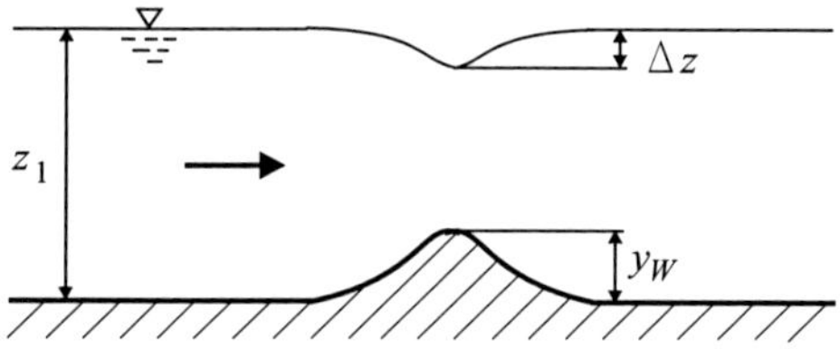

8.5 Aus einem großen Reservoir strömt Wasser in einen offenen Kanal der Breite B_0. In dem Kanal beträgt die Höhe des Wasserspiegels z_0. Der Kanal verengt sich an einer Stelle auf $B_0/\sqrt{2}$. An dieser Stelle wird die Höhe $2z_0$ gemessen. Nach der Verengung folgt eine Bodenwelle der Höhe y_W.

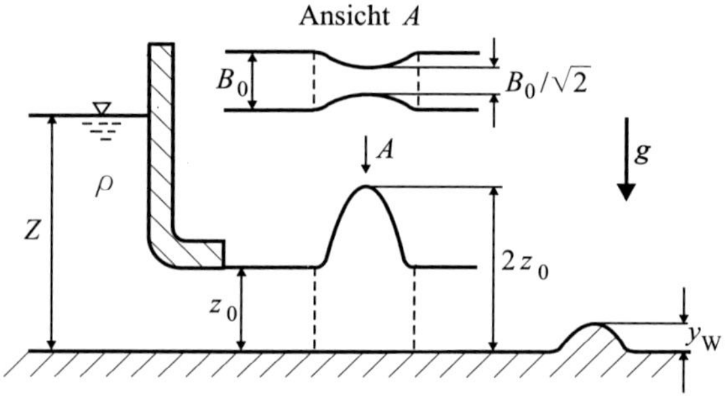

Gegeben: z_0, $z_{gr} = \frac{2}{3}H_{min} = \sqrt[3]{\frac{\dot{V}^2}{g\ B^2}}$

a) Bestimmen Sie die Höhe Z des Wasserspiegels in dem Reservoir.

b) Skizzieren Sie sorgfältig den Verlauf der Spiegelhöhe nach der Verengung bis hinter die Bodenwelle (4 Möglichkeiten!)

c) Bestimmen Sie die Grenzhöhe y_{gr} der Bodenwelle, wenn zwischen der Verengung und der Bodenwelle ein Wassersprung steht.

Hinweis: Das Verhältnis der Spiegelhöhen über einen Wassersprung ist:

$$\frac{z_1}{z_0} = \sqrt{\frac{1}{4} + 2Fr_0^2} - \frac{1}{2}$$

wenn der Index "0" den Zustand vor dem Sprung und "1" den Zustand nach dem Sprung bezeichnet, und Fr die Froude-Zahl ist.

8.6 Ein Gerinne mit konstantem Volumenstrom $\dot{V}$ wird durch ein Wehr auf die Wassertiefe z_1 angestaut. Stromab vom Wehrmaximum [2] steht ein Wassersprung.

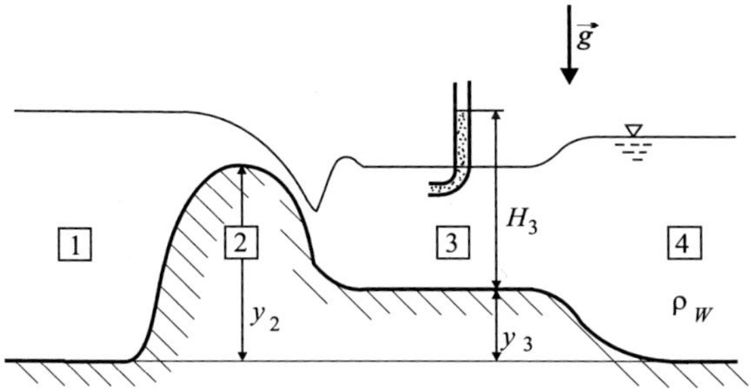

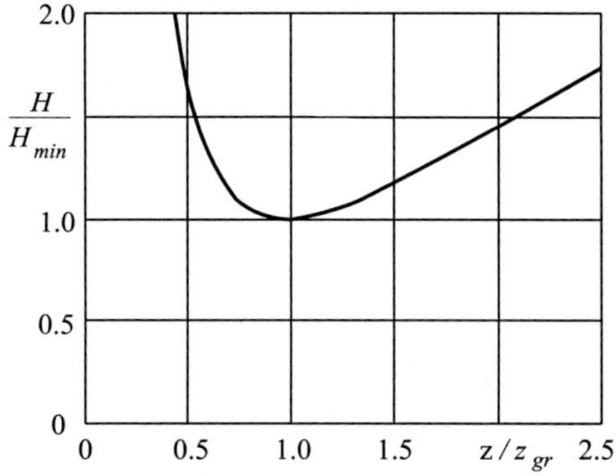

Gegeben: $b = 20\ m,\ y_2 = 1\ m,\ y_3 + H_3 = 2,2\ m,\ Fr_4 = \dfrac{v_4}{\sqrt{g\ z_4}} = 0,45,\ \rho_W = 10^3\ kg/m^3,\ g = 9,81\ m/s^2$

a) Leiten Sie die minimale Energiehöhe H_{min} als Funktion des Volumenstroms $\dot{V}$, der Gerinnebreite b und der Erdbeschleunigung g her, und geben Sie die dazugehörige Wassertiefe z_{gr} an.

$$H_{min} = f_1(\dot{V},\ g,\ b) \qquad z_{gr} = f_2(\dot{V},\ g,\ b)$$

b) Bestimmen Sie die horizontale Kraft auf das Wehr.

9 Laminare reibungsbehaftete Strömungen

9.1 Ein Ölfilm konstanter Dicke und Breite fließt eine schiefe Ebene hinunter.

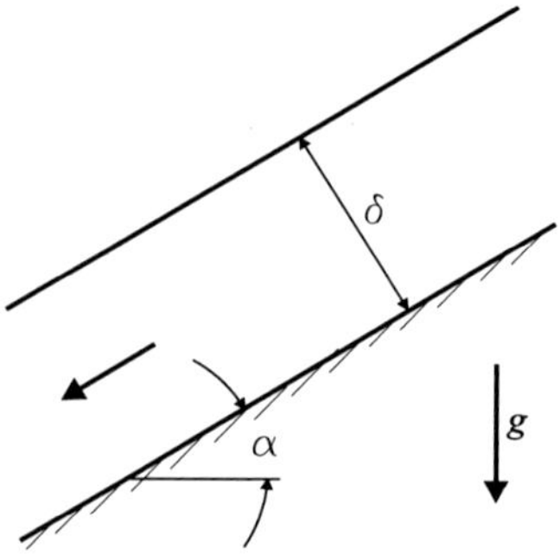

Gegeben: $\delta = 3 \cdot 10^{-3}\ m,\ B = 1\ m,\ \alpha = 30°,\ \rho = 800\ kg/m^3,\ \eta = 30 \cdot 10^{-3}\ Ns/m^2,\ g = 10\ \dfrac{m}{s^2}$

Bestimmen Sie den Volumenstrom.

9.2 Ein zäher Ölfilm strömt unter dem Einfluß der Erdbeschleunigung eine schiefe Ebene (Winkel α) hinunter. Die Wandtemperatur der Ebene ist T_0, die Temperatur an der Oberfläche des Ölfilms ist T_δ. Die Temperaturverteilung im Öl ist linear über y und konstant in x-Richtung. Die Dicke des Films über der Ebene ist konstant und gleich δ. Die kinematische Zähigkeit ν des Öls ist konstant, die Dichte des Öls kann im betrachteten Temperaturbereich mit

$$\rho = \rho_0 \cdot e^{1-\frac{T}{T_0}}$$

angenähert werden. Die Dichte ist unabhängig vom Druck.

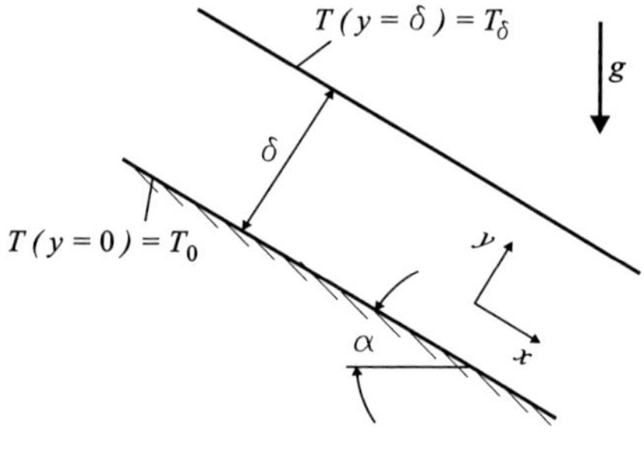

Gegeben: $g,\ \delta,\ \alpha,\ \nu,\ \rho_0 = \rho(y=0),\ T_0 = T(y=0),\ T_\delta = T(y=\delta)$

a) Bestimmen Sie die Schubspannung $\tau(y)$.
b) Bestimmen Sie den Geschwindigkeitsverlauf $u(y)$.
c) Zeigen Sie mit der Impulsgleichung in y-Richtung, dass $\frac{\partial p}{\partial x} = 0$ ist.

9.3 Ein PKW wird in einem Windkanal mit der Geschwindigkeit u_∞ angeströmt. Um die Relativbewegung zwischen Fahrzeug und Straße zu simulieren, läuft ein Band mit der Geschwindigkeit u_∞ unter dem festgehaltenen PKW hinweg. Zwischen dem Fahrzeugboden und dem Band bildet sich eine Spaltströmung aus, die

1. für das stehende Band ($u_B = 0$) und
2. für das laufende Band ($u_B = u_\infty$)

untersucht werden soll. Nehmen Sie an, dass die Spaltströmung in beiden Fällen ausgebildet ist. Dann gilt

$$\frac{dp}{dx} = \eta \frac{d^2u}{dy^2} \quad \text{mit} \quad \frac{dp}{dx} = konst < 0$$

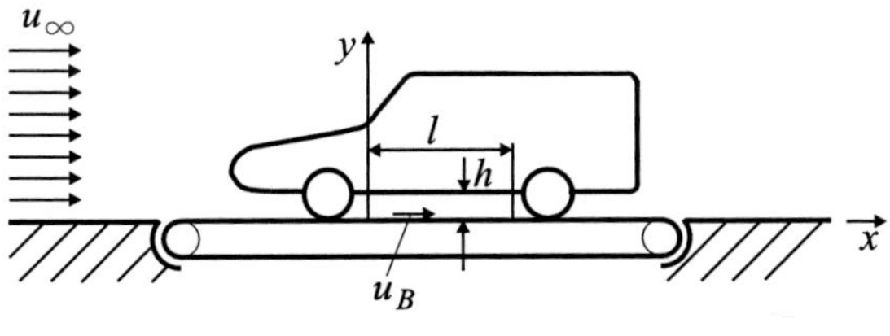

Gegeben: $\frac{dp}{dx}$, h, l, η, u_∞

a) Berechnen und skizzieren Sie die Geschwindigkeitsprofile $u(y)$ im Spalt für das stehende und das laufende Band.
b) Berechnen Sie die Reibungskraft pro Breite, die die Strömung auf den Fahrzeugboden über der Länge l ausübt für das stehende und das laufende Band.

9.4 Im Spalt zwischen zwei horizontalen Platten strömt eine Newtonsche Flüssigkeit. Die obere Platte bewegt sich mit der Geschwindigkeit u_w, die untere steht still. Der Druck nimmt in x-Richtung linear ab.

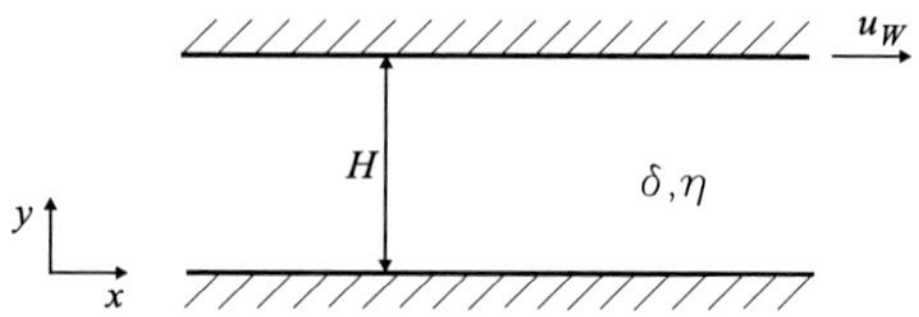

Gegeben: $H,\ u_w,\ \rho,\ \eta,\ dp/dx$

Bestimmen Sie für eine ausgebildete laminare Strömung

a) die Geschwindigkeitsverteilung,
b) das Verhältnis der Schubspannungen für $y = 0$ und $y = H$,
c) den Volumenstrom für eine Plattenbreite B,
d) die maximale Geschwindigkeit für $u_w = 0$,
e) den Impulsstrom für $u_w = 0$,
f) die Wandschubspannung in dimensionsloser Form für $u_w = 0$.
g) Skizzieren Sie den Geschwindigkeits- und Schubspannungsverlauf für $u_w > 0, u_w = 0$ und $u_w < 0$.

9.5 Durch eine Rohrleitung mit dem Radius R strömt ein inkompressibles Fluid mit dem Volumenstrom $\dot{V}$. Die Schubspannung in dem Fluid läßt sich mit dem Ostwald-de Waele Modell beschreiben:

$$\tau = -\eta_{OdW} \left| \frac{du}{dr} \right| \frac{du}{dr}$$

Auf einer Länge L ergibt sich der Druckabfall Δp.

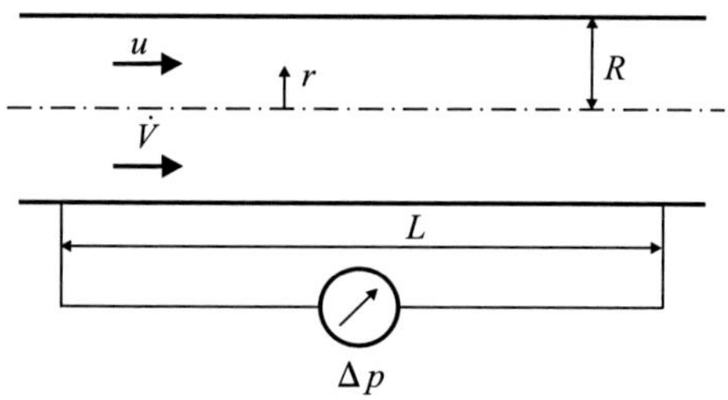

Gegeben: $\dot{V},\ L,\ R,\ \eta_{OdW}$

Bestimmen Sie den Druckabfall Δp für eine ausgebildete, laminare Rohrströmung.

Hinweis: Die Bewegungsgleichung der ausgebildeten Rohrströmung lautet:

$$r\frac{dp}{dx} + \frac{d(\tau r)}{dr} = 0$$

9.6 Die Geschwindigkeitsverteilung einer laminaren Rohrströmung wird in der Einlaufstrecke durch folgende Näherung beschrieben

$$\frac{u}{u_m} = \frac{f\left(\frac{y}{\delta}\right)}{1 - \frac{2}{3}\frac{\delta}{R} + \frac{1}{6}\left(\frac{\delta}{R}\right)^2}$$

$$f(\frac{y}{\delta}) = \begin{cases} 2\frac{y}{\delta} - \left(\frac{y}{\delta}\right)^2 & 0 \le y \le \delta(x) \\ 1 & \delta(x) \le y \le R \end{cases}$$

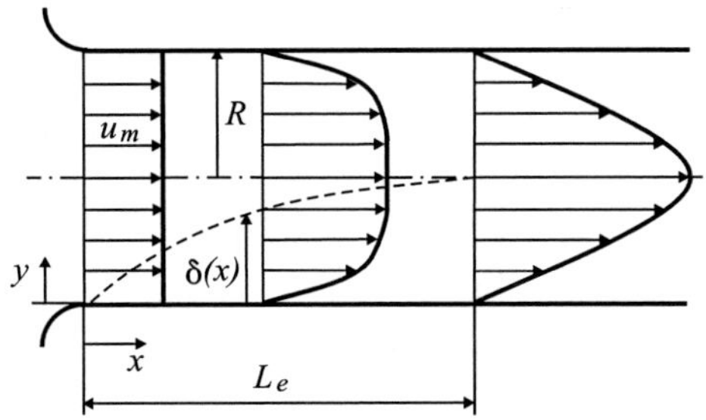

Gegeben: u_m, R, ρ, η

Bestimmen Sie im Anfangsquerschnitt, am Ende der Einlaufstrecke und für $\delta/R = 0,5$:
a) den Impulsstrom,
b) die Wandschubspannung.

9.7 Die Geschwindigkeit u_1 im Einlaufquerschnitt (1) eines Kreisrohres mit Radius R ist konstant. Im Querschnitt (2) ist die Geschwindigkeit der vollausgebildeten laminaren Rohrströmung durch eine Parabel der Form $u_2(r) = u_{2_{max}}\left[1 - \left(\frac{r}{R}\right)^2\right]$ beschrieben.

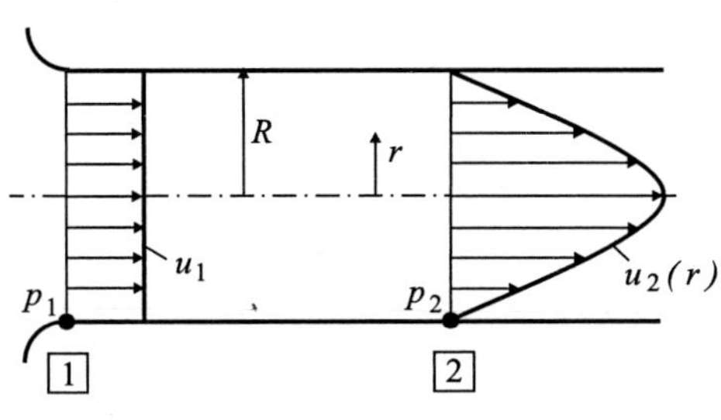

Gegeben: ρ, R, u_1

Bestimmen Sie

a) den Druckverlust $(p_1 - p_2)$,
b) den Verlustkoeffizient der Einlaufströmung $\zeta_E = (p_1 - p_2)/\frac{\rho}{2}\bar{u}^2$

Hinweis: Die Wandreibung ist zu vernachlässigen.

9.8 Zwischen zwei parallelen, unendlich ausgedehnten Platten fließt eine Bingham-Flüssigkeit unter dem Einfluß der Erdschwere.

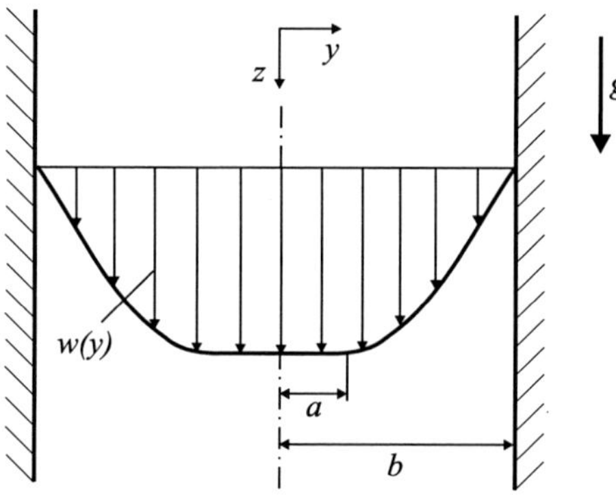

Gegeben: $b,\ \rho,\ \eta,\ \tau_0,\ g,\ dp/dz = 0$

Bestimmen Sie unter der Annahme, dass die Strömung ausgebildet ist,

a) den Abstand a,
b) die Geschwindigkeitsverteilung.

9.9 In einem Behälter befindet sich eine Bingham Flüssigkeit. Über ein vertikales Förderband, das sich mit der Geschwindigkeit u_B bewegt, soll die Flüssigkeit in einen anderen Behälter transportiert werden.

$$\tau = \begin{cases} +\tau_0 - \eta \dfrac{du}{dy} & \text{für } \dfrac{du}{dy} < 0 \\ -\tau_0 - \eta \dfrac{du}{dy} & \text{für } \dfrac{du}{dy} > 0 \end{cases}$$

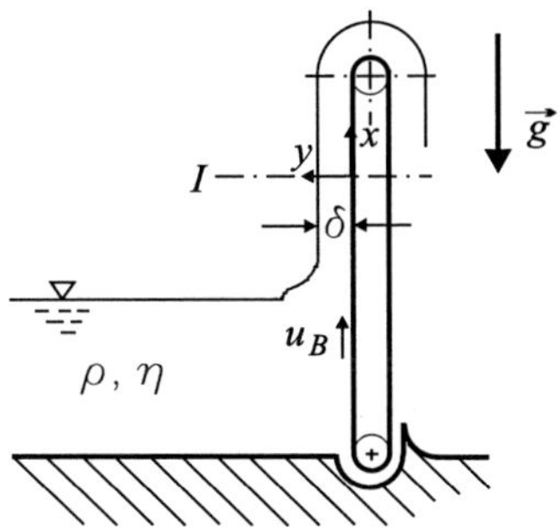

Gegeben: u_B, δ, g, ϱ, η, $\tau_0 = \varrho g \frac{\delta}{2}$

a) Bestimmen und skizzieren Sie die Schubspannungsverteilung im Schnitt I.
b) Bestimmen und skizzieren Sie die Geschwindigkeitsverteilung im Schnitt I.
c) Wie groß muß die Bandgeschwindigkeit $u_{B,min}$ mindestens sein?

Hinweis: Die Strömung am Förderband sei ausgebildet und laminar. Die Dicke δ der Fluidschicht wird als konstant angenommen.

9.10 Zwischen zwei koaxialen Zylindern strömt eine Newtonsche Flüssigkeit.

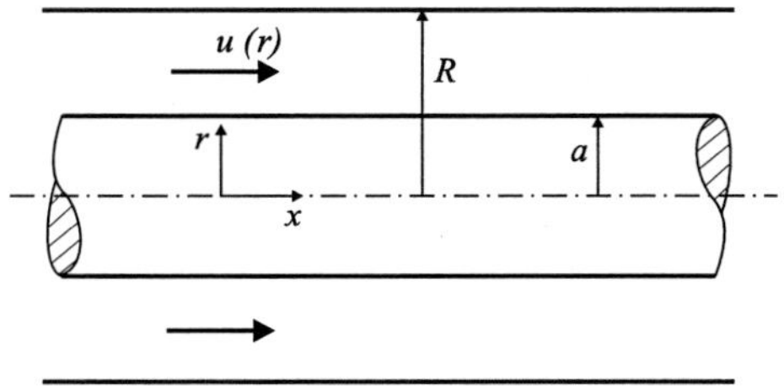

Gegeben: R, a, η, dp/dx

Bestimmen Sie für eine ausgebildete laminare Strömung

a) die Geschwindigkeitsverteilung (Skizzieren Sie das Ergebnis),
b) das Verhältnis der Schubspannungen für $r = a$ und $r = R$,
c) die mittlere Geschwindigkeit.

9.11 Ein Couette-Viskosimeter besteht aus zwei konzentrischen Zylindern der Länge L. Der Zwischenraum ist mit einer Newtonschen Flüssigkeit gefüllt. Der äußere Zylinder rotiert mit der Winkelgeschwindigkeit ω, der innere steht still. Am inneren Zylinder wird das Drehmoment M_z gemessen.

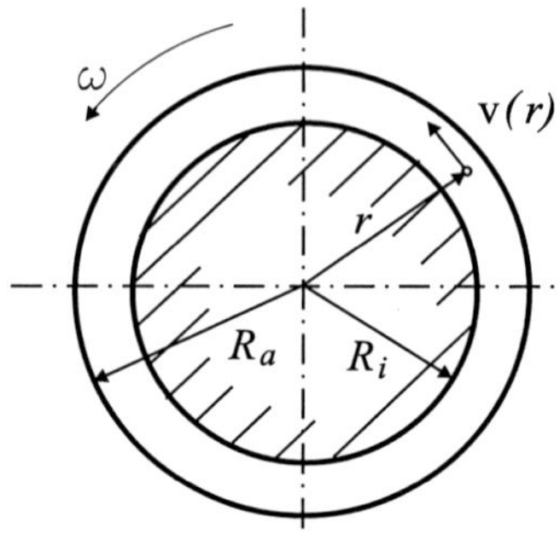

Gegeben: $R_a = 0,11\ m,\ R_i = 0,1\ m,\ L = 0,1\ m,\ \omega = 10\ s^{-1},\ M_z = 7,246 \cdot 10^{-3}\ Nm$

Bestimmen Sie

a) die Geschwindigkeitsverteilung,
b) die dynamische Zähigkeit der Flüssigkeit.

Hinweis: Die Differentialgleichungen für die Geschwindigkeits- und Schubspannungsverteilung lauten:

$$\frac{d}{dr}\left[\frac{1}{r}\frac{d}{dr}(rv)\right] = 0 \qquad \tau = -\eta r \frac{d}{dr}\left(\frac{v}{r}\right)$$

10 Turbulente Rohrströmung

10.1 Überprüfen Sie folgende Rechenregeln:

a) $\overline{\overline{f}} = \overline{f}$

b) $\overline{f + g} = \overline{f} + \overline{g}$

c) $\overline{\overline{f} \cdot g} = \overline{f} \cdot \overline{g}$

d) $\overline{\dfrac{\partial f}{\partial s}} = \dfrac{\partial \overline{f}}{\partial s}$

e) $\overline{\int_s f \cdot ds} = \int_s \overline{f} \cdot ds.$

10.2 Das Geschwindigkeitsprofil einer ausgebildeten turbulenten Strömung im glatten Rohr kann in guter Näherung durch das Potenzgesetz

$$\frac{\overline{v}}{\overline{v}_{max}} = \left(1 - \frac{r}{R}\right)^{\frac{1}{n}}, \text{ mit } \quad n = n(Re)$$

angenähert werden.

Re	n
$1 \cdot 10^5$	7
$6 \cdot 10^5$	8
$1{,}2 \cdot 10^6$	9
$2 \cdot 10^6$	10

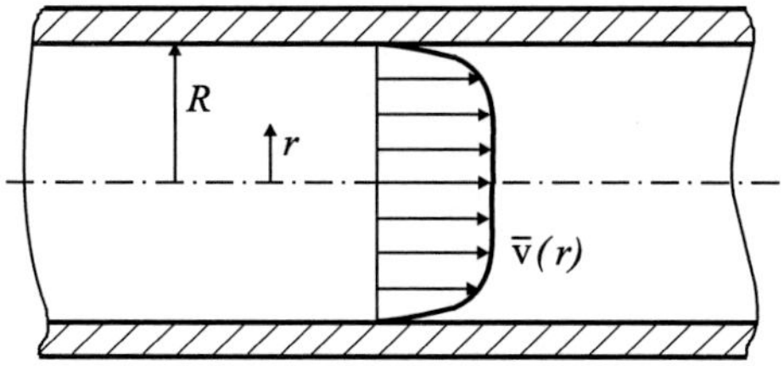

a) Bilden Sie gemäß der Kontinuitätsgl. das Verhältnis der mittleren Geschwindigkeit $\overline{v}_m$ zur maximalen Geschwindigkeit $\overline{v}_{max}$, also $\dfrac{\overline{v}_m}{\overline{v}_{max}} = f(n)$.

b) Bestimmen Sie den Wert von $\dfrac{r}{R}$, bei dem die örtliche Geschwindigkeit gleich der mittleren Geschwindigkeit ist.

c) Wie lassen sich die Aussagen unter a) und b) bei der Durchflussmessung nutzen?

10.3 Die Geschwindigkeitsverteilung einer turbulenten Rohrströmung wird durch den Ansatz $\bar{u} \ / \ \bar{u}_{max} = (y \ / \ R)^{1/7}$ näherungsweise dargestellt.

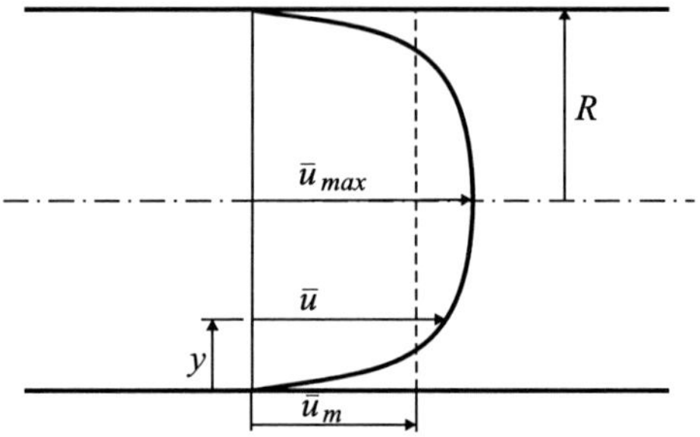

Bestimmen Sie
a) das Verhältnis der Geschwindigkeiten $\bar{u}_m \ / \ \bar{u}_{max}$,
b) das Verhältnis der Impulsströme $\dot{I} \ / \ \rho \ \bar{u}_m^2 \ \pi \ R^2$.

10.4 In einem hydraulisch glatten Rohr strömt Wasser.

Gegeben: $D = 0,1 \ m \qquad Re = 10^5 \qquad \rho = 10^3 \ kg/m^3 \qquad \eta = 10^{-3} \ Ns/m^2$

Bestimmen Sie
a) die Wandschubspannung,
b) das Verhältnis der Geschwindigkeiten $\bar{u}_m \ / \ \bar{u}_{max}$,
c) die Geschwindigkeit für $\frac{y \ u_*}{\nu} = 5$ und für $\frac{y \ u_*}{\nu} = 50$,
d) den Mischungsweg für $\frac{y \ u_*}{\nu} = 100$.

10.5 Eine Pumpe fördert Wasser durch ein rauhes Rohr (Sandrauhigkeit k_s) von der Höhe h_1 auf die Höhe h_2.

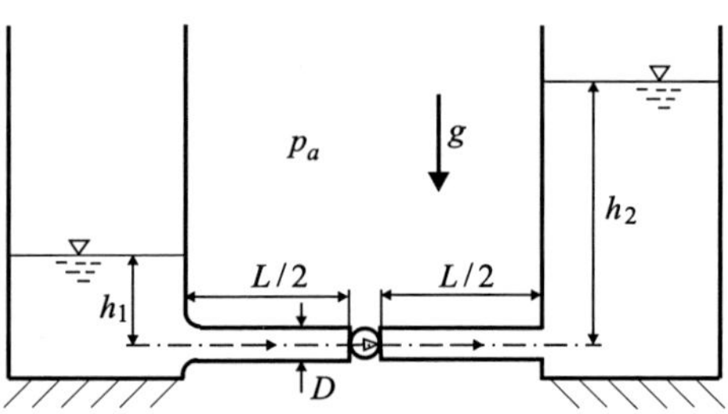

Gegeben: $\dot{V} = 0,63\ m^3/s,\ h_1 = 10\ m,\ h_2 = 20\ m,\ L = 20\ km,\ D = 1\ m,\ k_s = 2\ mm,\ \rho = 10^3\ kg/m^3,\ \nu = 10^{-6}\ m^2/s,\ p_a = 10^5\ N/m^2,\ g = 10\ m/s^2$

a) Skizzieren Sie den Verlauf des statischen Druckes längs der Rohrachse.

Bestimmen Sie
b) den Druck am Pumpeneintritt,
c) den Druck am Pumpenaustritt,
d) die Nutzleistung der Pumpe.

Hinweis: Nutzen Sie das Moody - Diagramm.

10.6 In einer ausgebildeten Rohrströmung mit Volumenstrom $\dot{V}$ wird über der Länge L der Druckabfall Δp gemessen.

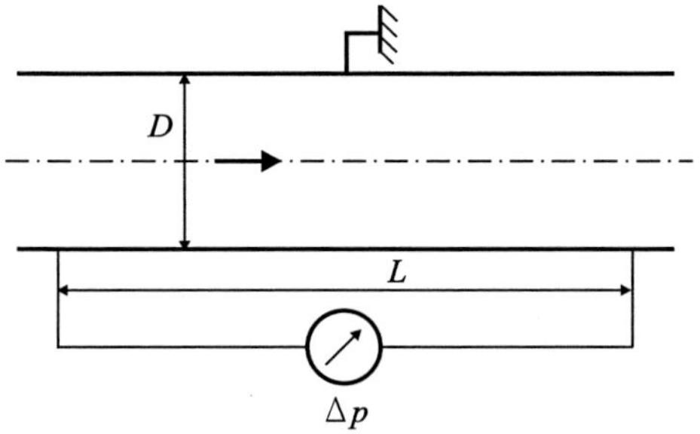

Gegeben: $\dot{V} = 0,393\ m^3/s,\ L = 100\ m,\ D = 0,5\ m,\ \Delta p = 12820\ N/m^2,\ \rho = 900\ kg/m^3,\ \eta = 5 \cdot 10^{-3}\ Ns/m^2$

Bestimmen Sie
a) den Rohrreibungsbeiwert,
b) die äquivalente Sandrauhigkeit des Rohres,
c) die Wandschubspannung und die Haltekraft.
d) Wie groß wäre der Druckabfall in einem hydraulich glatten Rohr?

Hinweis: Nutzen Sie das Moody - Diagramm.

10.7 Durch ein rauhes Rohr mit gut gerundetem Einlauf soll Luft mit Hilfe eines Gebläses gefördert werden.

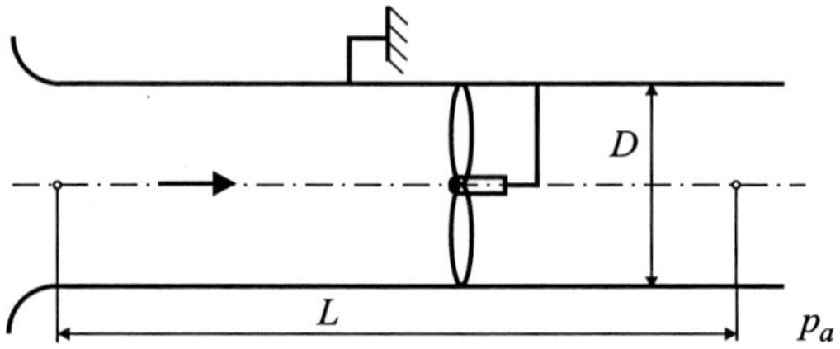

Gegeben: $L = 200\ m,\ k_s = 1\ mm$

Bestimmen Sie für sehr große Reynolds-Zahlen das Verhältnis der Gebläseleistungen für die Durchmesser $D = 0,1\ m$ und $D = 0,2\ m$ bei gleichem Volumenstrom.

10.8 In einem Kanal mit quadratischem Querschnitt wird Wasser durch ein Bündel von 100 Rohren geleitet.

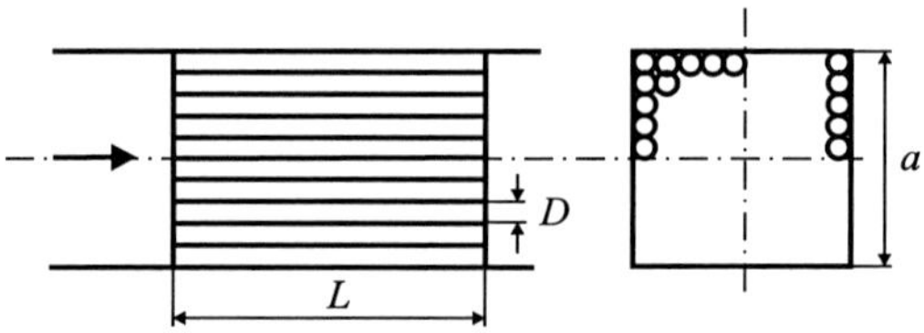

Gegeben: $\dot{V} = 0,01\ m^3/s,\ L = 0,5\ m,\ a = 0,1\ m,\ D = 0,01\ m,\ \rho = 10^3\ kg/m^3,\ \eta = 10^{-3}\ Ns/m^2$

Auf welcher Länge des Kanals entsteht der gleiche Druckverlust wie im Rohrbündel?

Hinweis: Die Rohre des Rohrbündels seien hydraulisch glatt.

11 Ähnlichkeitstheorie

a) Dimensionsanalyse

Häufig auftretende Größen und ihre Dimensionen

Größe	**Einheit**
* Länge L	Meter, m
* Masse M	Kilogramm, kg
* Zeit t	Sekunde, s
* Temperatur T	Kelvin K $[1K] = [^oC] + 273,16$
Kraft F	Newton N, $\frac{kg\ m}{s^2}$
Geschwindigkeit $u, v, w, \vec{u}$	m/s
Beschleunigung $a, b, \vec{a}$	m/s^2
Dichte ρ	kg/m^3
Druck, Spannung p, τ, σ	Pascal, $Pa = N/m^2$
Massenstrom $\dot{m}$	kg/s
Volumenstrom $\dot{V}$	m^3/s
Moment, Arbeit, Energie M, W, E	Joule, $J = Nm$
Leistung P	Watt, $W = Nm/s$
dyn. Zähigkeit μ, η	$Ns/m^2 = \frac{kg}{m \cdot s}$
kin. Zähigkeit ν	m^2/s
spez. Wärmekapazität c_p, c_r	$\frac{J}{kg\ K} = \frac{m^2}{s^2 \cdot K}$
spez. Gaskonstante R	$\frac{J}{kg\ K} = \frac{m^2}{s^2 \cdot K}$

* Grundeinheiten

11.1 Die Nachlaufströmung eines langen Zylinders mit Durchmesser D wird im Windkanal untersucht. Unter bestimmten Bedingungen entsteht eine periodische Wirbelanordnung, die Kármánsche Wirbelstraße genannt wird. Es sollen die dimensionslosen Kennzahlen des Problems bestimmt werden. Wieviele Parametervariationen sind bei dieser Untersuchung zur Bestimmung der Frequenz der Wirbelstraße notwendig?

11.2 Ein hydraulisch glattes Rohr wird von einer Flüssigkeit stationär durchströmt. Die Strömung ist laminar und ausgebildet.

a) Leiten Sie aus dem Ansatz $\dot{V} = \left(\frac{\Delta p}{L}\right)^\alpha \eta^\beta D^\gamma$ mit Hilfe der Dimensionsanalyse das Hagen-Poisseuillesche Gesetz her!

b) Zeigen Sie, dass der Rohrreibungsbeiwert umgekehrt proportional zur Reynolds-Zahl ist!

11.3 Längs einer senkrecht stehenden Platte mit der Temperatur T_W bildet sich eine aufwärtsgerichtete Strömung aus. Weit von der Platte entfernt beträgt die Temperatur T_∞. Die Temperaturverteilung wird beschrieben durch die Beziehung

$$F\left(\frac{T - T_\infty}{T_W - T_\infty}, \frac{y}{x^{1/4}}, g, \rho, \eta\right) = 0$$

Leiten Sie mit Hilfe der Dimensionsanalyse einen Ausdruck für das Temperaturverhältnis $\frac{T - T_\infty}{T_W - T_\infty}$ als Funktion einer dimensionslosen Koordinate

$$\mu = f\left(\frac{y}{x^{1/4}}, g, \rho, \eta\right)$$

her!

11.4 Wie verhalten sich die Widerstände zweier Kugeln verschiedenen Durchmessers bei gleichen Reynolds-Zahlen, wenn die eine mit Luft und die andere mit Wasser angeströmt wird und der Widerstandsbeiwert nur von der Reynolds-Zahl abhängt?

$$\frac{\rho_L}{\rho_W} = 0,125 \cdot 10^{-2} \qquad \frac{\eta_L}{\eta_W} = 1,875 \cdot 10^{-2}$$

11.5 Die zur Überwindung des Luftwiderstandes erforderliche Leistung eines Kraftwagens mit quadratischer Stirnfläche A soll in einem Windkanalversuch ermittelt werden. Der Querschnitt des Modells darf aus messtechnischen Gründen A_m nicht überschreiten.

Gegeben: $A = 4\ m^2,\ A_m = 0,6\ m^2,\ v = 30\ m/s$

a) Welche Windgeschwindigkeit werden Sie bei den Modellmessungen wählen?
b) Bestimmen Sie die erforderliche Leistung des realen Kraftwagens, wenn beim größten Modell der Widerstand $F'_W = 810N$ gemessen wird!

11.6 Ein Axialgebläse (Durchmesser D, Drehzahl n) soll für Luft ausgelegt werden. In einem Modellversuch mit Wasser (Verkleinerungsmaßstab 1:4) wird der Anstieg des Gesamtdruckes $\Delta p'_0$ gemessen.

Gegeben: $\dot{V} = 30\,m^3/s,\ D = 1\,m,\ n = 12,5\,s^{-1},\ \rho = 1,25\,kg/m^3,\ \eta = 1,875{\cdot}10^{-5}\ Ns/m^2,\ \rho' = 10^3\ kg/m^3,\ \eta' = 10^{-3}\ Ns/m^2,\ \Delta p'_0 = 0,3 \cdot 10^5\ N/m^2$

Bestimmen Sie
a) den Volumenstrom und die Drehzahl während des Versuchs,
b) die Gesamtdruckänderung des realen Gebläses,
c) Antriebsleistung und Drehmoment für Modell und Hauptausführung.

11.7 Am Ufer eines Flusses liegt ein Anlegeponton. Es soll ein Versuch mit einem Modell im Maßstab 1:16 durchgeführt werden.

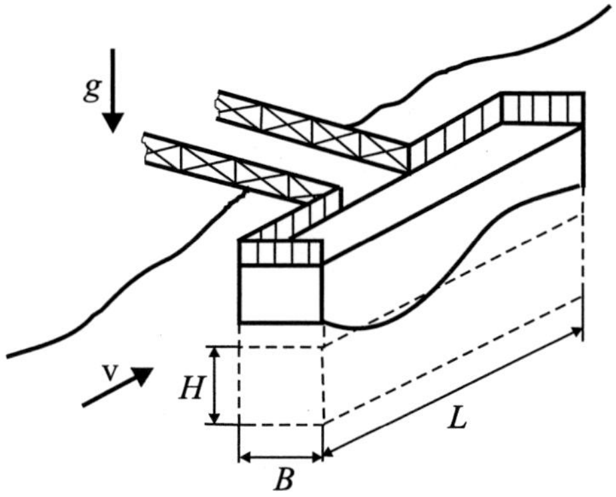

Gegeben: $L = 3,6\ m,\ B = 1,2\ m,\ H = 2,7\ m,\ v = 3\ m/s,\ F'_W = 4\ N,\ h' = 2,5\ cm,\ \rho = 10^3\ kg/m^3$

Bestimmen Sie
a) die Strömungsgeschwindigkeit im Modellversuch,
b) die Kraft auf den Ponton, wenn im Versuch die Kraft F'_W gemessen wird,
c) den Widerstandsbeiwert des Pontons,
d) die zu erwartende Wellenhöhe h an der Anströmseite des Pontons, wenn am Modell die Höhe h' gemessen wird!

11.8 Die betrachtete Couette Strömung wird beschrieben durch die DGL:

$$\frac{\partial p}{\partial x} = \eta \frac{\partial^2 u}{\partial y^2}$$

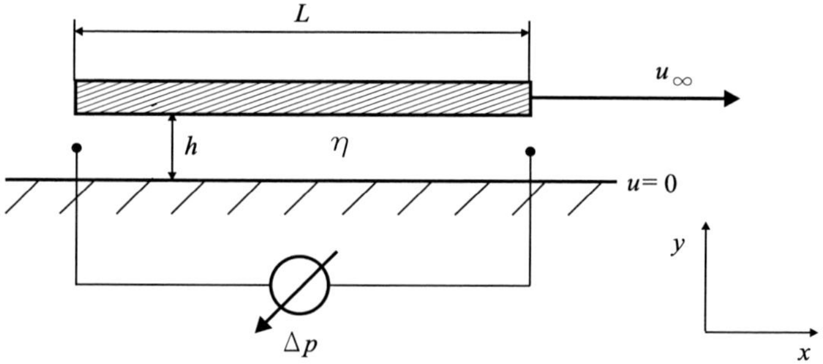

a) Bestimmen Sie mit Hilfe der Methode der Differentialgleichungen die Kennzahl(en) des Problems.
b) Wieviele Kennzahlen erhält man nach dem Π-Theorem?

11.9 Leiten Sie aus der Impulsgleichung für die x-Richtung

$$\rho \left(\frac{\partial u}{\partial t} + u \frac{\partial u}{\partial x} + v \frac{\partial u}{\partial y} \right) = -\frac{\partial p}{\partial x} + \eta \left(\frac{\partial^2 u}{\partial x^2} + \frac{\partial^2 u}{\partial y^2} \right)$$

dimensionslose Kennzahlen her!

11.10 In einer Gasströmung ist der Wärmetransport durch Reibungswärme und Wärmeleitung bestimmt. Die Einflussgrößen sind die Wärmeleitfähigkeit $\lambda \left[\frac{kgm}{s^3 K} \right]$, die dynamische Zähigkeit $\eta \left[\frac{kg}{ms} \right]$ und Referenzwerte für die Temperatur, die Geschwindigkeit und die Länge. Der physikalische Zusammenhang wird durch die Energiegleichung

$$\lambda \frac{\partial^2 T}{\partial y^2} + \eta \left(\frac{\partial u}{\partial y} \right)^2 = 0$$

beschrieben.

Leiten Sie

a) mit der Methode der Differentialgleichungen und

b) mit dem Π-Theorem die Kennzahl des Problems ab.

c) Erweitern Sie die gefundene Kennzahl mit der spez. Wärme c_p und stellen Sie die Kennzahl als Produkt von drei Kennzahlen dar.

Hinweis: Die Stoffgrößen sind als konstant anzusetzen. Die vierte Grunddimension ist die Temperatur.

11.11 Das Kräftegleichgewicht in einer ausgebildeten laminaren Rohrströmung wird durch die Differentialgleichung

$$-\frac{\partial p}{\partial x} + \rho g + \frac{\eta}{r}\frac{d}{dr}\left(r\frac{du}{dr}\right) = 0$$

beschrieben.

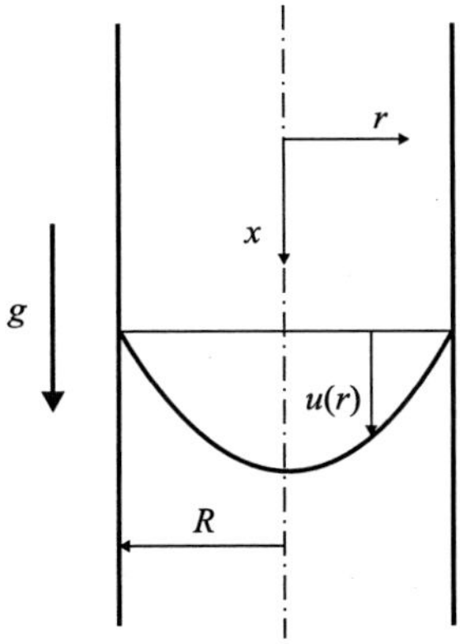

Bestimmen Sie die Kennzahlen des Problems

a) mit der Methode der Differentialgleichungen

b) mit dem Π-Theorem.

Interpretieren Sie den Zusammenhang zwischen den unter a) und b) gefundenen Lösungen.

11.12 Die hydrodynamischen Eigenschaften eines Motorschiffes sollen durch Schleppversuche an einem Modell untersucht werden.

a) Ermitteln Sie mit Hilfe der Methode der Differentialgleichungen aus der Impulsgleichung für die z-Richtung, die für die Wellenbewegung ausschlaggebend ist,

$$\rho\frac{dw}{dt} = -\frac{\partial p}{\partial z} - \rho g + \eta\nabla^2 w$$

die Kennzahlen des Problems. Verwenden Sie als Bezugsgrößen nur gegebene Größen.

Gegeben: $l,\ u_\infty,\ \eta,\ \rho,\ g$

b) Bestimmen Sie die Schleppgeschwindigkeit u'_∞ und die kinematische Viskosität ν' des Fluides im Modellversuch so, dass die Ähnlichkeit der Strömungen gewährleistet ist.
Gegeben: $u_\infty, \ \nu, \ l/l' = 10$

c) Bestimmen Sie die Leistung des Motorschiffes bei der Geschwindigkeit u_∞.
Gegeben: $l/l' = H/H' = 10, \ u_\infty, \ u'_\infty, \ \rho, \ \rho'$, Schleppkraft im Modellversuch F'

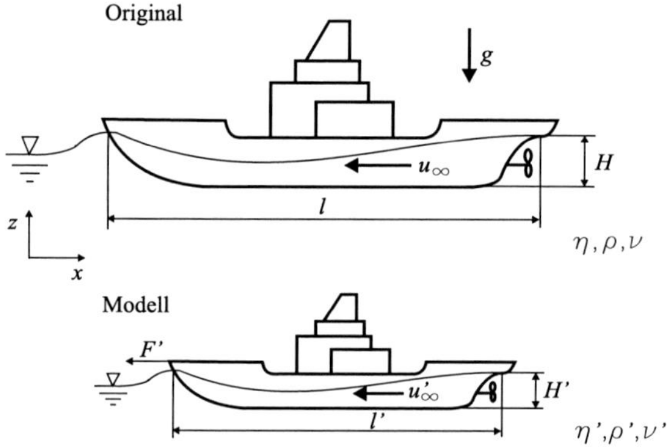

11.13 Die Energiegleichung für stationäre, kompressible Grenzschichtströmungen mit konstanten Stoffwerten lautet

$$\rho u \frac{\partial}{\partial x}\left(c_p T + \frac{u^2}{2}\right) + \rho v \frac{\partial}{\partial y}\left(c_p T + \frac{u^2}{2}\right) = u\eta \frac{\partial^2 u}{\partial y^2} + \eta \left(\frac{\partial u}{\partial y}\right)^2 + \lambda \frac{\partial^2 T}{\partial y^2}$$

Bestimmen Sie mit der Methode der Differentialgleichung

a) die dimensionslose Form der Differentialgleichung,
b) die Kennzahlen des Problems.
c) Bestimmen Sie den Wert des Isentropenexponenten γ , für den die Gleichung unabhängig von der Machzahl $M_\infty = \dfrac{u_\infty}{c_\infty}$ wird.

Hinweis: $c = \sqrt{\gamma R T}$ $\qquad c_p = \dfrac{\gamma R}{\gamma - 1}$

11.14 Die stationäre Strömung eines Wasserstrahls, der auf eine Umlenkschaufel trifft, soll experimentell untersucht werden.

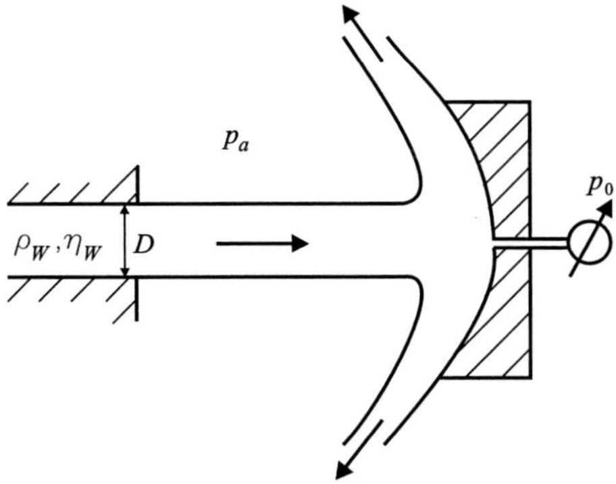

a) Ermitteln Sie mit Hilfe der Methode der Differentialgleichung aus der stationären x- Impulsgleichung

$$u\frac{\partial u}{\partial x} + v\frac{\partial u}{\partial y} = -\frac{1}{\rho}\frac{\partial p}{\partial x} + \frac{\eta}{\rho}\left(\frac{\partial^2 u}{\partial x^2} + \frac{\partial^2 u}{\partial y^2}\right)$$

die Kennzahl(en) des Problems. Verwenden Sie für die Bezugsgrößen nur die angegebenen Größen und definieren Sie die Referenzgeschwindigkeit mit Hilfe der Druckdifferenz $p_0 - p_a$.

b) Interpretieren Sie die unter a) ermittelte(n) Kennzahl(en).
Gegeben: D, p_a, p_0, η_W, ρ_W

11.15 Die laminare Grenzschichtstömung über einer längsangeströmten ebenen Platte lässt sich unter Vernachlässigung der Reibungswärme durch die Kontinuitäts-, die Impuls- und die Energiegleichung in der folgenden Form beschreiben:

$$\frac{\partial u}{\partial x} + \frac{\partial v}{\partial y} = 0$$

$$\rho\left(u\frac{\partial u}{\partial x} + v\frac{\partial u}{\partial y}\right) = \eta\frac{\partial^2 u}{\partial y^2}$$

$$\rho c_p\left(u\frac{\partial T}{\partial x} + v\frac{\partial T}{\partial y}\right) = \lambda\frac{\partial^2 T}{\partial y^2}$$

a) Bestimmen Sie die Kennzahlen des Problems.

b) Überführen Sie die erhaltenen Kennzahlen in bekannte Kennzahlen der Strömungsmechanik.

Unter der Annahme konstanter Stoffwerte ist das Strömungsfeld unabhängig vom Temperaturfeld, so dass beide Felder getrennt berechnet werden können.

c) Nennen Sie die Voraussetzung, für die die Temperaturverteilung in der Grenzschicht direkt aus der Geschwindigkeitsverteilung bestimmt werden kann.

Hinweis für c): Vergleichen Sie die Differentialgleichungen und gehen Sie davon aus, dass die Geschwindigkeitsverteilung $\vec{v}(x,\ y)$ bekannt ist.

12 Schleichende Strömungen

12.1 Zwischen einem Lager der Länge l und Breite b und einer mit u_∞ bewegten ebenen Wand befindet sich eine Flüssigkeit mit der Zähigkeit η. Dabei entsteht eine Spaltströmung. Die Flüssigkeit wird in einer Kammer der Länge k durch eine Dichtung festgehalten.

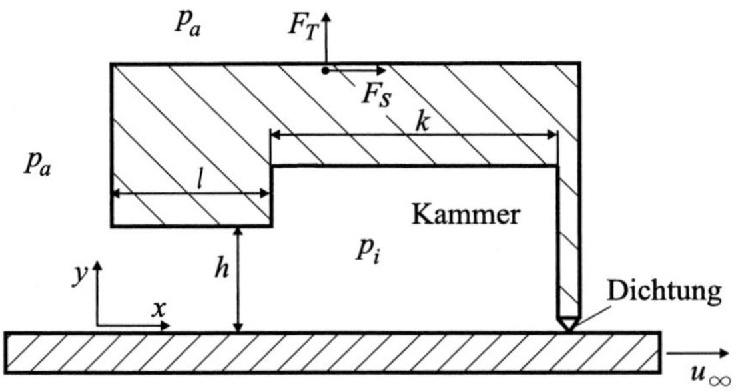

Gegeben: $l,\ k,\ h,\ u_\infty,\ \eta,\ p_a$

Bestimmen Sie

a) die Geschwindigkeitsverteilung $u(y)$,
b) die Druckverteilung p(x) für $0\ \le\ x\ \le\ l$,
c) die Tragkraft des Lagers F_T,
d) die Schleppkraft des Lagers F_S aufgrund der Schubspannung im Lager.

Hinweis: $h\ \ll\ l$.
Vernachlässigen Sie die Randeffekte und betrachten Sie die Strömung als zweidimensional, laminar und ausgebildet.

12.2 Vereinfachen Sie die gegebenen Differentialgleichungen mit Hilfe einer Größenordnungsbetrachtung für eine Keilspaltströmung unter der Voraussetzung

$$Re_L \left(\frac{h}{L}\right)^2 \ll 1 \quad \text{und} \quad (\frac{h}{L})^2 \ll 1!$$

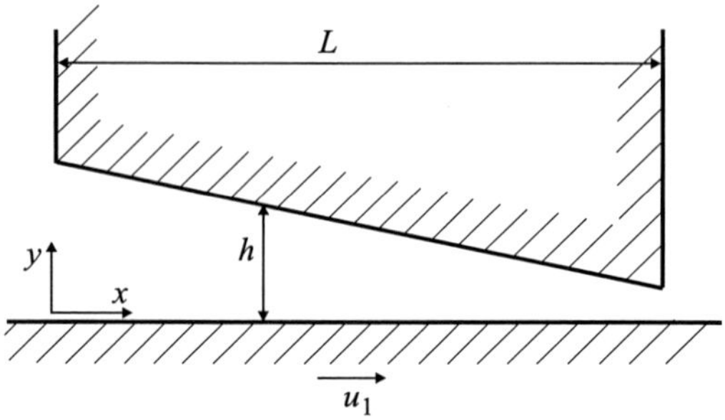

Gegeben:

$$\frac{\partial u}{\partial x} + \frac{\partial v}{\partial y} = 0$$

$$\rho\, u\, \frac{\partial u}{\partial x} + \rho\, v\, \frac{\partial u}{\partial y} = -\frac{dp}{dx} + \eta\, (\frac{\partial^2 u}{\partial x^2} + \frac{\partial^2 u}{\partial y^2})$$

12.3 Eine mit der Kraft F belastete kreisförmige Platte mit Radius R befindet sich über einer ebenen Platte. Zwischen den beiden Platten befindet sich ein dünner Ölfilm der Dicke $h(t)$. Durch die Belastung sinkt die runde Platte langsam.

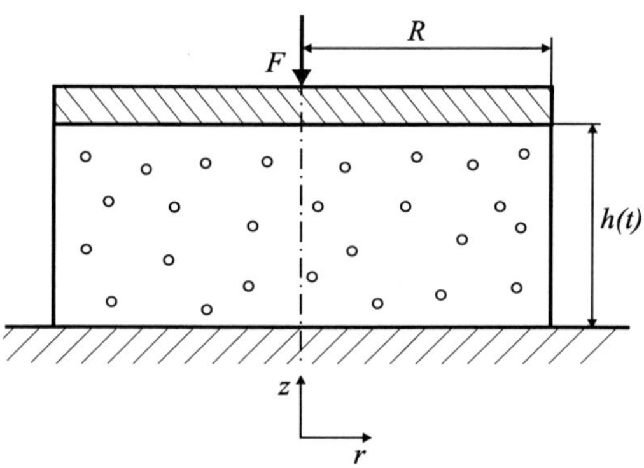

Gegeben: $R,\ F,\ \eta,\ h(t=0) = h_0,\ p(R) = p_a$

Bestimmen Sie

a) $p(r)$

b) $h(t)$

c) $v(r,\ z)$

Hinweis: $h(t) \ll R$; Die Strömung sei quasistationär und rotationssymmetrisch. Die Strömung ist ausgebildet und laminar.

12.4 Durch eine Labyrinthdichtung der Breite B strömt ein inkompressibles Schmiermittel mit konstanter Viskosität η. Die Wand bewegt sich mit der Geschwindigkeit u_∞ relativ zur Dichtung. Für einen vorgegebenen maximalen Leckvolumenstrom $\dot{Q}_{max}$ soll die Druckdifferenz $\Delta p = p_2 - p_2$ für die Dichtung bestimmt werden. Die Höhe des Spaltes nimmt linear von h_1 auf h_2 ab. Für die stationäre schleichende Strömung lautet die Impulsgleichung in x-Richtung:

$$\frac{dp}{dx} = \eta \frac{\partial^2 u}{\partial y^2}$$

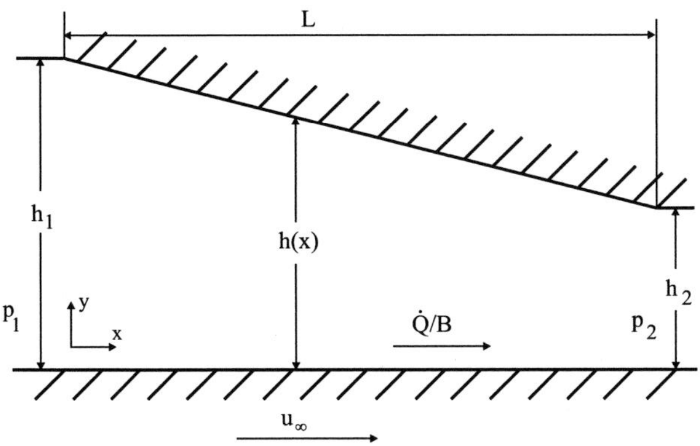

Gegeben: u_∞, η, h_1, h_2, L, $\dot{Q}_{max}$, B

Bestimmen Sie

a) die Geschwindigkeit $u(x,y)$ und den Volumenstrom $\dot{Q}$ in Abhängigkeit von $h(x)$ und $\frac{dp}{dx}$.

b) für die gegebene Geometrie die Druckdifferenz Δp über die Dichtung.

12.5 In einem unendlich tief ausgedehnten Wälzlager rollen die Wälzrollen bezogen auf ihre Drehachse auf der Außenwand ab. Die Wälzrollen haben die konstante Drehgeschwindigkeit ω und den Durchmesser d. Der Außendurchmesser ist D und der Durchmesser der Wälzrollenmittelpunkte D_W. Die Geschwindigkeit der Flüssigkeit im schmalen Spalt zwischen den Wälzrollen und der Außenwand ist sehr klein. Es gilt:

$$\frac{h}{d} \ll 1 \qquad\qquad Re\frac{h}{d} \ll 1$$

Die Flüssigkeit sei inkompressibel und die Temperatur sei konstant. Die Impulsgleichungen in Polarkoordinaten lauten:

$$\rho \left(v_r \frac{\partial v_r}{\partial r} + \frac{v_\Theta}{r}\frac{\partial v_r}{\partial \Theta} - \frac{v_\Theta^2}{r} \right) =$$

$$-\frac{\partial p}{\partial r} + \eta \left(\frac{\partial^2 v_r}{\partial r^2} + \frac{1}{r}\frac{\partial v_r}{\partial r} + \frac{1}{r^2}\frac{\partial^2 v_r}{\partial \Theta^2} - \frac{v_r}{r^2} - \frac{2}{r^2}\frac{\partial v_\Theta}{\partial \Theta} \right)$$

$$\rho\left(v_r\frac{\partial v_\Theta}{\partial r}+\frac{v_\Theta}{r}\frac{\partial v_\Theta}{\partial \Theta}-\frac{v_r v_\Theta}{r}\right)=$$
$$-\frac{1}{r}\frac{\partial p}{\partial \Theta}+\eta\left(\frac{\partial^2 v_\Theta}{\partial r^2}+\frac{1}{r}\frac{\partial v_\Theta}{\partial r}+\frac{1}{r^2}\frac{\partial^2 v_\Theta}{\partial \Theta^2}-\frac{v_\Theta}{r^2}-\frac{2}{r^2}\frac{\partial v_r}{\partial \Theta}\right)$$

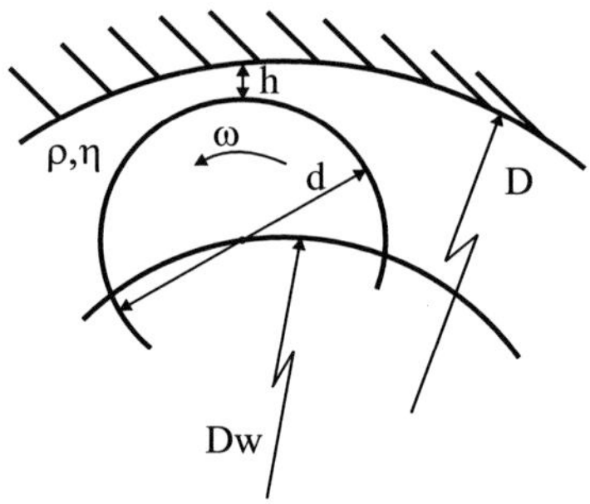

Gegeben: D, d, D_W, $(D-(D_W+d)\ll d)$, ω, ρ, η

Leiten Sie aus den beiden Impulsgleichungen die vereinfachte Differentialgleichung für eine schleichende Spaltströmung mittels einer Größenordnungsabschätzung der einzelnen Terme her. Machen Sie dafur sämtliche Größen dimensionslos.

Hinweis:

$$\overline{\Theta}=\frac{\Theta}{2\pi} \qquad Re=\frac{\rho v d}{\eta}$$

13 Wirbelströmungen

13.1 Ein Wirbelsturm hat folgende Geschwindigkeitsverteilung:

$$v_\Theta(r) = \begin{cases} \omega\, r & \text{für} \quad r \leq r_0 \\ \dfrac{\omega\, r_0^2}{r} & \text{für} \quad r > r_0 \end{cases} \qquad v_r = 0$$

Gegeben: $r_0 = 10\ m \qquad \omega = 10\ \frac{1}{s} \qquad H = 100\ m \qquad \rho = 1,25\ kg/m^3$

a) Skizzieren Sie $v_\Theta(r)$!

b) Bestimmen Sie die Zirkulation auf einem Kreis um den Ursprung für $r < r_0, r = r_0$ und $r > r_0$!

c) Zeigen Sie, dass für $r > r_0$ die Strömung drehungsfrei ist!

d) Wie gross ist die kinetische Energie innerhalb eines Zylinders mit dem Radius $R = 2\ r_0$ und Höhe H?

13.2 Das Biot-Savartsche Gesetz beschreibt die Induktion eines Wirbelfadens:

$$\vec{u}\ (\vec{x}) = \frac{\Gamma}{4\pi} \int\limits_{Faden} \frac{d\vec{x'} \times \vec{r}}{r^3}$$

Bestimmen Sie für einen beidseitig unendlich langen Wirbelfaden mit der Zirkulation Γ die induzierte Geschwindigkeit in einem Punkt mit Abstand a zum Wirbelfaden.

13.3 Es wird die zweidimensionale Couette-Strömung ohne Druckgradient untersucht. Bestimmen Sie $\vec{\omega}$, Γ_C, Ω.

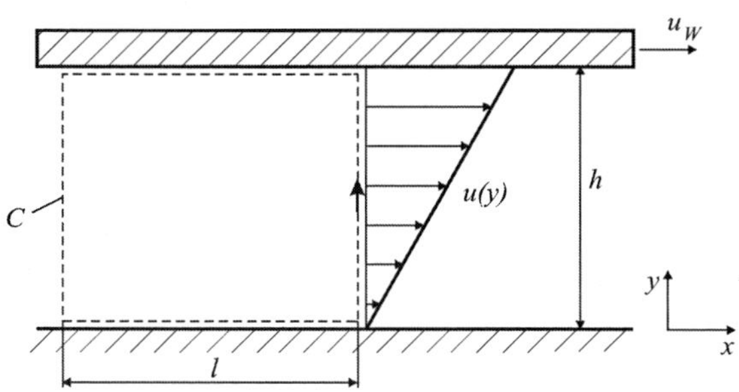

Gegeben: $u_W,\ h,\ l$

13.4 Zur Nährung eines Wirbels ohne radiale Geschwindigkeitskomponente wird eine Lamb-Oseen Drehungsverteilung angenommen:

$$\omega\ (r,\ t)\ =\ \frac{\Gamma_0}{4\ \pi\ \nu\ t}\ \cdot\ e^{\frac{-r^2}{4\ \nu\ t}}$$

a) Überprüfen Sie, ob diese Drehungsverteilung die zweidimensionale instationäre Wirbeltransportgleichung erfüllt.

b) Bestimmen Sie die Geschwindigkeitsverteilung $u(r,t)$ und die Zirkulation auf einem Kreis mit dem Radius r um den Mittelpunkt $\Gamma(r,t)$. Skizzieren Sie ihr Ergebnis für $t=$ const. und kennzeichnen Sie den Kernradius r_c des Wirbels.

13.5 Die zweidimensionale, inkompressible Strömung eines Fluides mit konstanter Zähigkeit η lässt sich durch die Kontinuitäts- und die Impulsgleichungen in der angegebenen Form beschreiben. Durch Einführen des Wirbelvektors ω lässt sich aus den Impulsgleichungen die Wirbeltransportgleichung ableiten, die lediglich eine andere Form der Impulsgleichungen darstellt.

$$\frac{\partial u}{\partial x} + \frac{\partial v}{\partial y} = 0$$

$$\frac{\partial u}{\partial t} + u\,\frac{\partial u}{\partial x} + v\,\frac{\partial u}{\partial y} = -\,\frac{1}{\rho}\,\frac{\partial p}{\partial x} + \frac{\eta}{\rho}\left(\frac{\partial^2 u}{\partial x^2} + \frac{\partial^2 u}{\partial y^2}\right)$$

$$\frac{\partial v}{\partial t} + u\,\frac{\partial v}{\partial x} + v\,\frac{\partial v}{\partial y} = -\,\frac{1}{\rho}\,\frac{\partial p}{\partial y} + \frac{\eta}{\rho}\left(\frac{\partial^2 v}{\partial x^2} + \frac{\partial^2 v}{\partial y^2}\right)$$

Leiten sie die Wirbeltransportgleichung aus den gegebenen Gleichungen her.
(Hinweis: Eliminieren Sie den Druck p!)

13.6 Die Wirbelstärke ω in einem Hurrikan wird beschrieben durch die Differentialgleichung

$$\frac{\partial \omega}{\partial t} = \nu\ r\ \frac{\partial}{\partial r}\left(\frac{1}{r}\ \frac{\partial \omega}{\partial r}\right)$$

und den zugehörigen Anfangs- und Randbedingungen.

Gegeben: $\omega_0,\ R,\ \nu,\ t_0$

a) Bestimmen Sie mit Hilfe der Dimensionsanalyse das Argument K_r der Funktion $F(K_r)$, das die Beziehung $\omega(r,t) = \omega_0 \cdot F(K_r)$ erfüllt.

b) Bestimmen Sie den Radius R_1, an dem die Wirbelstärke ω zum Zeitpunkt $t_1 = 2t_0$ den gleichen Betrag hat, wie zum Zeitpunkt t_0 beim Radius R.

c) Für die Anfangsbedingung

$$\omega(r = R,\ t = t_0) \ = \ \omega_0 \cdot e^{-1}$$

ist die Lösung der Differentialgleichung durch

$$\omega(r,\ t) \ = \ \omega_0 \cdot e^{\frac{-r^2}{f(t)}}$$

gegeben. Bestimmen Sie $f(t)$.

14 Potentialströmungen

Komplexes Potential F(z)	**Potential** $\phi(x,y)$	**Stromfunktion** $\psi(x,y)$
$(u_\infty - iv_\infty)z$ Parallelströmung	$u_\infty x + v_\infty y$	$u_\infty y - v_\infty x$
$\frac{E}{2\pi}\ln z$ Quelle E > 0, Senke E < 0	$\frac{E}{2\pi}\ln r = \frac{E}{2\pi}\ln\sqrt{x^2+y^2}$	$\frac{E}{2\pi}\varphi = \frac{E}{2\pi}\arctan\frac{y}{x}$
$-\frac{\Gamma}{2\pi}i\ln z$ Wirbel, $\Gamma < 0$ rechtsdrehend $\Gamma > 0$ linksdrehend	$\frac{\Gamma}{2\pi}\arctan\frac{y}{x}$	$-\frac{\Gamma}{2\pi}\ln\sqrt{x^2+y^2}$
$\frac{M}{2\pi z}$ Dipol	$\frac{Mx}{2\pi(x^2+y^2)}$	$-\frac{My}{2\pi(x^2+y^2)}$
$u_\infty z + \frac{E}{2\pi}\ln z$ Parallelströmung+Quelle/Senke	$u_\infty x + \frac{E}{2\pi}\ln r$	$u_\infty y + \frac{E}{2\pi}\varphi$
$u_\infty(z + \frac{R^2}{z})$ Parallelströmung + Dipol = Zylinderumströmung	$u_\infty x(1 + \frac{R^2}{x^2+y^2})$	$u_\infty y(1 - \frac{R^2}{x^2+y^2})$
$u_\infty(z + \frac{R^2}{z}) - \frac{\Gamma}{2\pi}i\ln z$ Zylinderumströmung + Wirbel	$u_\infty x(1 + \frac{R^2}{x^2+y^2}) + \frac{\Gamma}{2\pi}\varphi$	$u_\infty y(1 - \frac{R^2}{x^2+y^2}) - \frac{\Gamma}{2\pi}\ln r$
Parallelströmung + Wirbel	$u_\infty x + \frac{\Gamma}{2\pi}\varphi$	$u_\infty y - \frac{\Gamma}{2\pi}\ln r$

Geschwindigkeit u	**Geschwindigkeit** v	**Geschwindigkeit** $c = \sqrt{u^2+v^2}$	**Stromlinien** $\psi = konst$
u_∞	v_∞	$c_\infty = \sqrt{u_\infty^2 + v_\infty^2}$	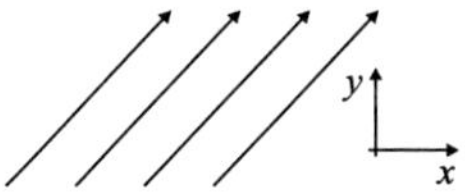
$\frac{E}{2\pi}\frac{x}{x^2+y^2}$	$\frac{E}{2\pi}\frac{y}{x^2+y^2}$	$\frac{E}{2\pi r}$	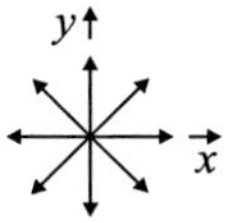
$-\frac{\Gamma}{2\pi}\frac{y}{x^2+y^2}$	$\frac{\Gamma}{2\pi}\frac{x}{x^2+y^2}$	$-\frac{\Gamma}{2\pi r}$	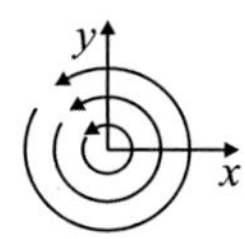
$\frac{M}{2\pi}\frac{y^2-x^2}{(x^2+y^2)^2}$	$-\frac{M}{2\pi}\frac{2xy}{(x^2+y^2)^2}$	$\frac{M}{2\pi r^2}$	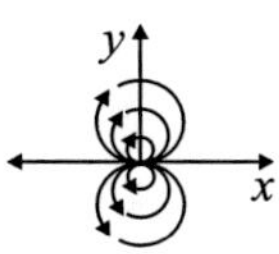
$u_\infty + \frac{E}{2\pi}\frac{x}{x^2+y^2}$	$\frac{E}{2\pi}\frac{y}{x^2+y^2}$		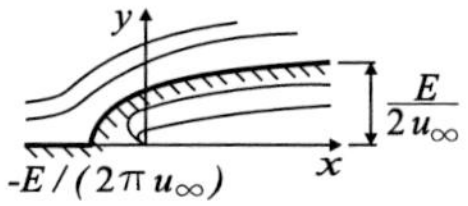
$2u_\infty \sin^2\varphi$	auf dem Zylinder: $-2u_\infty \sin\varphi\cos\varphi$	$2u_\infty \lvert\sin\varphi\rvert$	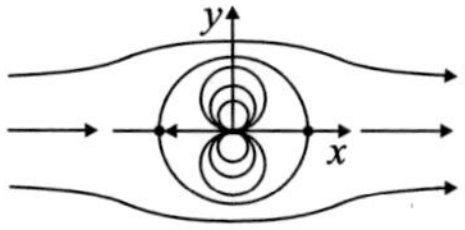
$2u_\infty \sin^2\varphi - \frac{\Gamma}{2\pi R}\sin\varphi$	auf dem Zylinder: $+2u_\infty \sin\varphi\cos\varphi + \frac{\Gamma}{2\pi R}\cos\varphi$	$2u_\infty \lvert\sin\varphi\rvert - \frac{\Gamma}{2\pi R}$	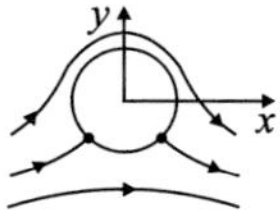
$u_\infty - \frac{\Gamma}{2\pi}\frac{y}{x^2+y^2}$	$+\frac{\Gamma}{2\pi}\frac{x}{x^2+y^2}$		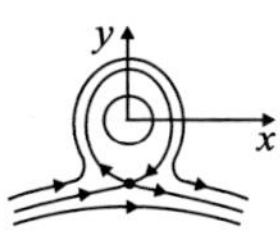

14.1 Die ebene Umströmung des abgebildeten Körpers wird potentialtheoretisch beschrieben durch die Überlagerung einer Parallelströmung, einer Quelle und einer Senke, die jeweils den Abstand a vom Mittelpunkt haben.

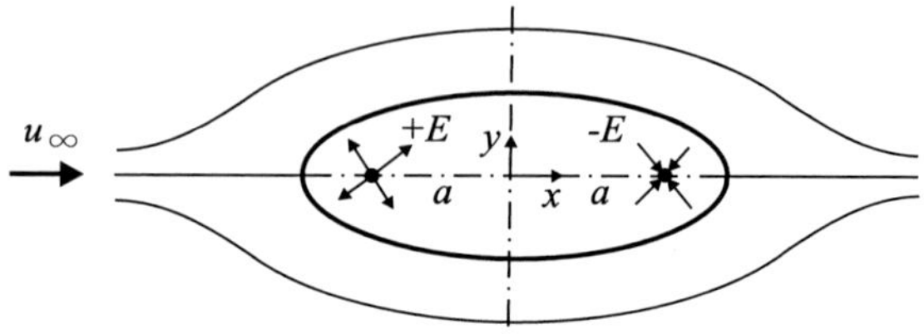

Bestimmen Sie

a) die Position x_s der Staupunkte.

b) Wie lautet die Gleichung zur Bestimmung dieser Kontur?

14.2 Überprüfen Sie, ob für folgende Geschwindigkeitsfelder Stromfunktion und Potential existieren!

a) $u = x^2 y, \quad v = y^2 x$

b) $u = x, \quad v = y$

c) $u = y, \quad v = -x$

d) $u = y, \quad v = x$

Bestimmen Sie Stromfunktion und Potential!

14.3 Gegeben ist die Stromfunktion $\psi = \psi_1 + \psi_2$

mit $\psi_1 = -\dfrac{\Gamma}{2\pi} \ln \sqrt{(x-a)^2 + y^2}$

$\psi_2 = -\dfrac{2\Gamma}{2\pi} \ln \sqrt{(x+a)^2 + y^2}$

Gegeben: $a, \ \Gamma > 0$

Bestimmen Sie

a) die Koordinaten des Staupunktes.

b) den Druckbeiwert auf der x-Achse $c_p(x, y = 0)$ so, dass im Koordinatenursprung $c_p = 0$ gilt.

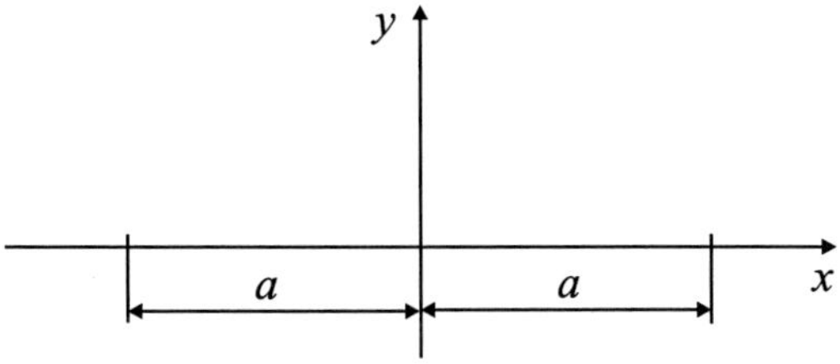

14.4 Gegeben ist die komplexe Stromfunktion

$$F(z) = \frac{2}{3}\frac{u_\infty}{\sqrt{L}}\, z^{\frac{3}{2}} + \frac{E}{2\pi}\ln(z)$$

Gegeben: $L,\ u_\infty$

Bestimmen Sie:

a) das Potential $\phi(r,\theta)$ und die Stromfunktion $\psi(r,\theta)$.
b) die Geschwindigkeitskomponenten v_r, v_θ.
c) die Konstante E so, daß bei $(x=-L, y=0)$ ein Staupunkt entsteht,
d) die Gleichung der Kontur $r_k(\theta)$.

Hinweise:

$$z = x' + iy' = re^{i\theta}$$

$$v_r = \frac{\partial\phi}{\partial r} = \frac{1}{r}\frac{\partial\psi}{\partial\theta}, \quad v_\theta = \frac{1}{r}\frac{\partial\phi}{\partial\theta} = -\frac{\partial\psi}{\partial r}$$

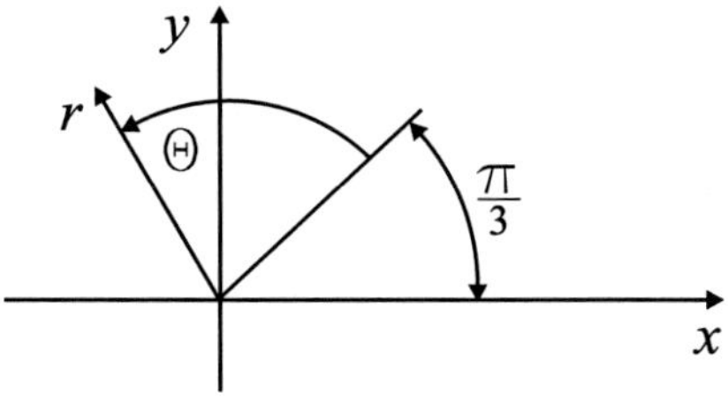

14.5 Eine ebene Strömung wird durch die Stromfunktion $\psi = (\frac{U}{L})xy$ beschrieben. Im Punkt $x_{ref} = 0, y_{ref} = 1\ m$ beträgt der Druck $p_{ref} = 10^5\ N/m^2$.

$$U = 2\ m/s \qquad L = 1\ m \qquad \rho = 10^3\ kg/m^3$$

a) Überprüfen Sie, ob die Strömung ein Potential besitzt.

Bestimmen Sie:
b) die Staupunkte, den Druckbeiwert und die Isotachen,
c) Geschwindigkeit und Druck für $x_1 = 2m, y_1 = 2m$,
d) die Koordinaten eines Teilchens, das zur Zeit $t = 0$ den Punkt x_1, y_1 durchläuft, für die Zeit $t = 0.5s$,
e) die Druckdifferenz zwischen diesen beiden Punkten.
f) Skizzieren Sie die Stromlinien.

14.6 Ein ebener Halbkörper mit der Breite $2h$ wird mit der Geschwindigkeit u_∞ angeströmt.

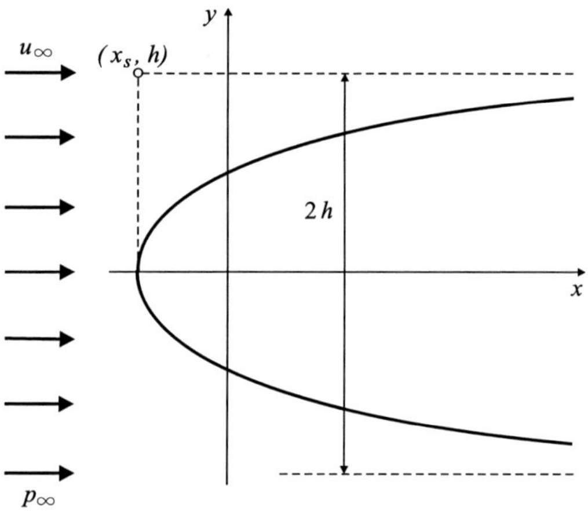

Gegeben: $u_\infty,\ p_\infty,\ h$

Bestimmen Sie:
a) den Staupunkt und die Geschwindigkeit im Punkt $x = x_s,\ y = h$,
b) die Kontur des Halbkörpers,
c) die Druckverteilung auf der Kontur,
d) die Isobaren,
e) die Kurve, auf der der Druck um $\frac{\rho}{4}u_\infty^2$ größer ist als der Druck p_∞ in der Anströmung,
f) die Isotachen,
g) das Gebiet, in dem die Geschwindigkeitskomponente v größer ist als $\frac{u_\infty}{2}$,
h) die Kurve, auf der die Stromlinien unter 45° geneigt sind,
i) die maximale Verzögerung, die ein auf der x-Achse strömendes Teilchen zwischen $x = -\infty$ und dem Staupunkt erfährt!

14.7 Gegeben ist die Stromfunktion

$$\psi = u_\infty y(1 - \frac{R^2}{x^2 + y^2})$$

a) Skizzieren Sie die Stromlinien für $x^2 + y^2 \geq R^2$

Bestimmen Sie:
b) die Druckverteilung auf der Kontur $\psi = 0$,
c) die Zeit, in der ein Teilchen vom Punkt $x = -3R$, $y = 0$ zum Punkt $x = -2R$, $y = 0$ gelangt.

14.8 Ein Brückenpfeiler mit kreisförmigem Querschnitt wird mit der Geschwindigkeit u_∞ angeströmt. Weit vor dem Pfeiler beträgt die Wassertiefe h_∞.

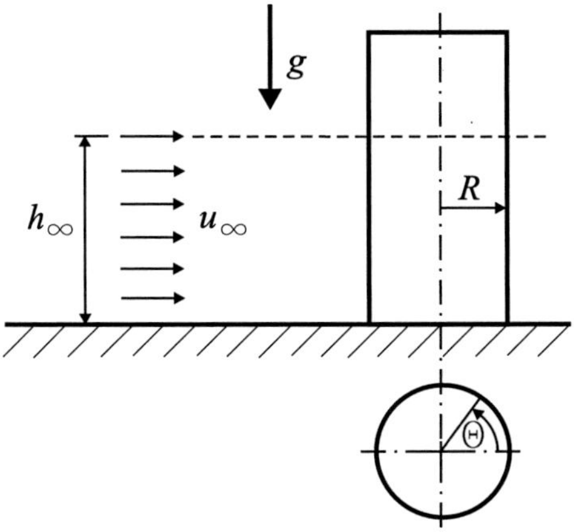

Gegeben: $u_\infty = 1\ m/s,\ h_\infty = 6\ m,\ R = 2\ m,\ \rho = 10^3\ kg/m^3,\ g = 10\ m/s^2$

Bestimmen Sie:
a) die Höhe des Wasserspiegels an der Pfeilerwand als Funktion von θ,
b) die Höhe des Wasserspiegels in den Staupunkten,
c) die geringste Wassertiefe über Grund.

Hinweis: Nehmen Sie an, daß die Strömung eben ist.

14.9 Eine Windenergieanlage soll auf einem Hügel aufgestellt werden. Nehmen Sie an, daß die Windströmung durch eine Potentialströmung dargestellt werden kann, mit der die Energieausbeute untersucht werden soll. Die Strömung über den Hügel ist durch die komplexe Strömungsfunktion

$$F(z) = u_\infty z + 0.8\frac{u_\infty H^2}{z}$$

gegeben, wobei die Hügelkontur selbst eine Stromlinie ist.

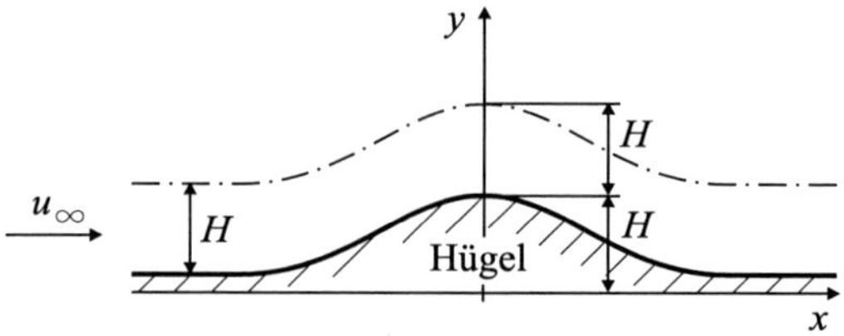

Gegeben: u_∞, ρ, H

a) Bestimmen Sie die Konturgleichung des Hügels $f_k(x, y) = 0$ in kartesischen Koordinaten.
b) Bestimmen Sie die gesamte Leistung, die der Strömung zwischen der Kontur und der Höhenlinie im Abstand H
I. weit vor dem Hügel ($x \to -\infty$) und
II. auf dem Hügel ($x = 0$)
entnommen werden kann.
c) Skizzieren Sie das potentialtheoretische Geschwindigkeitsprofil auf dem Hügel ($x = 0$) sowie ein realistisches Profil der reibungsbehafteten Strömung.

14.10 Ein rotierender Kreiszylinder der Länge L wird mit der Geschwindigkeit u_∞ senkrecht zur Achse angeströmt. An der Oberfläche ist der durch die Rotation des Zylinders hervorgerufene Anteil der Umfangsgeschwindigkeit gleich v_t.

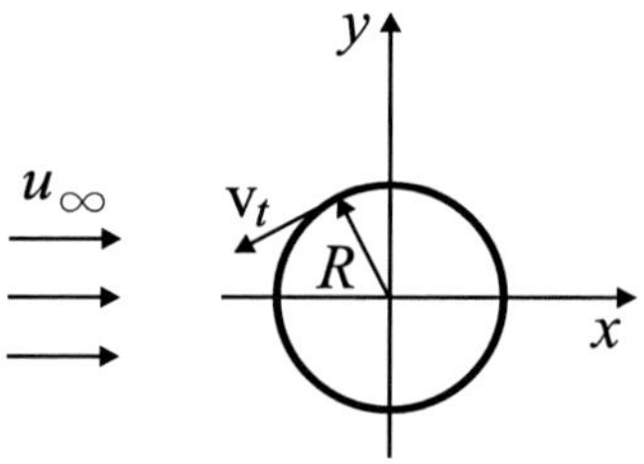

a) Bestimmen Sie die Zirkulation.
b) Diskutieren Sie das Strömungsfeld für $v_t = u_\infty$.
c) Berechnen Sie die Kraft auf den Zylinder.

14.11 Die ebene Strömung um eine 90°-Ecke kann mit Hilfe der komplexen Strömungsfunktion

$$F(z) = Az^{\frac{2}{3}},\ A = konst.$$

beschrieben werden.

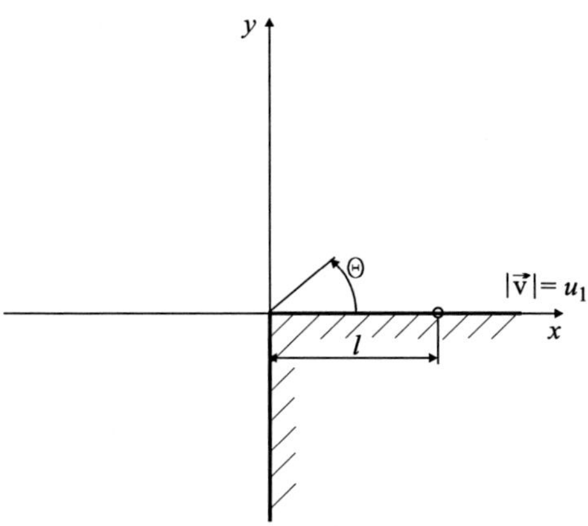

Gegeben: $|\vec{v}|_{(r=l,\ \theta=0)} = u_1$

Bestimmen Sie:

a) den Wert der Konstanten A
b) den Verlauf des Druckbeiwerts c_p auf der Wand und skizzieren Sie diesen.
c) Skizzieren Sie sorgfältig die Linien konstanten Drucks.
d) Geben Sie die Beziehung $r = r(\theta)$ für die Stromlinien an.
e) Skizzieren Sie das Strömungsfeld.

14.12 Gegeben ist die Stromfunktion $\psi(x, y)$ für die Strömung eines inkomressiblen Fluids durch die skizzierte ebene Düse.

$$\psi(x, y) = \frac{y}{h(x)} u_\infty L$$

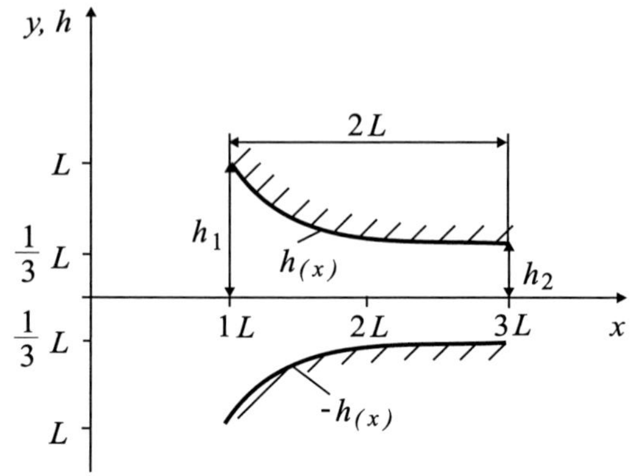

Gegeben: $u_\infty,\ L,\ B,\ h_1 = L,\ h_2 = \dfrac{1}{3}L$

a) Bestimmen Sie den Verlauf der oberen und unteren Düsenkontur $h(x)$ so, dass die Strömung als Potentialströmung dargestellt werden kann.

b) Bestimmen Sie die Geschwindigkeitsverteilung $u(x, y)$ und $v(x, y)$.

c) Bestimmen Sie den Volumenstrom durch die Düse mit der Breite B.

15 Laminare Grenzschichten

15.1 Eine ebene Platte wird parallel zur Oberfläche mit Wasser angeströmt. Stellen Sie für eine laminare Grenzschicht die Impulsverlustdicke als Integral der Wandschubspannung

$$-\int_0^x \frac{\tau(x', y=0)}{\rho u_\infty^2} dx'$$

dar!

15.2 Eine beidseitig benetzte ebene Platte (Länge L, Breite B) wird parallel zur Oberfläche mit Luft angeströmt.

Gegeben: $u_\infty = 10\ m/s,\ L = 0,5\ m,\ B = 1\ m,\ \rho = 1,25\ kg/m^3,\ \nu = 1,5 \cdot 10^{-5}\ m^2/s$

a) Skizzieren Sie Geschwindigkeitsprofile $u(y)$ für verschiedene x!
b) Geben Sie die Randbedingungen für die Grenzschichtgleichungen an!
c) Skizzieren Sie die Schubspannungsverteilung $\tau(y)$ an einer Stelle x!
d) Berechnen Sie die Grenzschichtdicke am Ende der Platte und den Widerstand!

15.3 Nach Aufgabe 15.2 läßt sich der Widerstand einer einseitig benetzten Platte der Länge x und der Breite B durch:

$$W = \int_0^x \tau_w(x) B dx = \rho \int_0^{\delta(x)} u(u_\infty - u) B dy$$

bestimmen. Mit Hilfe dieser Gleichung und der Näherung für das Geschwindigkeitsprofil

$$\frac{u(x,y)}{u_\infty} = a_0 + a_1 \frac{y}{\delta} + a_2 \left(\frac{y}{\delta}\right)^2$$

soll die Grenzschichtdicke $\delta(x)$ bestimmt und mit der Blasius Lösung $\delta(x) = 5,2\sqrt{\frac{\nu x}{u_\infty}}$ verglichen werden.

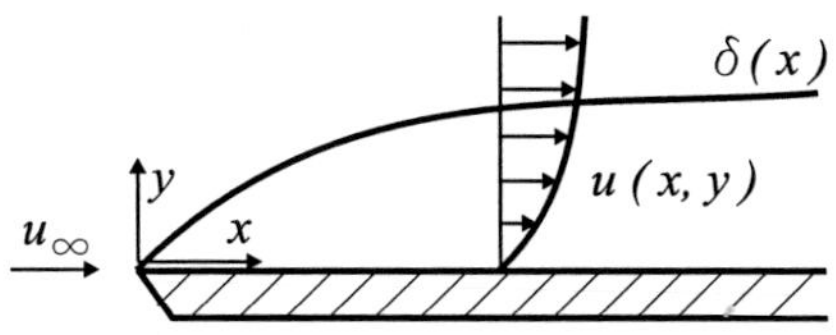

Gegeben: $\nu,\ u_\infty$

15.4 Das Geschwindigkeitsprofil einer laminaren, inkompressiblen Grenzschichtströmung mit konstanter Zähigkeit η kann durch ein Polynom beschrieben werden:

$$\frac{u(x,y)}{u_a(x)} = a_0 + a_1(x)\left(\frac{y}{\delta}\right) + a_2(x)\left(\frac{y}{\delta}\right)^2 + a_3(x)\left(\frac{y}{\delta}\right)^3$$

Die Außengeschwindigkeit $u_a(x)$ ist durch den Ansatz gegeben:

$$u_a(x) = u_{a1} - C \cdot (x - x_1)^2$$

wobei u_{a1} die Außengeschwindigkeit an der Stelle x_1 ist und C eine positive Konstante. Die Grenzschichtdicke an der Stelle x_2 sei $\delta(x_2)$.

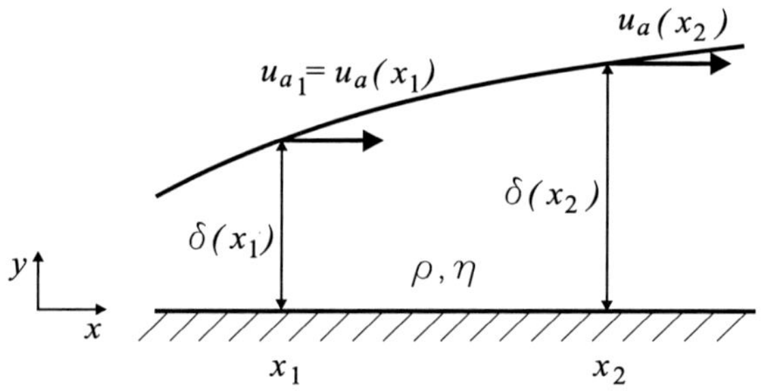

Gegeben : $\rho,\ \eta,\ x_1,\ u_{a1},\ \delta(x_2),\ C,\quad$ mit: $C > 0$

Bestimmen Sie:

a) den Verlauf des Druckgradienten $\partial p/\partial x$ in der Strömung als Funktion von x.
b) den Koeffizienten a_0 und die Koeffizienten $a_1(x),\ a_2(x),\ a_3(x)$.

15.5 In einer Plattengrenzschicht werden Geschwindigkeitsprofile und Druckverlauf vermessen. Der auf der Platte gemessene Druckverlauf wird durch die Beziehung

$$\frac{p(x)}{p_0} = 1 - k\left(\frac{x}{l}\right)^2, \text{ mit } k = konst < 1$$

und die Geschwindigkeitsprofile werden durch

$$\frac{u(x,y)}{u_a(x)} = \left(\frac{y}{\delta_0}\right)^{\frac{1}{2}}$$

wiedergegeben, wobei die Grenzschichtdicke δ_0 konstant ist.

Bestimmen Sie die Wandschubspannung τ_w mit Hilfe der *von Kármánschen* Integralbeziehung

$$\frac{d\delta_2}{dx} + \frac{1}{u_a}\frac{du_a}{dx}(2\delta_2 + \delta_1) + \frac{\tau(y=0)}{\rho u_a^2} = 0$$

Gegeben: $p_0,\ k,\ \delta_0,\ l$

Grenzschichtgleichung (x-Impuls):

$$u\frac{\partial u}{\partial x} + v\frac{\partial u}{\partial y} = -\frac{1}{\rho}\frac{\partial p}{\partial x} + \frac{\eta}{\rho}\frac{\partial^2 u}{\partial y^2}$$

15.6 Durch die poröse Oberfläche einer längs angeströmten, ebenen Platte wird mit der Geschwindigkeit v_a abgesaugt.

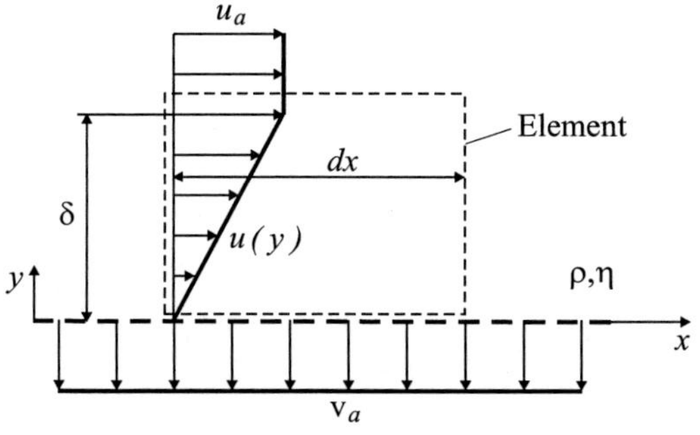

Gegeben: $\rho,\ \eta,\ \delta$

Bestimmen Sie mit einer Bilanzbetrachtung am skizzierten Element die Absaugegeschwindigkeit v_a so, daß die Grenzschichtdicke δ unabhängig von der Lauflänge x ist. Nehmen Sie dabei an, daß die Tangentialkomponente der Geschwindigkeit linear ansteigt.

15.7 Das Geschwindigkeitsprofil in der laminaren Grenzschicht einer längs angeströmten ebenen Platte (Länge L) läßt sich durch ein Polynom vierten Grades

$$\frac{u}{u_a} = a_0 + a_1\left(\frac{y}{\delta}\right) + a_2\left(\frac{y}{\delta}\right)^2 + a_3\left(\frac{y}{\delta}\right)^3 + a_4\left(\frac{y}{\delta}\right)^4$$

annähern.

a) Bestimmen Sie die Koeffizienten des Polynoms!

b) Zeigen Sie die Gültigkeit folgender Beziehungen:

$$\frac{\delta_1}{\delta} = 3/10$$
$$\frac{\delta_2}{\delta} = 37/315$$
$$\frac{\delta}{x} = 5,84/\sqrt{Re_x}$$
$$c_D = 1,371/\sqrt{Re_L}$$

15.8 In einer Staupunktströmung einer senkrecht angeströmten ebenen Platte wird die Außenströmung $u_a(x)$ derart beschleunigt, so daß sich auf der ganzen Platte eine Grenzschicht mit konstanter Grenzschichtdichte δ_0 ausbildet. Das Geschwindigkeitsprofil wird in erster Näherung als linear angenommen:

$$\frac{u(x,y)}{u_a(x)} = a_0 + a_1 \frac{y}{\delta_0}$$

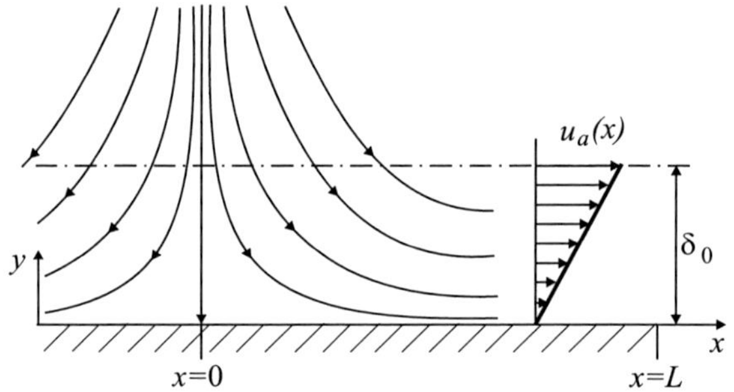

Gegeben: $\delta_0,\ L,\ \eta,\ \rho,\ B$

von Kármánsche Integralbeziehung

$$\frac{d\delta_2}{dx} + \frac{1}{u_a}\frac{du_a}{dx}(2\delta_2 + \delta_1) = \frac{\tau_w}{\rho u_a^2}$$

Bestimmen Sie:

a) die Konstanten $a_0,\ a_1$

b) den Verlauf der Außengeschwindigkeit $u_a(x)$ mit Hilfe der *von Kármánschen* Integralbeziehung.

c) die Tangentialkraft, die zwischen $x = 0$ und $x = L$ auf die Platte mit der Breite B ausgeübt wird.

15.9 Das Geschwindigkeitsprofil in der laminaren Grenzschicht einer längs angeströmten ebenen Platte (Länge L) wird angenähert durch

A) ein Polynom dritten Grades

$$\frac{u}{u_a} = \frac{3}{2}\left(\frac{y}{\delta}\right) - \frac{1}{2}\left(\frac{y}{\delta}\right)^3$$

und

B) einen Sinus-Ansatz

$$\frac{u}{u_a} = \sin\left(\frac{\pi}{2}\,\frac{y}{\delta}\right).$$

a) Bestimmen Sie δ_1, δ_2, δ und c_D !
b) Berechnen Sie für

$$u_a = 1\ m/s \qquad L = 0,5\ m \qquad B = 1\ m \qquad \rho = 10^3\ kg/m^3 \qquad \nu = 10^{-6}\ m^2/s$$

die Grenzschichtdicke am Plattenende und den Widerstand!

16 Turbulente Grenzschichten

16.1 Eine ebene Platte wird parallel zur Oberfläche mit Luft angeströmt.

Gegeben: $u_\infty = 45\ m/s,\ \ \nu = 1,5 \cdot 10^{-5}\ m^2/s$

Bestimmen Sie:
a) den Umschlagpunkt für $Re_{krit} = 5 \cdot 10^5$,
b) die Geschwindigkeit im Punkt $x = 0,1\ m,\ y = 2 \cdot 10^{-4}\ m$ mit Hilfe der Blasius-Lösung. Bei welcher Koordinate y wird für $x = 0,15\ m$ die gleiche Geschwindigkeit erreicht?

Skizzieren Sie:
c) den Verlauf der Grenzschichtdicke $\delta(x)$ und je ein Geschwindigkeitsprofil für $x < x_{krit}$ und $x > x_{krit}$.
d) die Wandschubspannung als Funktion von x für $dp/dx < 0$, $dp/dx = 0$ und $dp/dx > 0$.

16.2 Stellvertretend für die Reynolds-gemittelten Navier-Stokes Gleichungen soll die gemittelte Form der x-Impulsgleichung einer zweidimensionalen, instationären, inkompressiblen Strömung bestimmt werden.

$$\rho\left(\frac{\partial u}{\partial t} + \frac{\partial u^2}{\partial x} + \frac{\partial (uv)}{\partial y}\right) = f_x - \frac{\partial p}{\partial x} + \eta\left(\frac{\partial^2 u}{\partial x^2} + \frac{\partial^2 u}{\partial y^2}\right)$$

a) Zeigen Sie, dass folgende Gleichung gilt

$$\rho\left(\frac{\partial u}{\partial t} + \frac{\partial u^2}{\partial x} + \frac{\partial (uv)}{\partial y}\right) = \rho\left(\frac{\partial u}{\partial t} + u\frac{\partial u}{\partial x} + v\frac{\partial u}{\partial y}\right)$$

b) Bestimmen Sie die für das Zeitintervall $[0,\ T]$ gemittelte Form der oben angegebenen x-Impulsgleichung.

16.3 Zwei ebene rechteckige Platten haben die gleichen Seitenlängen L_1 und L_2. Die Platte 1 wird parallel zur Seite L_1 und die Platte 2 parallel zur Seite L_2 mit der Geschwindigkeit u_∞ angeströmt.

Gegeben: $L_1 = 1\ m \qquad L_2 = 0,5\ m \qquad \nu = 10^{-6}\ m^2/s$

a) Bestimmen Sie das Verhältnis der Reibungskräfte für $u_\infty = 0,4\ m/s; 0,8\ m/s; 1,6\ m/s$.
b) Wie groß muß die Anströmgeschwindigkeit der Platte 2 sein, wenn die Platte 1 mit $u_\infty = 0,196\ m/s$ angeströmt wird und die Widerstandsbeiwerte gleich groß sein sollen?

Hinweis: $c_w = \dfrac{0,074}{Re_L^{1/5}} - \dfrac{1700}{Re_L}$ für $5 \cdot 10^5 < Re_L < 10^7$

17 Grenzschichtablösung

17.1 Eine ebene Platte bildet die untere Berandung eines divergenten Kanals. An der Stelle $x = x_a$ löst die Strömung ab. Für das Geschwindigkeitsprofil wird ein Polynom 3. Grades angesetzt:

$$\frac{u(x,y)}{u_a(x)} = a_0(x) + a_1(x)\frac{y}{\delta(x)} + xa_2\left(\frac{y}{\delta(x)}\right)^2 + a_3(x)\left(\frac{y}{\delta(x)}\right)^3$$

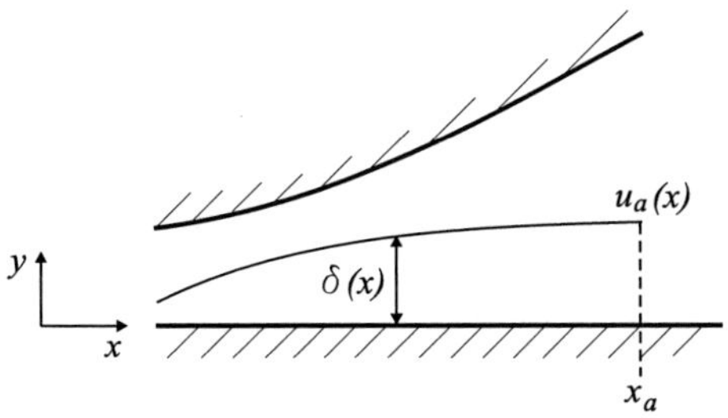

Gegeben: x_a

Bestimmen Sie das Geschwindigkeitsprofil $\dfrac{u(x_a, y/\delta(x_a))}{u_a(x_a)}$ an der Ablösestelle.

Skizzieren Sie 3 Geschwindigkeitsprofile für $x < x_a$; $x = x_a$; $x > x_a$.

17.2 Nehmen Sie an, dass die Strömung um einen Kreiszylinder bei $\alpha = 120^o$ ablöst, die Druckverteilung bis zum Ablösepunkt durch die Potentialströmung bestimmt und der Druck im Totwasser konstant ist.

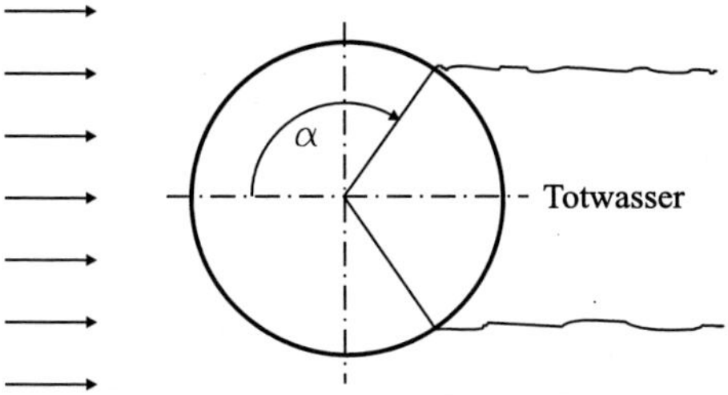

Bestimmen Sie unter Vernachlässigung des Reibungswiderstandes den Widerstandsbeiwert des Zylinders.

17.3 Ein Kreiszylinder mit Radius R wird senkrecht zu seiner Achse mit der Geschwindigkeit u_∞ angeströmt. Die Geschwindigkeit der reibungsfreien Außenströmung auf der Zylinderwand beträgt

$$u_a(x) = 2u_\infty \sin\frac{x}{R}$$

Für die Grenzschichtdicke soll

$$\delta(x) = 5\sqrt{\frac{\eta x}{\rho u_a(x)}}$$

angenommen werden.

a) Bestimmen Sie die örtlichen Geschwindigkeitsprofile in der Grenzschicht für das vorgegebene (x, y)-Koordinatensystem mit Hilfe des Ansatzes

$$\frac{u}{u_a(x)} = a_0(x) + a_1(x)\left(\frac{y}{\delta}\right) + a_2(x)\left(\frac{y}{\delta}\right)^2 + a_3(x)\left(\frac{y}{\delta}\right)^3$$

b) Bei welchem Winkel löst die Strömung ab ($\tau_w = 0$)?

Hinweise:
- Grenzschichtgleichung

$$\rho u\frac{\partial u}{\partial x} + \rho v\frac{\partial u}{\partial y} = -\frac{dp}{dx} + \eta\frac{\partial^2 u}{\partial y^2}$$

- Näherung für $\varphi \approx \pi/2$:

$$\sin\varphi \approx 1$$
$$\cos\varphi \approx \pi/2 - \varphi$$

17.4 Eine Kugel und ein Kreiszylinder aus gleichem Material fallen mit konstanter Geschwindigkeit durch ruhende Luft. Die Achse des Zylinders steht senkrecht zur Fallrichtung. Für $0 < Re \leq 0{,}5$ sind der Widerstandsbeiwert einer Kugel durch $c_w = 24/Re$ und der eines quer angeströmten Kreiszylinders durch $c_w = 8\pi/[Re(2 - ln Re)]$ gegeben.

Gegeben: $\rho = 800\ kg/m^3,\ \rho_L = 1{,}25\ kg/m^3,\ \nu_L = 15\cdot 10^{-6}\ m^2/s,\ g = 10\ m/s^2$

Bestimmen Sie:
a) die maximalen Durchmesser, für die diese Gesetze gelten,
b) die entsprechenden Sinkgeschwindigkeiten.

17.5 Eine Kugel fällt stationär mit der Geschwindigkeit v_1 durch ruhende Luft. Eine Abwindbö erhöht die Geschwindigkeit auf v_2.

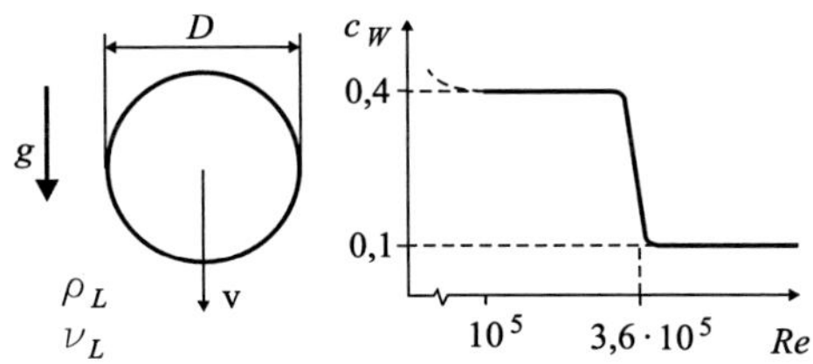

Gegeben: $D = 0,35\ m,\ G = 4,06\ N,\ v_1 = 13\ m/s,\ v_2 = 18\ m/s,\ \rho_L = 1,25\ kg/m^3,\ \nu_L = 15 \cdot 10^{-6}\ m^2/s$

a) Wie groß ist der Widerstandswert vor Einsetzen der Bö?

b) Welche stationäre Endgeschwindigkeit erreicht die Kugel nach Abklingen der Bö?

17.6 Eine Kugel mit Durchmesser D und Dichte ρ_K wird mit der Anfangsgeschwindigkeit v_0 senkrecht nach oben durch ruhende Luft geschossen.

Gegeben: $D = 0,1\ m,\ v_0 = 30\ m/s,\ g = 10\ m/s^2,\ \rho_L = 1,25\ kg/m^3,\ \rho_H = 750\ kg/m^3,\ \rho_M = 7,5 \cdot 10^3\ kg/m^3$

Bestimmen Sie allgemein unter Voraussetzung eines konstanten Widerstandsbeiwertes:

a) die Steighöhe,

b) die Steigzeit,

c) die Geschwindigkeit beim Auftreffen auf den Boden,

d) die Fallzeit.

e) Welche Werte haben diese Größen für eine Holzkugel der Dichte ρ_H und für eine Metallkugel der Dichte ρ_M, wenn $c_w = 0,4$ und $c_w = 0$ ist?

18 Mehrphasenströmung

18.1 Herr Schmitz und Fräulein Meier sitzen bei einem romantischen Abendessen bei Tisch. Leider hat Herr Schmitz Erkältung. Er muß niesen, dabei wird eine Geschwindigkeit von 70 m/s erzielt. Die Viren werden in einem Speicheltropfen von 50 μm Durchmesser transportiert.

Gegeben: $\rho_P = 1000\ kg/m^3$; $\rho_L = 1,25\ kg/m^3$; $\eta = 1,79 \cdot 10^{-5}\ kg/ms$; $\nu = 1,46 \cdot 10^{-5}\ m^2/s$

a) Welches Widerstandsgesetz ist für die Berechnung der Speicheltropfenflugbahn anwendbar?
b) Wie weit muß der Teller von Fräulein Meier entfernt sein, damit der austretende Virus nicht mehr ihren Teller erreicht? Die Mundöffnung von Herrn Schmitz befindet sich 0,5 m über der Tischkante. Verwenden Sie dazu das Stokessche Widerstandsgesetz.
c) Welche Auswirkungen hat die Verwendung des Stokeschen Gesetzes?
d) Wieviel Zentimeter müßte Herr Schmitz kleiner sein, um Fräulein Meier nicht mehr gefährlich werden zu können, wenn der Tellerabstand $x_2 = 0,5\ m$ beträgt?

18.2 Partikel lassen sich aus einer Strömung mittels eines elektrischen Feldes filtern, wenn eine elektrische Feldkraft

$$\vec{F_e} = Q \cdot \vec{E}$$

existiert. Nehmen Sie die Gültigkeit des Stokesschen Widerstandsgesetzes an.

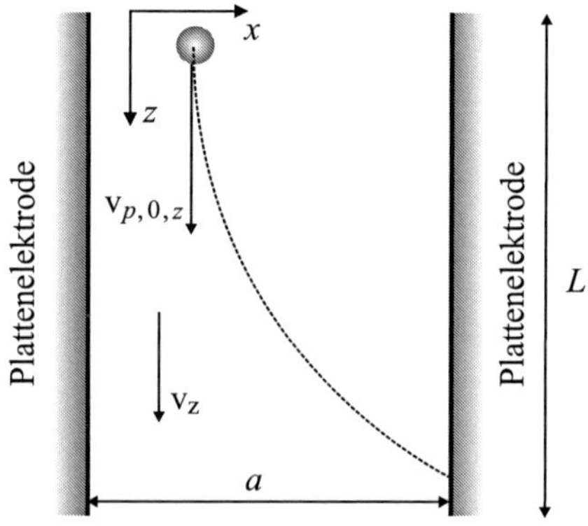

Gegeben: $\rho_p = 4000\ kg/m^3$, $\rho = 1,25\ kg/m^3$, $d_p = 10\ \mu m$, $\nu = 1,46 \cdot 10^{-5}\ m^2/s$, $L = 1\ m$, $\vec{g_e} = 100\ m^2/s$

a) Skizzieren Sie die an einem Partikel angreifenden Kräfte. Welche elektrische Feldbeschleunigung $\vec{g_e}$ erfährt ein Partikel aufgrund des elektrischen Feldes, wenn $\vec{F_e}$ gegeben ist?
b) Stellen Sie die Bewegungsgleichung für die verschiedenen Koordinatenrichtungen auf.
c) Berechnen Sie die Strömungsgeschwindigkeit v_z bei der der Partikel noch an einer Elektrode abgelagert wird. Es ist $v_{p,z,0} = v_z$ (wobei v_z konstant zwischen den Elektroden ist). Der Partikel befindet sich zum Zeitpunkt $t = 0$ bei $x_0 = a/2$.

18.3 Leiten Sie die Bewegungsgleichungen für Partikel in Zylinderkoordinaten her.

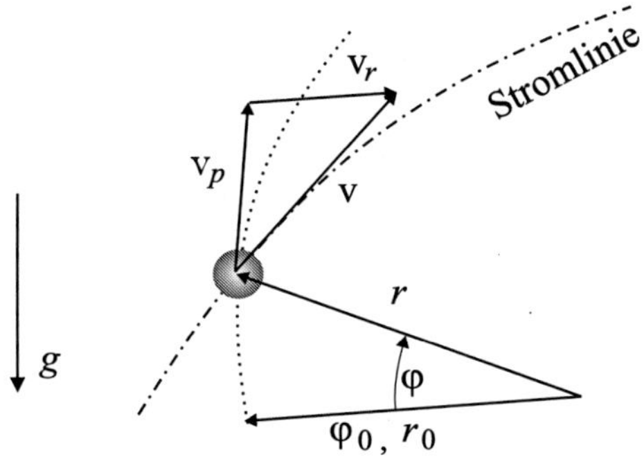

19 Kompressible Strömung

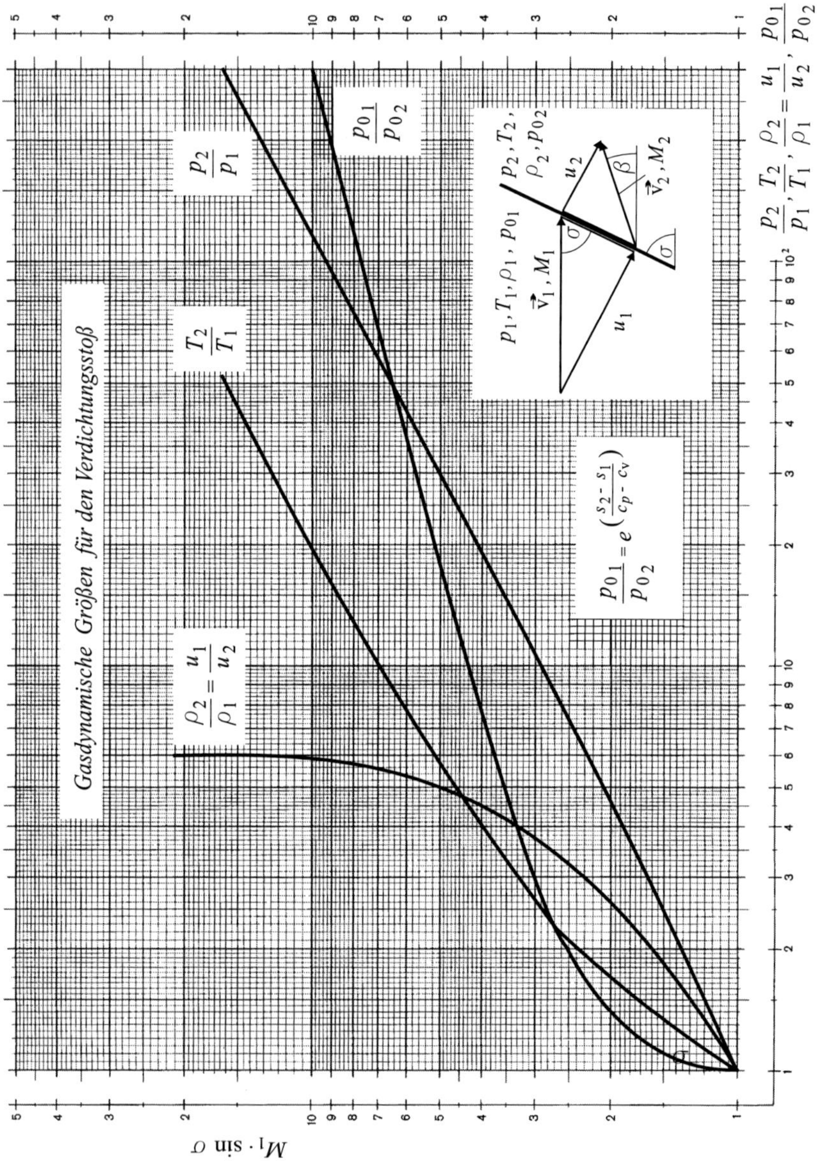

Winkelbeziehung über den schiefen Stoß

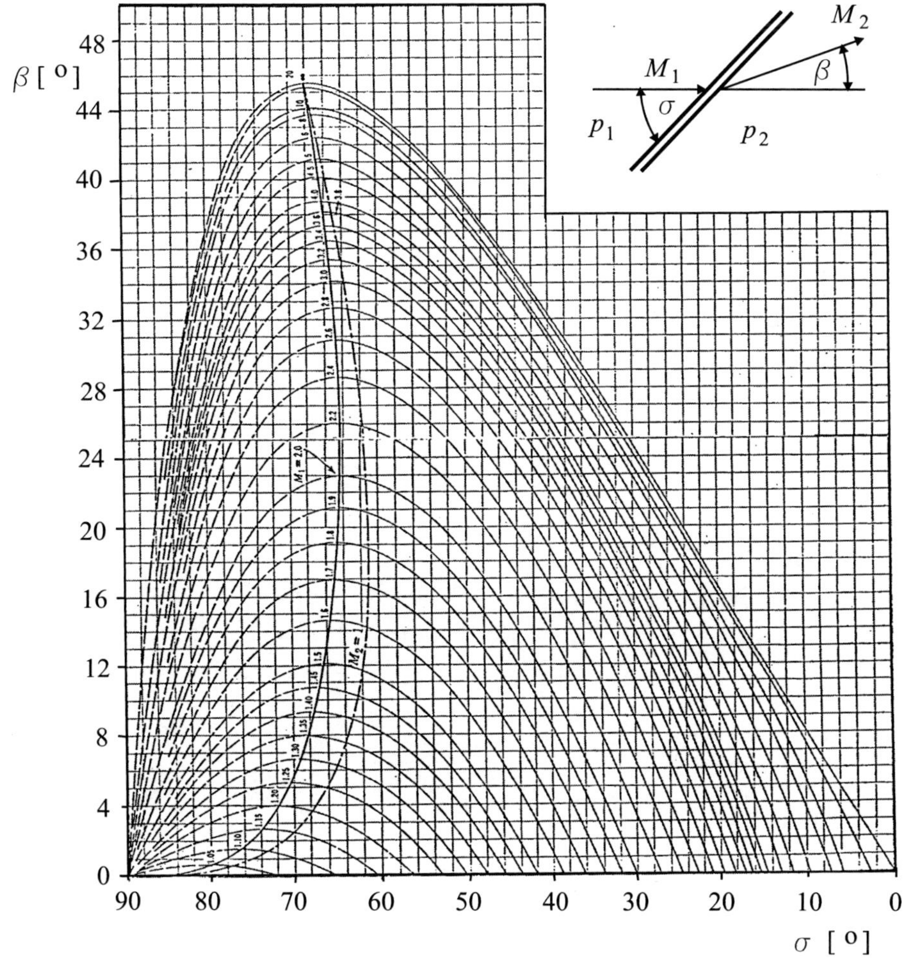

19.1 Ein Flugzeug überfliegt im Horizontalflug einen Beobachter.

Gegeben: $H = 577\ m,\ v = 680\ m/s,\ T = 287\ K,\ R = 287\ Nm/kgK,\ \gamma = 1,4$

a) Wie groß ist die Machzahl?
b) Welche Strecke legt das Flugzeug zurück, ehe es vom Beobachter gehört wird?
c) Wann wurde das wahrgenommene Geräusch erzeugt?

19.2 Ein Düsenflugzeug überholt ein zweites im Abstand b.

Gegeben: $v_A = 510\,m/s \quad v_B = 680\,m/s \quad b = 170\,m \quad T = 287\,K \quad R = 287\,Nm/(kgK) \quad \gamma = 1,4$

Nach welcher Zeit kann der Pilot des überholten Flugzeugs das vom schneller fliegenden verursachte Geräusch wahrnehmen?

19.3 Aus einem großen, reibungsfrei gelagerten Behälter strömt Luft ($\gamma = 1,4$) isentrop durch eine gerundete Düse ins Freie.

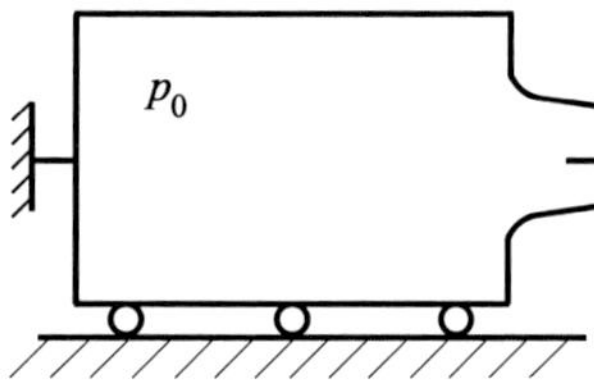

a) Bestimmen Sie den dimensionslosen Schub F_s/p_0A_D für die Druckverhältnisse $p_a/p_0 = 1;\ 0,6;\ 0,2;\ 0$!
b) Wie groß sind die entsprechenden Werte einer inkompressiblen Flüssigkeit?

19.4 Ein Flugzeug fliegt mit Überschallgeschwindigkeit. Es bildet sich ein Verdichtungsstoß, der vor der Nase des Flugzeugs senkrecht ist.

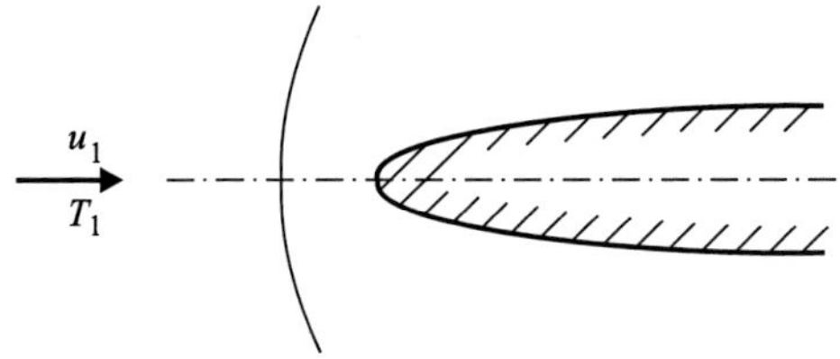

Gegeben: $u_1 = 680\ m/s$ $T_1 = 287\ K$ $R = 287\ Nm/(kgK)$ $\gamma = 1,4$

Wie groß ist die Temperaturänderung der Luft über den Stoß?

19.5 Ein Turbotriebwerk saugt Luft aus der Atmosphäre an. Unmittelbar vor dem Kompressor ist der Druck p_1.

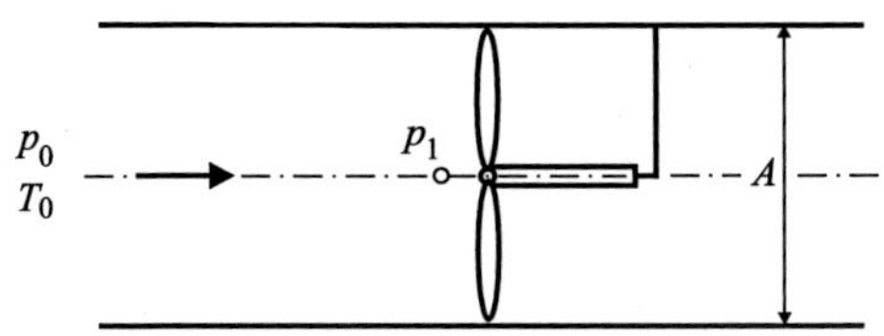

Gegeben: $p_0 = 10^5\ N/m^2$, $T_0 = 287\ K$, $p_1 = 0,74 \cdot 10^5\ N/m^2$, $A = 9 \cdot 10^3\ mm^2$, $R = 287\ Nm/(kgK)$, $\gamma = 1,4$

Bestimmen Sie den Massenstrom durch das Triebwerk!

19.6 Aus einem großen Behälter strömt Luft durch eine gut gerundete Düse ins Freie. Im Endquerschnitt A_1 steht ein senkrechter Verdichtungsstoß.

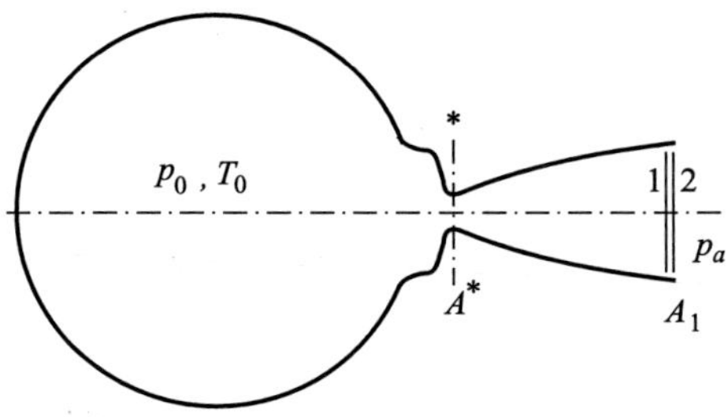

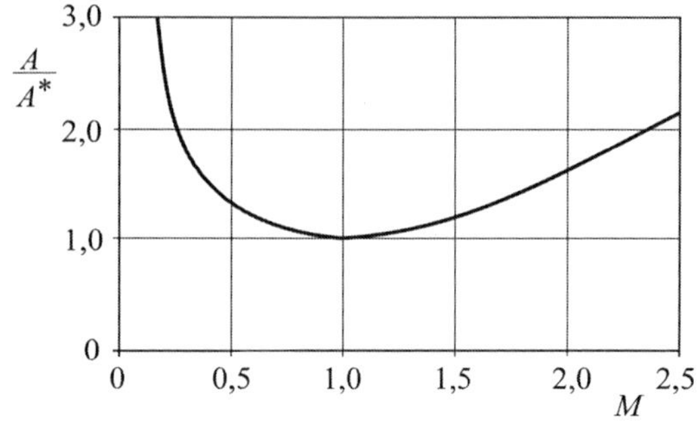

Gegeben: $A_1 = 0,018\ m^2,\ T_0 = 287\ K,\ A^* = 0,01\ m^2,\ p_a = 10^5\ \frac{N}{m^2},\ R = 287\ \frac{J}{kg\ K}$

a) Bestimmen Sie den Massenstrom.

b) Skizzieren Sie den Verlauf des statischen Druckes in der Düse.

Hinweise: $\dfrac{p_2}{p_1} = 1 + \dfrac{2\gamma}{\gamma+1}(M_1^2 - 1)$

19.7 Eine Rakete ist mit einer Lavaldüse ausgerüstet. Beim Start (1) erreicht der austretende Düsenstrahl die Geschwindigkeit $M_{E_1} = 2$ bei einer Strahltemperatur T_{E_1}. Der Umgebungsdruck beträgt p_a. Auf der Höhe H (2) beträgt der Umgebungsdruck nur noch $\frac{1}{4}p_a$. Unter der Voraussetzung, daß p_0, T_0 und A_E während des Fluges konstant bleiben, muß der engste Düsenquerschnitt A^* so nachgestellt werden, daß keine Verdichtungsstöße im Schubstrahl auftreten. Ermitteln Sie das Verhältnis der engsten Querschnitte A_2^*/A_1^*.

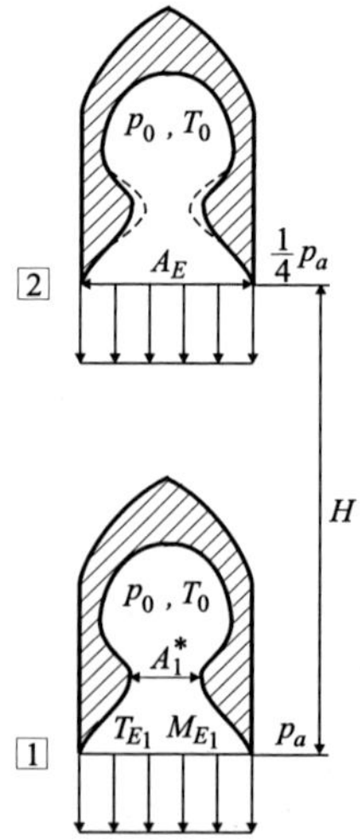

Gegeben: $\gamma = 1,4 \qquad M_{E_1} = 2$

$$c_p = \frac{\gamma R}{\gamma - 1}; \qquad \frac{T}{T_0} = \left(\frac{p}{p_0}\right)^{\frac{\gamma-1}{\gamma}};$$

$$\frac{A^*}{A} = \frac{M}{\left[\frac{2}{\gamma+1}\left(1 + \frac{\gamma-1}{2}M^2\right)\right]^{\frac{1}{2}\frac{\gamma+1}{\gamma-1}}}$$

19.8 In einer Lavaldüse, die von Luft durchströmt wird, steht an der Stelle '1' ein senkrechter Verdichtungsstoß.

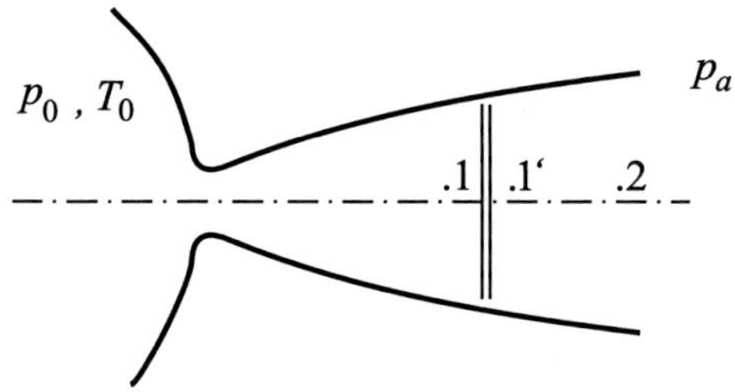

Gegeben: $\dot{m} = 200\ kg/s,\ T_0 = 300\ K,\ p_0 = 2,2 \cdot 10^5\ N/m^2,\ p_a = 10^5\ N/m^2,\ \frac{p_{01}}{p_{01'}} = 1,39$ (Ruhedruckverhältnis über dem Stoß) $\quad R = 287\ Nm/(kg\ K),\ \gamma = 1,4$

Bestimmen Sie am Ende der Düse '2':

a) die Machzahl M_2,

b) die Geschwindigkeit u_2,

c) die Ruhedichte ρ_{02},

d) den Austrittsquerschnitt A_2.

Hinweis: $\quad \frac{p_0}{p} = \left(\frac{T_0}{T}\right)^{\frac{\gamma}{\gamma-1}}$

19.9 Die Geschwindigkeit V_1 stromauf eines schrägen Verdichtungsstoßes ist gegeben durch die Normalkomponente $u_{n1} = 400 m/s$ und die Tangentialkomponente $u_{t1} = 300 m/s$. Über den Stoß erhöht sich die statische Temperatur auf $T_2 = 1,2 \cdot T_1$

Bestimmen Sie mit $\gamma = 1,4$ und $R = 287\ Nm/(kgK)$:

a) die Mach-Zahl M_1 und die statische Temperatur T_1 vor dem Stoß,

b) die Mach-Zahl M_2 sowie den Umlenkwinkel β hinter dem Stoß,

c) für $M_1 = konst.$ die Geschwindigkeitskomponenten u_{n1} und u_{t1} so, daß $M_2 = 1$ ist. Wie groß ist jetzt der Umlenkwinkel β?

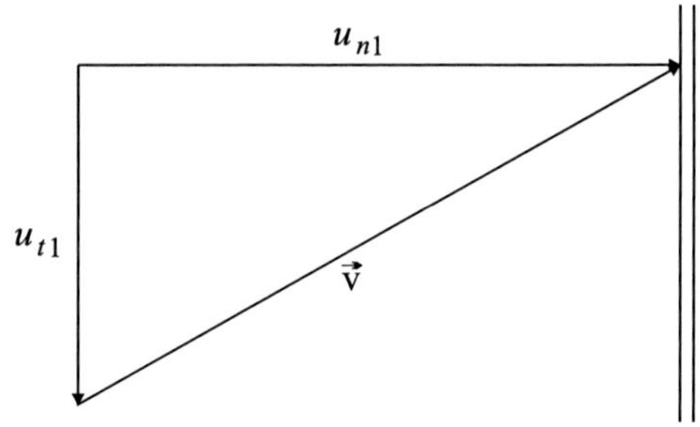

19.10 In einer Überschallströmung mit $M_1 = 2,2$ fällt ein schräger Verdichtungsstoß unter 40° auf eine ebene Wand. Im Auftreffpunkt ist die Wand um 6° nach außen geknickt.

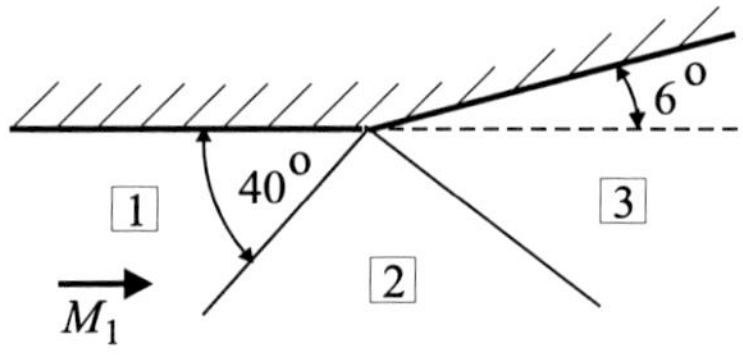

Gegeben: $\gamma = 1,4,\ M_1 = 2,2,\ R = 287\ Nm/(kgK)$

Bestimmen Sie: $M_2,\quad M_3,\quad \dfrac{p_2}{p_1},\quad \dfrac{p_3}{p_2},\quad \dfrac{T_2}{T_1},\quad \dfrac{T_3}{T_2}$

19.11 Luft aus der Atmosphäre ($T = 280\ K,\ p = 1\ bar$) wird durch den Überschallwindkanal in den evakuierten Kessel gesaugt (s. Skizze). Die Laval-Düse ist für die Mach-Zahl M_E in der Meßstrecke ausgelegt.

Gegeben: $p = 1\ bar,\ T = 280\ K,\ \gamma = 1,4,\ R = 287\ Nm/(kgK),\ M_E = 2,3,\ A_H = 0,1\ m^2,\ V_K = 1000\ m^3$

Während des Blasens sei die Kesseltemperatur $T_K = 280\ K = konst.$. Zur Zeit $t = 0$ beträgt der Druck im Kessel $p_k(t = 0) = 0,08\ bar$.

a) Bestimmen Sie die zur Verfügung stehende Meßzeit Δt (ungestörte Strömung in der Meßstrecke, $M_E = 2,3$.)

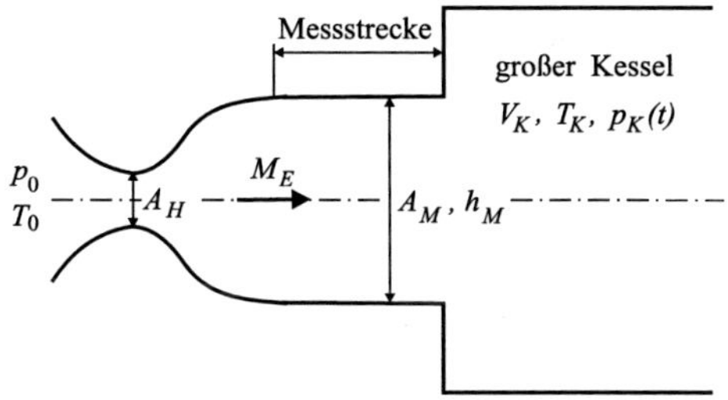

b) Bestimmen Sie für den Kesseldruck $p_K = 0,16\ bar$ folgende Größen:
Stoßwinkel σ, Umlenkwinkel β, $p_{02'}$, M_2, T_2, T_{02} sowie die Geschwindigkeit V_2 nach dem Stoß.
c) In der Meßstrecke wird ein Keil mit $2 \cdot \beta_K = 40^o$ eingebaut.

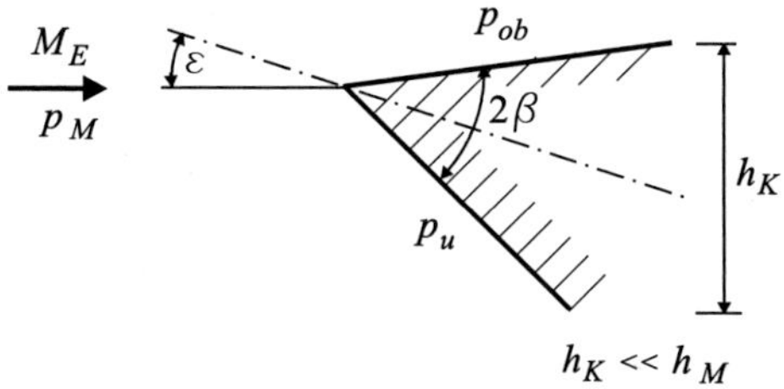

Wie groß kann der Anstellwinkel ϵ werden, ohne daß der Verdichtungsstoß ablöst? Wie groß sind in diesem Fall die Druckdifferenz $p_u - p_{ob}$ und die Mach-Zahlen M_{ob} und M_u?

19.12 Mit dem dargestellten ebenen Drei-Stoß-Diffusor wird die Strömung von M_∞ auf M_3 verzögert. Der Anströmzustand und die Normalkomponente der Geschwindigkeit u_n vor dem letzten Stoß sind bekannt.

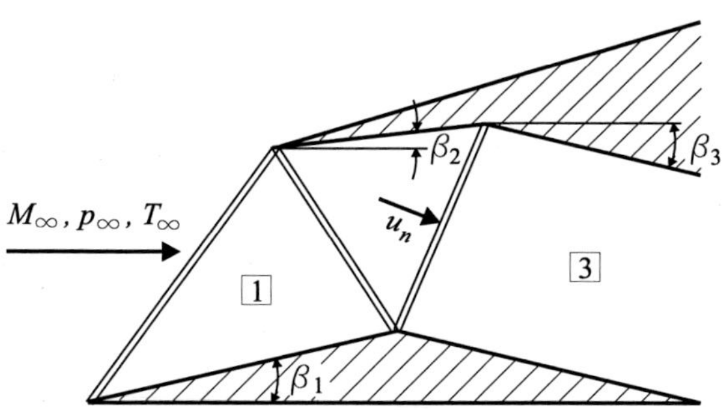

Gegeben: $M_\infty = 3$, $T_\infty = 270\ K$, $p_\infty = 1\ bar$, $\gamma = 1,4$, $R = 287\ J/(kg\ K)$, $\beta_1 = 15°$, $\beta_2 = 10°$, $u_n = 649\ m/s$

a) Bestimmen Sie die Machzahlen M_1 und M_2 sowie die Stoßwinkel σ_1 und σ_2.
b) Bestimmen Sie für den Zustand 3 die Machzahl M_3, den Konturwinkel β_3, den Stoßwinkel σ_3 und den statischen Druck p_3.

19.13 Dargestellt ist die Durchdringung zweier Schrägstöße unterschiedlicher Stoßintensität. Die Strömung stromab der Stöße wird durch eine Diskontinuitätslinie geteilt. Das Verhältnis der Ruhedrücke in den Gebieten 1 und 2 und die Machzahl im Gebiet 1 ist bekannt.

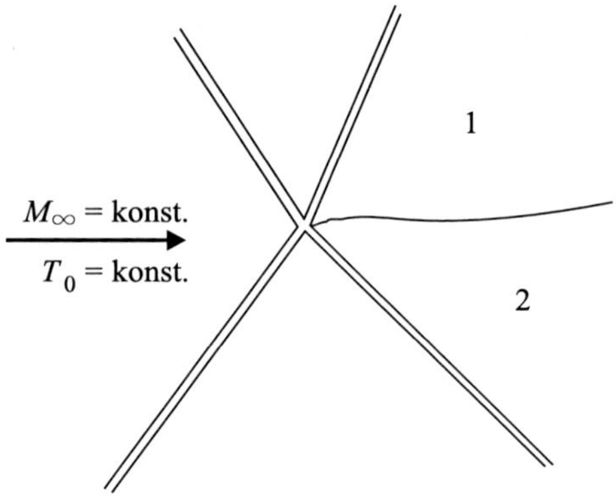

Gegeben: $\gamma = 1,4$, $R = 287\ Jkg^{-1}K^{-1}$, $p_{01}/p_{02} = 1,2$, $M_1 = 1,6$

a) Bestimmen Sie die Machzahl M_2 im Gebiet 2.
b) Bestimmen Sie das Verhältnis der Geschwindigkeiten $|\vec{V}_2|/|\vec{V}_1|$ sowie das Dichteverhältnis ρ_2/ρ_1.

3 Kinematik der Fluide

3.1

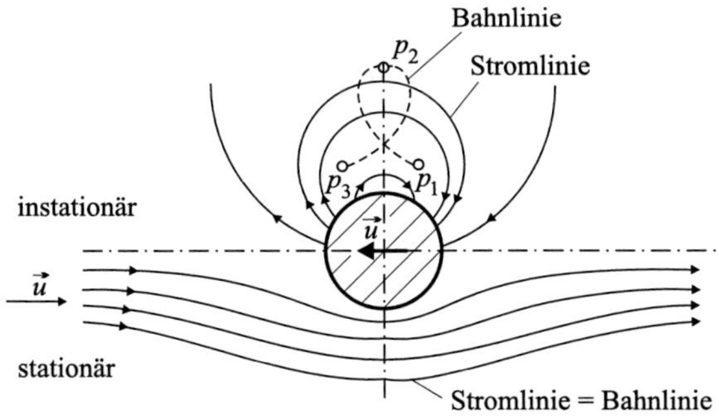

Instationäre Strömung für einen ruhenden Beobachter, stationäre Strömung für einen mitbewegten Beobachter.

3.2

a)
$$\frac{dy}{dx} = \frac{v}{u} = -\frac{v_0}{u_0}\tan(\omega t)$$

Integration ergibt :
$$y = \left[-\frac{v_0}{u_0}\tan(\omega t)\right] x + c$$

Geraden mit Steigung 0, -1, -∞

b)
$$x(t) = \int u \, dt + c_1 = \frac{u_0}{\omega} \sin(\omega t) + c_1$$

$$y(t) = \int v \, dt + c_2 = \frac{v_0}{\omega} \cos(\omega t) + c_2$$

$$\Longrightarrow \left(\frac{\omega}{u_0}\right)^2 (x - c_1)^2 + \left(\frac{\omega}{v_0}\right)^2 (y - c_2)^2 = 1$$

Kreise mit Radius 1 m

c) Kreis um den Ursprung

4 Grundgleichungen strömender Fluide

4.1

a)

1) $$\vec{\nabla} \times \vec{\nabla} p = \vec{\nabla} \times \begin{pmatrix} \frac{\partial p}{\partial x} \\ \frac{\partial p}{\partial y} \\ \frac{\partial p}{\partial z} \end{pmatrix} = \begin{pmatrix} \frac{\partial}{\partial x} \\ \frac{\partial}{\partial y} \\ \frac{\partial}{\partial z} \end{pmatrix} \times \begin{pmatrix} \frac{\partial p}{\partial x} \\ \frac{\partial p}{\partial y} \\ \frac{\partial p}{\partial z} \end{pmatrix}$$

$$= \left(\frac{\partial}{\partial y}\left(\frac{\partial p}{\partial z}\right) - \frac{\partial}{\partial z}\left(\frac{\partial p}{\partial y}\right) \;,\; \frac{\partial}{\partial z}\left(\frac{\partial p}{\partial x}\right) - \frac{\partial}{\partial x}\left(\frac{\partial p}{\partial z}\right) \;,\; \frac{\partial}{\partial x}\left(\frac{\partial p}{\partial y}\right) - \frac{\partial}{\partial y}\left(\frac{\partial p}{\partial x}\right) \right)^T$$

$$= \left(\frac{\partial^2 p}{\partial y\,\partial z} - \frac{\partial^2 p}{\partial z\,\partial y} \;,\; \frac{\partial^2 p}{\partial z\,\partial x} - \frac{\partial^2 p}{\partial x\,\partial z} \;,\; \frac{\partial^2 p}{\partial x\,\partial y} - \frac{\partial^2 p}{\partial y\,\partial x} \right)^T = 0 \quad ,$$

Falls p stetig partielle Ableitungen zweiter Ordnung besitzt und damit die Reihenfolge der Differentiation keine Rolle spielt.

2) analog zu 1)

3) analog zu 1)

b) $$\vec{\nabla} \cdot \vec{v} = 0$$

$$\rho \left(\frac{\partial \vec{v}}{\partial t} + \vec{\nabla}\left(\frac{\vec{v}^2}{2}\right) - \vec{v} \times \left(\vec{\nabla} \times \vec{v}\right) \right) = \rho \cdot \vec{g} - \vec{\nabla}\, p - \eta \vec{\nabla} \times \left(\vec{\nabla} \times \vec{v}\right)$$

4.2

a) allgemein (substantielle Beschleunigung): $\dfrac{dv}{dt} = \dfrac{\partial v}{\partial t} + v \cdot \dfrac{\partial v}{\partial x}$ (eindimensionale Betrachtung)

Aus Konti.-Gl. $A \cdot v = konst$ folgt $v \cdot \dfrac{\partial v}{\partial x} = 0$

$$\frac{\partial v}{\partial t} = \frac{\partial v_{\text{Kolben}}}{\partial t} \neq 0$$

$$\Longrightarrow \frac{dv}{dt} = \frac{\partial v_{\text{Kolben}}}{\partial t} \text{(nur lokale Beschleunigung)}$$

b) allgemein (substantielle Beschleunigung): $\dfrac{dv}{dt} = \dfrac{\partial v}{\partial t} + v \cdot \dfrac{\partial v}{\partial x}$

Konstante Einströmgeschwindigkeit $v = v_0 \quad \Longrightarrow \dfrac{\partial v}{\partial t} = 0$

$$\text{Konti.}: \quad A(x) \cdot v(x) = konst$$

$$\Longrightarrow \frac{\partial A(x)}{\partial x} \cdot v(x) + \frac{\partial v(x)}{\partial x} \cdot A(x) = 0$$

$$\Longrightarrow \frac{\partial v(x)}{\partial x} = - \frac{\partial A(x)}{\partial x} \cdot \frac{v(x)}{A(x)} \neq 0$$

$$\Longrightarrow \frac{dv}{dt} = v(x) \cdot \frac{\partial v(x)}{\partial x} = - \frac{\partial A(x)}{\partial x} \cdot \frac{v(x)}{A(x)} \cdot v(x)$$

(nur konvektive Beschleunigung)

4.3

a)

$$\frac{\partial}{\partial \mathrm{x}} = \frac{\partial \mathrm{r}}{\partial \mathrm{x}} \cdot \frac{\partial}{\partial \mathrm{r}} + \frac{\partial \phi}{\partial \mathrm{x}} \frac{\partial}{\partial \phi} + \frac{\partial \mathrm{z}}{\partial \mathrm{x}} \cdot \frac{\partial}{\partial \mathrm{z}}$$

$$\begin{aligned}
\frac{\partial r}{\partial x} &= \frac{1}{2}\left(x^2 + y^2\right)^{-\frac{1}{2}} \cdot 2x = \frac{x}{\sqrt{x^2 + y^2}} = \frac{x}{r} = \cos\phi \\
\frac{\partial \phi}{\partial x} &= - \frac{y}{1 + \left(\frac{y}{x}\right)^2} \cdot x^{-2} = - \frac{y}{x^2 + y^2} = - \frac{y}{r^2} = - \frac{\sin\phi}{r} \\
\frac{\partial z}{\partial x} &= 0
\end{aligned}$$

$$\begin{aligned}
\Longrightarrow \frac{\partial}{\partial x} &= (\cos\phi) \cdot \frac{\partial}{\partial r} + \left(\frac{-\sin\phi}{r}\right) \frac{\partial}{\partial \phi} \\
\text{analog} \quad \frac{\partial}{\partial y} &= (\sin\phi) \cdot \frac{\partial}{\partial r} + \left(\frac{\cos\phi}{r}\right) \frac{\partial}{\partial \phi} \\
\frac{\partial}{\partial z} &= \frac{\partial}{\partial z}
\end{aligned}$$

$$\begin{aligned}
v_x &= \frac{dx}{dt} = \frac{dr}{dt} \cdot \cos\phi - r \cdot \sin\phi \frac{d\phi}{dt} = v_r \cdot \cos\phi - \sin\phi \cdot v_\phi \quad \text{mit} \quad v_\phi = \frac{r \cdot d\phi}{dt} \\
v_y &= \frac{dy}{dt} = \frac{dr}{dt} \cdot \sin\phi + r \cdot \cos\phi \frac{d\phi}{dt} = v_r \cdot \sin\phi + \cos\phi \cdot v_\phi \\
v_z &= \frac{dz}{dt} = \frac{dz}{dt}
\end{aligned}$$

$$\Longrightarrow \frac{\partial u}{\partial x} = \frac{\partial v_x}{\partial x} = \frac{\partial v_x}{\partial r} \cdot \frac{\partial r}{\partial x} + \frac{\partial v_x}{\partial \phi}\frac{\partial \phi}{\partial x} + \frac{\partial v_x}{\partial z} \cdot \frac{\partial z}{\partial x}$$

$$\frac{\partial r}{\partial x} = \cos\phi \qquad \frac{\partial \phi}{\partial x} = \frac{-\sin\phi}{r} \qquad \frac{\partial z}{\partial x} = 0$$

$$\frac{\partial v_x}{\partial r} = \frac{\partial v_r}{\partial r} \cdot \cos\phi - \sin\phi \cdot \frac{\partial v_\phi}{\partial r}$$

$$\frac{\partial v_x}{\partial \phi} = \frac{\partial v_r}{\partial \phi} \cdot \cos\phi - v_r \cdot \sin\phi - \cos\phi \cdot v_\phi - \sin\phi \frac{\partial v_\phi}{\partial \phi}$$

$$\frac{\partial v_x}{\partial z} = 0$$

analog werden $\frac{\partial v}{\partial y}$ und $\frac{\partial w}{\partial z}$ bestimmt.

Eingesetzt in Gl. 1) ergibt sich

$$\frac{\partial \rho}{\partial t} + \rho \cdot \left(\frac{1}{r}\frac{\partial}{\partial r}(r \cdot v_r) + \frac{1}{r}\frac{\partial}{\partial \phi} v_\phi + \frac{\partial}{\partial z} v_z \right) = 0$$

b) analog zu a) mit $v_\Theta = r \cdot \frac{d\Theta}{dt}$ und $v_\phi = r \cdot \frac{d\phi}{dt} \cdot \sin\Theta$

$$v_x = v_r \cdot \sin\Theta \cdot \cos\phi - v_\phi \cdot \sin\phi + v_\Theta \cdot \cos\Theta \cdot \cos\phi$$

$$v_y = v_r \cdot \sin\Theta \cdot \sin\phi - v_\phi \cdot \cos\phi + v_\Theta \cdot \cos\Theta \cdot \sin\phi$$

$$v_z = v_r \cdot \cos\Theta - v_\Theta \cdot \sin\Theta$$

$$\Longrightarrow \frac{\partial \rho}{\partial t} + \rho \cdot \left(\frac{1}{r^2}\frac{\partial}{\partial r}\left(r^2 \cdot v_r\right) + \frac{1}{r \cdot \sin\Theta}\frac{\partial}{\partial \Theta}(\sin\Theta\, v_\Theta) + \frac{1}{r \cdot \sin\Theta}\frac{\partial v_\phi}{\partial \phi} \right) = 0$$

4.4

inkompressible, stationäre Strömung in r-Richtung:

$$\Longrightarrow \frac{\partial}{\partial t} = 0 \ , \ v_\Theta = 0 \ , \ v_z = 0 \ , \ \rho = const.$$

Symmetrisches Problem $\Longrightarrow \dfrac{\partial}{\partial \Theta} = 0$

$\Longrightarrow$ Kontigl.: $\dfrac{\partial (r\ v_r)}{\partial r} = 0$

$$\text{Impulsgl.:} \quad \rho\ v_r\ \frac{\partial\ v_r}{\partial r} = -\frac{\partial p}{\partial r} + \eta \left[\frac{\partial}{\partial r} \left(\frac{1}{r}\ \underbrace{\frac{\partial (r\ v_r)}{\partial r}}_{=\ 0} \right) + \frac{\partial^2\ v_r}{\partial z^2} \right]$$

4.5

stationäre Strömung $\dfrac{\partial\ v_r}{\partial t} = \dfrac{\partial\ v_z}{\partial t} = 0$

ausgebildete Strömung $\dfrac{\partial\ v_r}{\partial z} = \dfrac{\partial\ v_z}{\partial z} = 0$

inkompr. Strömung $\rho = konst$

Kontinuitätsgl.: $\dfrac{\partial (r\ v_r)}{\partial r} = 0 \Longrightarrow v_r = 0$

Impulsgl.: $\dfrac{\partial p}{\partial r} = 0$

$$-\frac{\partial p}{\partial z} + \frac{\eta}{r}\ \frac{\partial}{\partial r} \left(r\ \frac{\partial v_z}{\partial r} \right) = 0$$

$$\text{Energiegl.:} \quad \rho\ c_p \left(\frac{\partial T}{\partial t} + v_z\ \frac{\partial T}{\partial z} \right) = v_z\ \frac{\partial p}{\partial z} + \lambda \left(\frac{1}{r}\ \frac{\partial}{\partial r} \left(r\ \frac{\partial T}{\partial r} \right) + \frac{\partial^2\ T}{\partial z^2} \right) + \eta \left(\frac{\partial\ v_z}{\partial r} \right)^2$$

4.6

stationär: $\dfrac{\partial}{\partial t} = 0$, reibungsfrei: $\eta\ \nabla^2\ \vec{v} = 0$

$\Longrightarrow$ Navier-Stokes Gleichungen für inkompressible, stationäre reibungsfreie Strömungen:

$$\frac{\partial u}{\partial x} + \frac{\partial v}{\partial y} = 0$$

$$\rho \left(u\ \frac{\partial u}{\partial x} + v\ \frac{\partial u}{\partial y} \right) = -\frac{\partial p}{\partial x} + \rho\ g_x$$

$$\rho \left(u\ \frac{\partial v}{\partial x} + v\ \frac{\partial v}{\partial y} \right) = -\frac{\partial p}{\partial y} + \rho\ g_y$$

5 Hydrostatik

5.1

$$\text{Auftrieb} = \text{Gewicht}$$
$$F_A = G$$

$$F_A = \rho_1 \, h \, a^2 \, g + \rho_2 \, (a - h) \, a^2 \, g$$
$$G = \rho_K \, a^3 \, g$$
$$\Longrightarrow h = \frac{\rho_2 - \rho_K}{\rho_2 - \rho_1} \, a = 6,67 \cdot 10^{-2} \, m$$

5.2

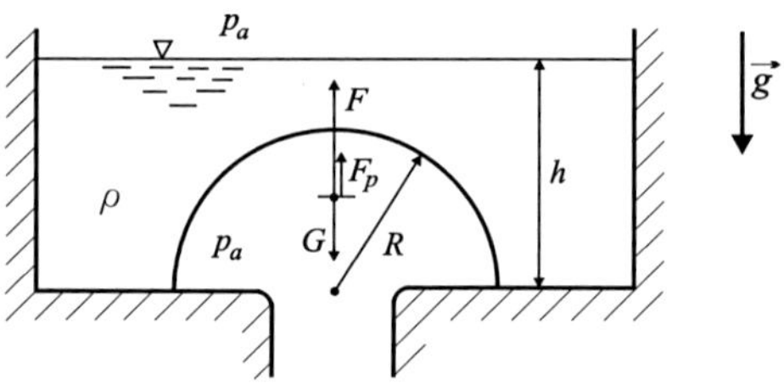

$$\sum F = 0$$
$$F - G + F_p = 0$$
$$F = G - F_p$$

F_p ist die resultierende Druckkraft. F_p lässt sich mit dem Prinzip von Archimedes bestimmen, unter Berücksichtigung der Tatsache, dass der Körper nicht vollständig benetzt ist.

$$F_p = V_{HK} \cdot \rho \, g - \rho \, g \, h \cdot A_{HK}$$

$V_{HK} \hat{=}$ Volumen der Halbkugel $\quad A_{HK} \hat{=}$ Grundfläche der Halbkugel

$$F_p = \frac{1}{2} \, \frac{4}{3} \, \pi \, R^3 \, \rho \, g - \rho \, g \, h \, \pi \, R^2$$
$$F_p = \rho \, g \, \pi \, R^2 \left(\frac{2}{3} \, R - h \right)$$
$$\Longrightarrow F = G - \rho \, g \, \pi \, R^2 \left(\frac{2}{3} \, R - h \right)$$

5.3
Kräftegleichgewicht (τ: Volumen der Boje,τ_H: eingeschlossenes Volumen der Luft)

$$\left.\begin{aligned} &\text{1) Oberfläche:} \quad g \, m_B = \frac{1}{3} \, \tau \, g \, \rho_w \\ &\text{2) Tiefe H:} \quad g \, m_B = \tau_H \, g \, \rho_w \end{aligned}\right\} \Longrightarrow \tau_H = \frac{1}{3} \, \tau$$

eingeschlossene Luftmasse ist konstant:

$$\Longrightarrow \frac{2}{3}\,\tau\,\rho_{L_0} = \tau_H \cdot \rho_{LH} = \frac{1}{3}\,\tau \cdot \rho_{LH} \Longrightarrow 2\,\rho_{L_0} = \rho_{LH}$$

$$\Longrightarrow 2\,\frac{p_a + \frac{1}{3}\,\rho_w\,g\,h}{R_L\,T_L} = \frac{p_a + \rho_w\,g\left(H + \frac{1}{3}\,h\right)}{R_L\,T_L}$$

$$\Longrightarrow H = \frac{p_a}{\rho_w\,g} + \frac{1}{3}\,h$$

5.4

a) $$\tau_0 = \frac{G_0}{\rho_M\,g} = 1,07 \cdot 10^5\ m^3$$

b) $$\Delta G = \rho_M\,A(h_0 - h_1)\,g$$

$\Longrightarrow A = 1,95 \cdot 10^4\ m^2$

c) $$G_0 - \Delta G = \rho_M\,\tau_1\,g = \rho_F\,\tau_2\,g$$

$$\Longrightarrow \tau_2 - \tau_1 = \frac{G_0 - \Delta G}{\rho_M \cdot g}\left(\frac{\rho_M}{\rho_F} - 1\right) = 2,44 \cdot 10^3\ m^3$$

d) $$\tau_2 - \tau_1 = (h_2 - h_1)\,A$$

$\Longrightarrow h_2 = 10,625\ m$

5.5

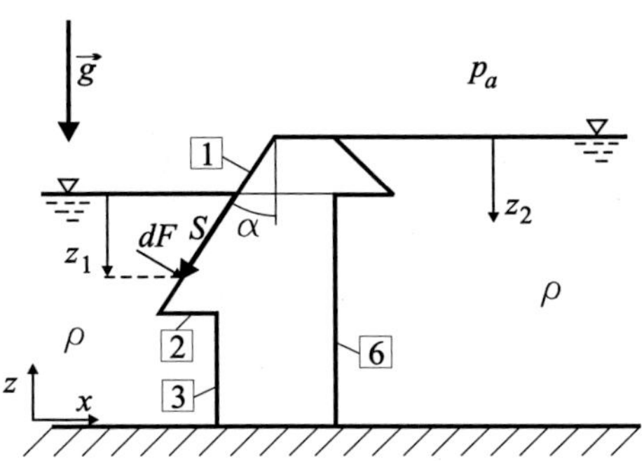

1

$$F_1 = \int d\,F_1 = \int p\,(z_1)\cdot L\cdot ds$$

$$\text{Koordinatentransformation: mit } S = \frac{z_1}{\cos\alpha} \quad ; \quad ds = \frac{d\,z_1}{\cos\alpha}$$

$$F_{1x} = F_1 \cdot \cos\alpha$$

$$F_{1z} = -\,F_1 \cdot \sin\alpha$$

$$\Longrightarrow F_{1x} = \int_0^{2a} \cos\alpha\ p(z_1)\cdot L\,\frac{d\,z_1}{\cos\alpha} = \int_0^{2a} \rho\,g\,z_1\,L\,d\,z_1 = 2\,\rho\,g\,a^2\,L$$

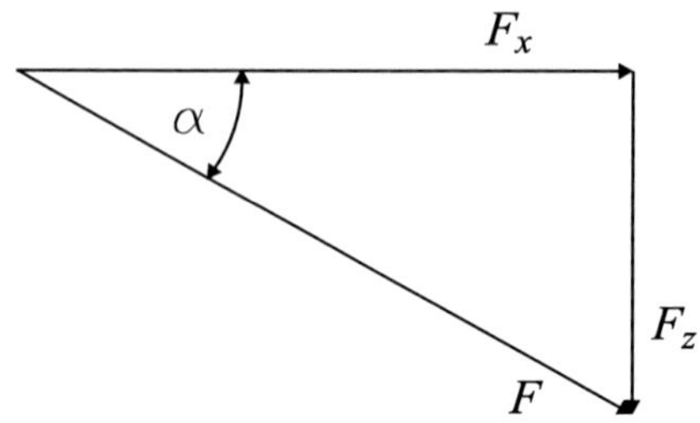

$$F_{1z} = -\int_0^{2a} \sin\alpha \; p(z_1) \cdot L \; \frac{d\,z_1}{\cos\alpha} = -\int_0^{2a} \tan\alpha \cdot \rho\; g\; z_1\; L\; d\,z_1 = -\frac{4}{3}\,\rho\; g\; a^2\; L$$

$$\text{mit } \tan\alpha = \frac{2}{3}$$

2 $$F_{2x} = 0 \quad ; \quad F_{2z} = 2\rho\, g\, a^2\, L$$

3 $$F_{3x} = +\int_{2a}^{4a} p(z_1){\cdot}L\, dz_1 = +\int_{2a}^{4a} \rho\, g\, z_1\, L\, dz_1 = 6\,\rho\, g\, a^2\, L \quad ; \quad F_{3z} = 0$$

4 , 5 , 6

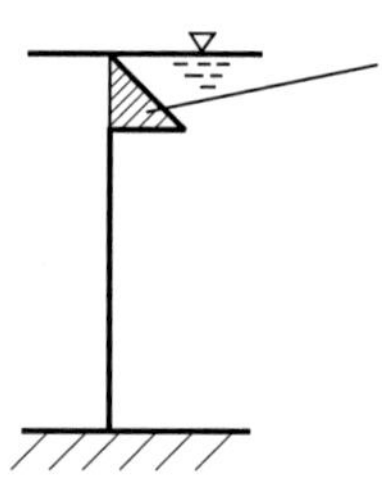

$$\Longrightarrow F_{45z} = \frac{1}{2}\rho \cdot g \cdot a^2 \cdot L \quad ; \quad F_{6z} = 0$$

$$F_{456x} = -\frac{\rho\; g\; 5a}{2} \cdot 5a \cdot L = -\frac{25}{2}\;\rho\; g\; a^2 \cdot L$$

$$F_x = \sum_i F_{ix} = -\frac{9}{2}\;\rho\; g\; a^2\; L$$

$$F_z = \sum_i F_{iz} = +\frac{7}{6}\;\rho\; g\; a^2\; L$$

$$F_{ges} = \sqrt{F_x^2 + F_z^2} = 4{,}65\;\rho\; g\; a^2\; L$$

5.6

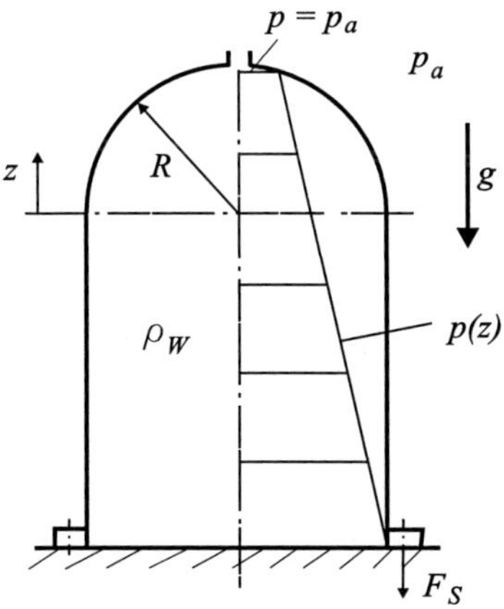

Schraubenkraft $F_S = ?$
Kraft entsteht durch unterschiedliche Druckverteilungen $p_i(z)$, $p_a(z)$. Schraubenkraft F_S ist abhängig von der Behälterform.
Mit $G_{\text{Gefäss}} = 0 \Longrightarrow F_{p\ \text{res}} - F_S = 0$ resultierende Druckkraft $F_{p\ \text{res}}$ ist zu bestimmen.

Druckverteilungen
HGG (innen) $p_i(z) = p_a + \rho_W \cdot g(R - z)$

Außen gilt: $\dfrac{d\,p_L}{dz} = \rho_L\, g << \rho_W\, g = -\dfrac{d\,p_i}{dz}$

wegen $\rho_L << \rho_W$ kann Druckänderung außen vernachlässigt werden.

$$\Longrightarrow \quad p_a(z) = p_a$$

Resultierende Druckkraft aus Integration aller Teilkräfte:

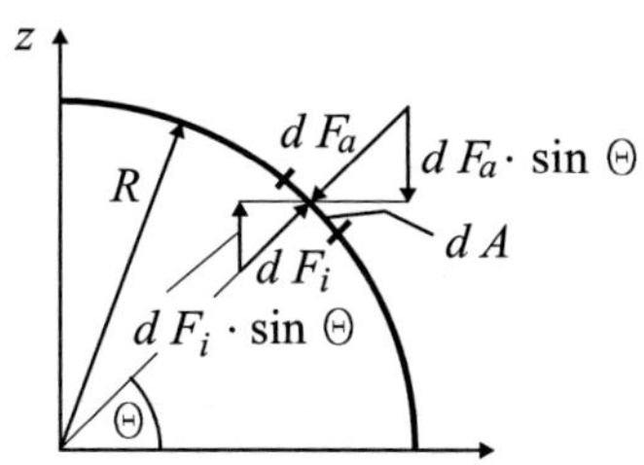

$$dF_i = p_i \cdot dA$$

$$dF_a = p_a \cdot dA$$

<u>z - Komponenten:</u> $dF_{p_z} = (dF_i - dF_a) \cdot \sin\Theta = (p_i(z) - p_a)\, dA \sin\Theta$

<u>Flächenelement dA</u>

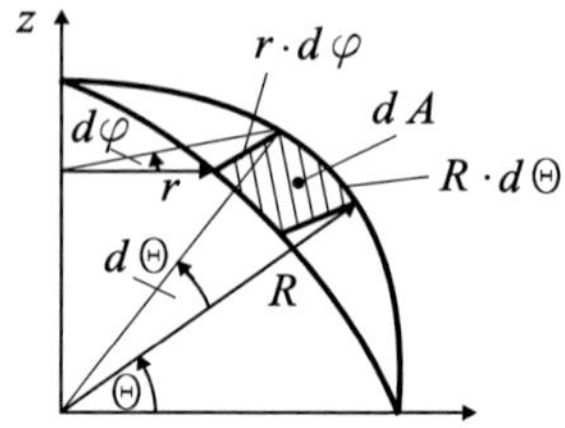

$$dA = R \cdot d\Theta \cdot r \cdot d\varphi \quad \text{mit} \quad r = R \cdot \cos\Theta$$

$$\Longrightarrow \quad dA = R^2 \cdot \cos\Theta d\Theta\, d\varphi$$

<u>HGG:</u> $p_i - p_a = \rho_W \cdot g(R - z) = \rho_W \cdot g(R - R \cdot \sin\Theta)$

$$F_{pz} = \int dF_{pz} = \int_0^{2\pi}\int_0^{\pi/2} \rho_W \cdot gR(1 - \sin\Theta)\, R^2 \cos\Theta \cdot \sin\Theta\, d\Theta\, d\varphi$$

<u>Substitution:</u> $\sin\Theta = \eta$

$$F_{p_z} = 2\pi\rho_W \cdot g\, R^3 \int_0^1 (\eta - \eta^2)\, d\eta$$

$$\Longrightarrow \quad F_{p_z} = \frac{\pi}{3}\rho_W \cdot g\, R^3 = F_S$$

<u>Alternativer Lösungsweg</u>

Betrachte vollständig eingetauchten Körper

$$F_S = 0, \quad p_i(z) \quad \text{unverändert}$$

einziger Unterschied ist Gewichtskraft des schraffierten Wassers

$$\begin{aligned}\Longrightarrow \quad F_S = G_W &= \rho_W \cdot g\,(V_{\text{Zylinder}} - V_{\text{Halbkugel}}) \qquad V \mathrel{\hat{=}} \text{Volumen}\\ &= \rho_W \cdot g\,(\pi\, R^3 - \frac{1}{2} \cdot \frac{4}{3}\, R^3\pi)\\ &= \rho_W \cdot g \cdot R^3 \cdot \frac{\pi}{3}\end{aligned}$$

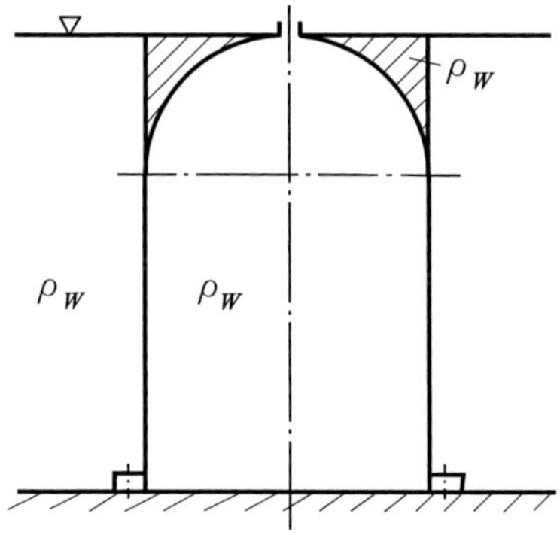

5.7

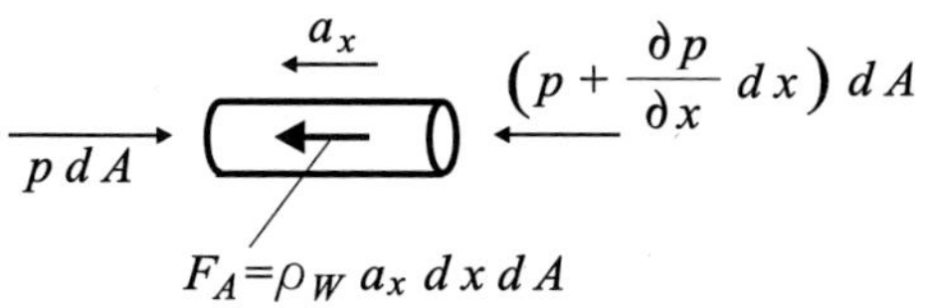

1.

$$\sum F = 0 = p\,dA - \left(p + \frac{\partial p}{\partial x}\,dx\right)\,dA - \rho_W\;a_x\;dx\;dA \Longrightarrow \frac{\partial p}{\partial x} = -\,\rho_W\;a_x$$

2. $\Longrightarrow p = -\,\rho_W\;a_x \cdot x + c_1$ und $p = -\,\rho_W\;g \cdot z + c_2$

$\Longrightarrow p^* = p_a + \rho g h = p_a + \rho a_x l$

$\Longrightarrow l = \dfrac{g}{a_x}\,h$

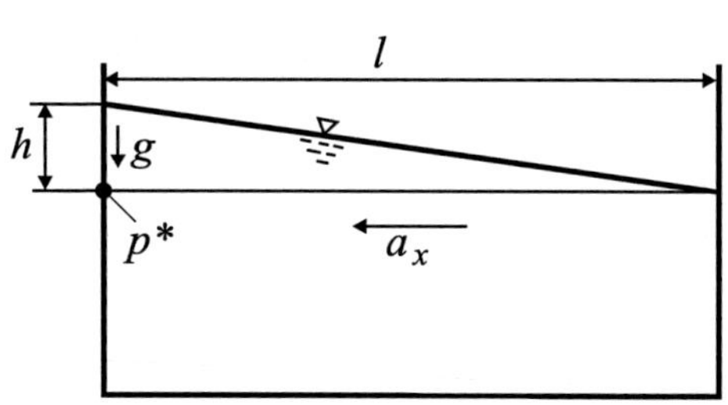

5.8

Randbedingung: $r = 0, \;\; z = h: \quad p = p_a$

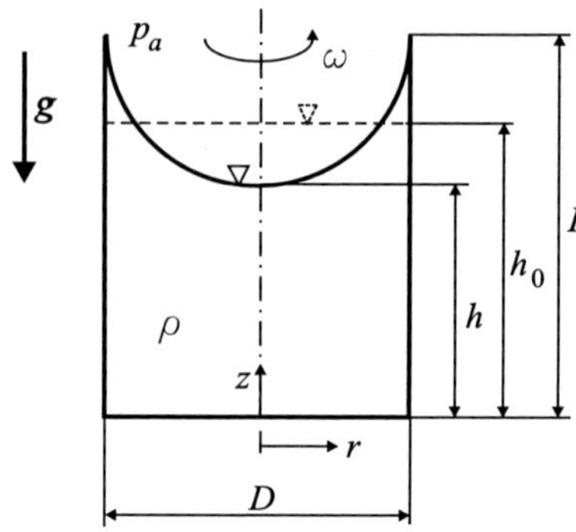

$$p - p_a = \rho\, g(h - z) + \frac{1}{2}\,\rho\omega^2\, r^2$$

a) Oberfläche: $p = p_a$; $z_0(r)$ bezeichnet hier die Koordinate der Oberfläche

$$\Longrightarrow \quad z_0(r) = h + \frac{\omega^2\, r^2}{2g}$$

$$r = R: \quad z_0 = H$$

$$\Longrightarrow \quad \omega^2 = 2g\frac{H-h}{R^2}$$

$$\Longrightarrow \quad z_0(r) = h + (H-h)\frac{r^2}{R^2}$$

Volumen des Wassers:

$$\pi\, R^2\, h_0 = \int\limits_0^R z_0(r)\, 2\pi\, r\, dr = \pi\, R^2\, h + \frac{1}{2}\,\pi\, R^2\,(H-h)$$

$$\Longrightarrow \quad h = 2h_0 - H = 0{,}4\ m$$

$$\Longrightarrow \quad \omega = \sqrt{\frac{4g}{R^2}\,(H-h_0)} = 13{,}9\ s^{-1}$$

b)

$$r = R: \quad p = p_a + \rho\, g\,(H-z)$$

$$z = 0: \quad p = p_a + \rho\, g\, h + \frac{\rho}{2}\,\omega^2\, r^2$$

aus Hinweis: $dp = \rho\,\omega^2\, r\, dr - \rho\, g\, dz$

$$\Longrightarrow \int\limits_{p_a}^{p} dp = \int\limits_{r=0}^{r} \rho\,\omega^2\, r\, dr - \int\limits_{z=h}^{z} \rho\, g\, dz$$

$$\Longrightarrow p - p_a = \frac{\rho\,\omega^2\,r^2}{2} - \rho\,g\,(z-h)$$

$$\Longrightarrow p - p_a = \rho\,g\,(h-z) + \frac{1}{2}\,\rho\,\omega^2\,r^2$$

5.9

$z = H: \quad 0 = F_A - F_G - F_N\ ;\ F_A = \rho_{L\,(H)}\,g\tau_B\ ,\ F_G = \rho_{G\,(H)}\,g\tau_B$

$z = h: \quad 0 = F_A - F_G - F_N\ ;\ F_A = \rho_{L\,(h)}\,g\,\frac{\tau_B}{2}\ ,\ F_G = \rho_{G\,(h)}\,g\,\frac{\tau_B}{2}$

$$\Longrightarrow \quad F_N = \left(\rho_{L\,(H)} - \rho_{G\,(H)}\right)\,g\tau_B = \left(\rho_{L\,(h)} - \rho_{G\,(h)}\right)\,g\frac{1}{2}\tau_B$$

$$\rho_{L\,(H)} = \rho_0\,\exp\left(-\frac{g\,H}{R_L\,T_0}\right),\quad \rho_{L\,(h)} = \rho_0\,\exp\left(-\frac{g\,h}{R_L\,T_0}\right)\quad (T = konst)$$

offener Ballon: $p_L = p_G \quad \Longrightarrow \rho_L\,R_L\,T_0 = \rho_G\,R_G\,T_0 \quad \Longrightarrow \rho_G = \rho_L\,\frac{R_L}{R_G}$

$$\rho_{L\,(H)}\left(1 - \frac{R_L}{R_G}\right) = \rho_{L\,(h)}\left(1 - \frac{R_L}{R_G}\right)\frac{1}{2} \quad \Longrightarrow \quad \rho_0\,\exp\left(-\frac{g\,H}{R_L\,T_0}\right) = \frac{1}{2}\,\rho_0\,\exp\left(-\frac{g\,h}{R_L\,T_0}\right)$$

$$h = H - \frac{R_L\,T_0}{g}\,\ln 2 = 4290\ m$$

5.10

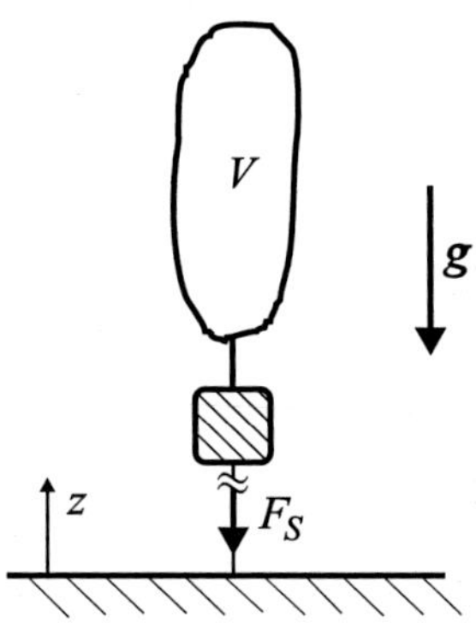

a)

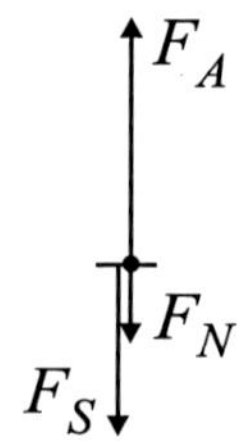

$$F_A = F_S + F_N \quad \text{bzw.} \quad F_S = F_A - F_N$$

$$\Longrightarrow F_S = \rho_0 \cdot V_0 \cdot g - m \cdot g = (\rho_0 \cdot V_0 - m) \cdot g \qquad (\text{mit } m = m_{Gas} + m_{Struktur})$$

b)
Allgemeine Beziehung für $V(z)$:

$$V = \frac{m_g}{\rho_g(z)} \qquad \text{mit idealer Gasgleichung} \qquad \rho_g(z) = \frac{p_g\ (z)}{R_g \cdot T_g}$$

$$\Longrightarrow \quad V(z) = \frac{m_g \cdot R_g \cdot T_g}{p_g(z)}$$

Druckausgleich und id. Gasgl.: $\quad p_g = p_a(z) = \rho_a(z) \cdot R_a \cdot T_a$

$$\Longrightarrow \quad V(z) = \frac{m_g \cdot R_g \cdot T_g}{\rho_a(z) \cdot R_a \cdot T_a} \quad \text{Temperaturausgleich} \quad \Longrightarrow \quad T_g = T_a$$

$\rho_a(z) = ?$

„Barometrische Höhenformel": $\quad p_a(z) = p_0 \cdot e^{\frac{-g}{R_a \cdot T_0} \cdot z}$

$$\rho_a(z) = \frac{p_a(z)}{R_a \cdot T_0}$$

$$\Longrightarrow \quad \rho_a(z) \cdot R_a \cdot T_0 = \rho_0 \cdot R_a \cdot T_0 \cdot e^{\frac{-g}{p_0} \cdot \rho_0 \cdot z}$$

$$\Longrightarrow \quad V = \frac{m_g \cdot R_g}{\rho_0 \cdot R_a} \cdot e^{\frac{g \cdot \rho_0}{p_0} \cdot z}$$

Für $z = 0 \qquad V = V_0$

$$\Longrightarrow \quad V_0 = \frac{m_g \cdot R_g}{\rho_0 \cdot R_a} \quad \Longrightarrow \quad V(z) = V_0 \cdot e^{\frac{g \cdot \rho_0}{p_0} \cdot z}$$

für $z = z_1$ folgt:

$$V_1 = V_0 \cdot e^{\frac{g \cdot \rho_0}{p_0} \cdot z_1}$$

$$\Longrightarrow \quad z_1 = \frac{p_0}{g \cdot \rho_0} \cdot \ln \frac{V_1}{V_0}$$

c)

$\longrightarrow$ Für $z \geq z_1$ verhält sich der Ballon wie ein starrer Ballon.

$\longrightarrow$ Gasmasse bleibt konstant und Volumen ändert sich nicht $\Longrightarrow$ kein Druckausgleich.

Maximale Höhe wird erreicht wenn $F_a(z_2) = G$

$$F_a(z_2) = \rho_a(z_2) \cdot V_1 \cdot g = \rho_0 \cdot V_1 \cdot g \cdot e^{\frac{-g \cdot \rho_0}{p_0} \cdot z} = m \cdot g$$

$$\Longrightarrow \quad z_2 = \ln \frac{\rho_0 \cdot V_1}{m} \cdot \frac{p_0}{g \cdot \rho_0}$$

6 Kontinuitätsgleichung und Bernoulli Gleichung

6.1

a) Volumenstrom $\dot{V} = v_5 \cdot A$

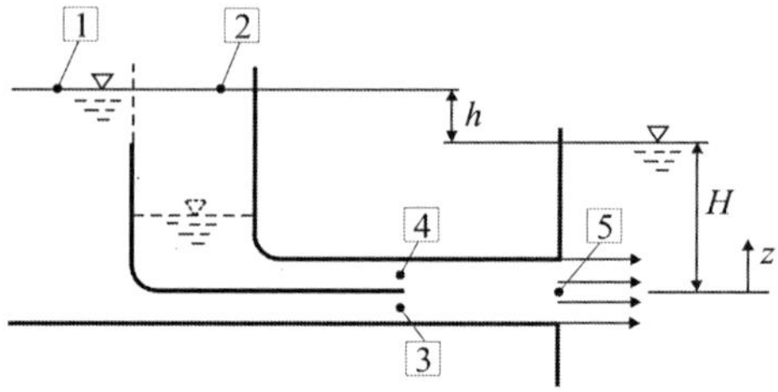

Bernoulli $\boxed{1} \longrightarrow \boxed{3}$: $p_a + \rho\, g\, (H+h) = p_3 + \frac{\rho}{2}\, v_3^2$

Bernoulli $\boxed{2} \longrightarrow \boxed{4}$: $p_a + \rho\, g\, (H+h) = p_4 + \frac{\rho}{2}\, v_4^2$

mit $p_3 = p_4 \Longrightarrow v_3 = v_4$

$\Longrightarrow$ keine Mischungsverluste:

Bernoulli $\boxed{1} \longrightarrow \boxed{5}$: $p_a + \rho\, g\, (H+h) = p_5 + \frac{\rho}{2}\, v_5^2$

mit $p_5 = p_a + \rho\, g\, H \Longrightarrow v_5 = \sqrt{2\, g\, h} \Longrightarrow \dot{V} = \sqrt{2\, g\, h}\, A$

6.2

Bernoulli : $$p_0 = p_\infty + \frac{\rho}{2}\, v_\infty^2 = p_2 + \frac{\rho}{2}\, v_2^2$$

$$\Longrightarrow \Delta p = p_0 - p_2 = \frac{\rho}{2}\, v_2^2$$

Kontinuität : $$v_\infty\, \pi\, D^2 = v_2\, \pi\, (D^2 - d^2)$$

$$\Longrightarrow v_2 = \sqrt{\frac{2\, \Delta p}{\rho}} = v_\infty\, \frac{D^2}{D^2 - d^2} \qquad \Longrightarrow \qquad \frac{v_\infty}{\sqrt{\frac{2\Delta p}{\rho}}} = 1 - \left(\frac{d}{D}\right)^2$$

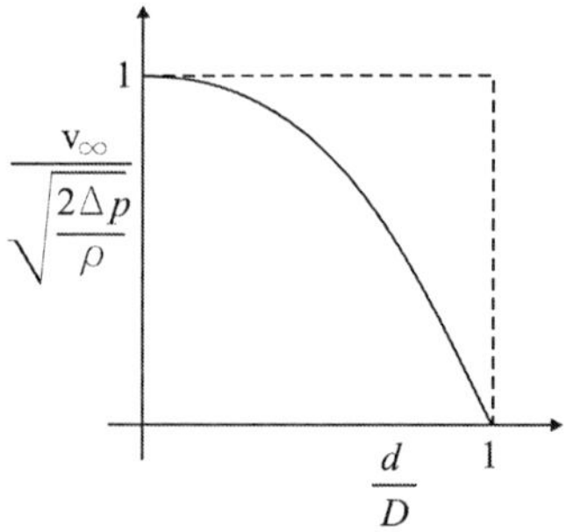

6.3

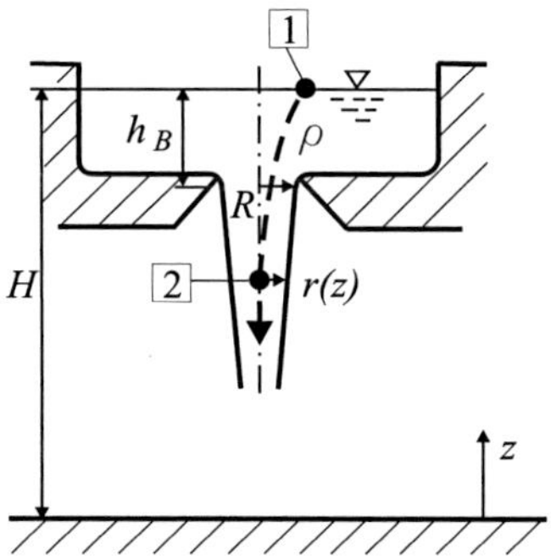

Bernoulli $\boxed{1} \longrightarrow \boxed{2}$: $p_a + \rho\, g\, H = p_a + \rho\, g\, z + \frac{\rho}{2}\, v^2(z)$

$$\Longrightarrow v(z) = \sqrt{2\, g\, H - 2\, g\, z} = \sqrt{2\, g(H - z)}$$

Konti :

$$\pi\, R^2\, v_R = \pi\, r^2(z)\, v(z)$$

$$\Longrightarrow r(z) = R\, \sqrt{\frac{v_R}{v(z)}}$$

$$r(z) = R\, \sqrt{\frac{v(z = H - h_B)}{v(z)}}$$

$$r(z) = R\, \sqrt[4]{\frac{2g(H - H + h_B)}{2g(H - z)}}$$

$$r(z) = R\, \sqrt[4]{\frac{h_B}{H - z}}$$

6.4

a) Bernoulli :

$$p_1 + \frac{\rho}{2}\, v_1^2 = p_2 + \frac{\rho}{2}\, v_2^2$$

Konti :

$$v_1\, A_1 = v_2\, A_2 = v_3\, A_3$$

$$\Longrightarrow v_2 = \sqrt{\frac{2\, \Delta p}{\rho\, [1 - (A_2/A_1)^2]}} = 12\ m/s$$

$$\Longrightarrow v_1 = 4\ m/s \qquad v_3 = 6\ m/s$$

b) Bernoulli :

$$p_2 + \frac{\rho}{2}\, v_2^2 = p_3 + \frac{\rho}{2}\, v_3^2$$

$$p_3 \;=\; p_a \;=\; 10^5\ N/m^2 (\text{Ausströmen ins Freie})$$

$$\Longrightarrow p_2 \;=\; 0,46 \cdot 10^5\ N/m^2$$

$$\Longrightarrow p_1 \;=\; 1,1 \cdot 10^5\ N/m^2$$

$$\text{Bernoulli}: \quad p + \rho\, g\, h \;=\; p_a + \frac{\rho}{2}\, v_3^2$$

$$p \;=\; 1,08 \cdot 10^5\ N/m^2$$

6.5

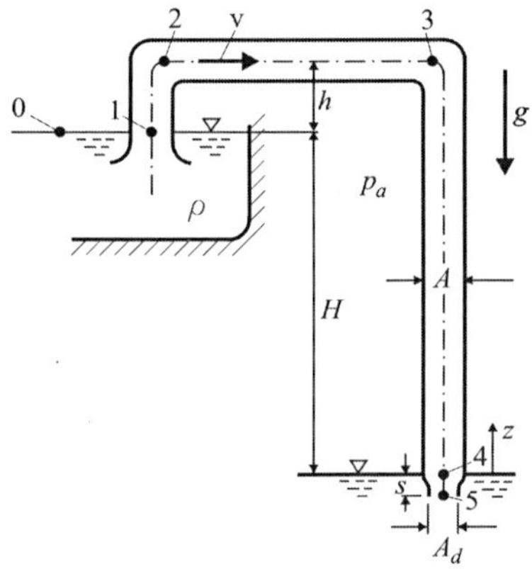

a) Bernoulli $\boxed{0} \longrightarrow \boxed{5}$:

$$p_a + \rho\, g\, H \;=\; p_5 - \rho\, g\, s + \frac{\rho}{2}\, v_5^2$$

$$p_5 \;=\; p_a + \rho\, g\, s$$

$$\Longrightarrow \dot{V} \;=\; A_d\, \sqrt{2\, g\, H} \;=\; 4\ m^3/s$$

b)

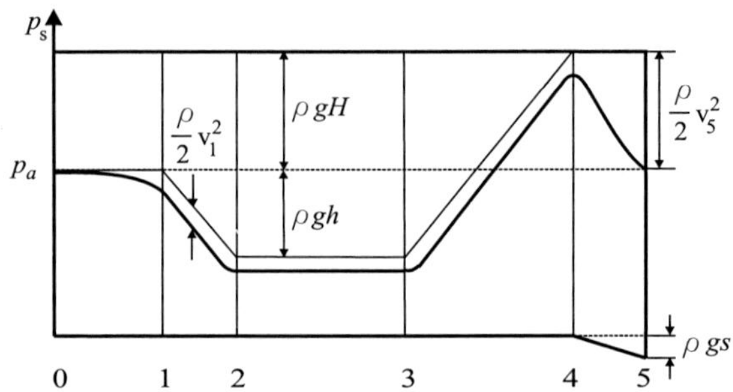

c) Dampfblasen treten auf, wenn $p_2 = p_3 = p_D$.

Konti : $$v_5^* A_d^* = v^* A$$

Bernoulli : $$p_a = p_D + \rho g h + \frac{\rho}{2} v^{*2}$$

$$\Longrightarrow A_d^* = A \sqrt{\frac{p_a - p_D}{\rho g H} - \frac{h}{H}} = 0{,}244 \; m^2$$

6.6 Bernoulli $\boxed{0} \longrightarrow \boxed{3}$:

$$p_a + \rho g H = p_3 + \frac{\rho}{2} v_3^2 + \int_0^3 \rho \frac{\partial v}{\partial t} ds \quad , \quad p_3 = p_a \, , \quad v_2 = v_3$$

$$\int_0^3 = \int_0^1 + \int_1^2 + \int_2^3$$

$$I_{01} = \int_0^1 \rho \frac{\partial v}{\partial t} ds \simeq 0 \quad (h_1 << L)$$

$$I_{12} = \int_1^2 \rho \frac{\partial v}{\partial t} ds \quad , \quad v = v_2 \frac{h_2}{h} \quad , \quad h = h_1 + \frac{h_2 - h_1}{L} x$$

$$I_{12} = \rho \frac{dv_2}{dt} \int_1^2 \frac{h_2}{h_1 + \frac{h_2 - h_1}{L} x} dx = \rho \frac{dv_2}{dt} \frac{h_2 L}{h_2 - h_1} \ln \frac{h_2}{h_1} = \rho \frac{dv_2}{dt} \overline{L}$$

$$I_{23} = \rho \int_2^3 \frac{\partial v}{\partial t} ds = \rho L \frac{dv_2}{dt}$$

einsetzen:

$$p_a + \rho g H = p_a + \frac{\rho}{2} v_3^2 + \rho \frac{dv_3}{dt} (\overline{L} + L)$$

$$\frac{dv_3}{dt} = \frac{1}{\overline{L} + L} \left(g H - \frac{v_3^2}{2} \right)$$

$$t \to \infty : \quad g H - \frac{1}{2} v_{3e}^2 = 0 \Longrightarrow v_{3e} = \sqrt{2 g H}$$

lokale Beschleunigung:

$$b_l = \frac{\partial v}{\partial t} = \frac{dv_3}{dt} \frac{h_2}{h} \quad , \quad b_{l\,(v_3 = \frac{1}{2} v_{3e},\, x = \frac{L}{2})} = \frac{1}{\overline{L} + L} g H \frac{3}{4} \frac{2 h_2}{h_1 + h_2}$$

konvektive Beschleunigung:

$$b_k = v \frac{\partial v}{\partial x} = - v_3^2 \frac{h_2^2}{h^3} \frac{dh}{dx} \quad , \quad \frac{dh}{dx} = \frac{h_2 - h_1}{L}$$

$$b_{k(v_3=\frac{1}{2}\;v_{3e},\;x=\frac{L}{2})} \;=\; 4\;\frac{g\;H}{L}\;\frac{h_2^2\;(h_1-h_2)}{(h_1+h_2)^3}$$

substantielle Beschleunigung:

$$b_s \;=\; \frac{dv}{dt} \;=\; \frac{\partial v}{\partial t} \;+\; v\;\frac{\partial v}{\partial x} \;=\; b_l \;+\; b_k$$

$$b_s \;=\; \frac{3}{2}\;\frac{g\;H}{\overline{L}+L}\;\frac{h_2}{h_1+h_2} \;+\; 4\;\frac{g\;H}{L}\;\frac{h_2^2\;(h_1-h_2)}{(h_1+h_2)^3}$$

6.7

a) Bernoulli $\boxed{0} \longrightarrow \boxed{2}$:

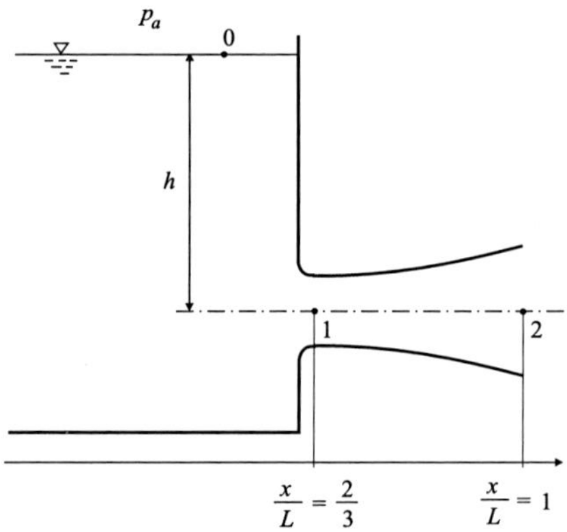

$$(1) \qquad p_a \;+\; \rho\;g\;h \;=\; p_2 \;+\; \frac{\rho}{2}\;v_2^2 \;+\; \rho \int\limits_{2/3\;L}^{L} \frac{\partial v}{\partial t}\;dx$$

Konti: $\qquad v \cdot A \;=\; v_2 \cdot A_2$

$$\Longrightarrow \quad \rho \int\limits_{2/3\;L}^{L} \frac{\partial v}{\partial t}\;dx \;=\; \frac{\partial v_2}{\partial t}\rho \int\limits_{2/3\;L}^{L} \frac{A_2}{A}\;dx \;=\; \frac{\partial v_2}{\partial t}\rho \int\limits_{2/3\;L}^{L} \frac{L^2}{x^2}\;dx \;=\; \frac{\partial v_2}{\partial t}\;\frac{L}{2}\;\rho$$

Einsetzen in (1):

$$\left.\frac{\partial v_2}{\partial t}\right|_{t=0} \;=\; \left.\frac{dv_2}{dt}\right|_{t=0} \;=\; \frac{2\;g\;h-v_2^2}{L} \;=\; \frac{2\;g\;h}{L}$$

b) Bernoulli $\boxed{x} \longrightarrow \boxed{2}$:

$$p \;+\; \frac{\rho}{2}\;v^2 \;=\; p_2 \;+\; \frac{\rho}{2}\;v_2^2 \;+\; \rho \int\limits_{x}^{L} \frac{\partial v}{\partial t}\;dx$$

Konti: $$v = \frac{A_2}{A} \cdot v_2$$

$$\Longrightarrow \quad p = p_2 + \frac{\rho}{2} v_2^2 \left(1 - \left(\frac{A_2}{A}\right)^2\right) + \frac{\rho}{L}\left(2\,g\,h - v_2^2\right) \int_x^L \frac{L^2}{x^2}\,dx$$

$$\Longrightarrow p = p_2 + \frac{\rho}{2}\,v_2^2 \left(1 - \frac{L^4}{x^4}\right) + \rho\left(2\,g\,h - v_2^2\right)\left(-1 + \frac{L}{x}\right)$$

Extremum für $p(x)$ aus $\frac{dp}{dx} = 0$ bei $v_2 = \frac{1}{2}\sqrt{2\,g\,h}$:

$$\Longrightarrow 0 = \frac{\rho}{2} \cdot \frac{1}{4}\,2gh \left(\frac{4\,L^4}{x^5}\right) + \rho\left(2\,g\,h - \frac{1}{4}\,2\,g\,h\right) \cdot \left(-\frac{L}{x^2}\right)$$

$$\Longrightarrow 0 = \frac{L^4}{x^5} - \frac{3}{2}\,\frac{L}{x^2} \quad \Longrightarrow \quad x = \sqrt[3]{\frac{2}{3}}\,L \approx 0{,}87\,L$$

$$\left.\frac{d^2\,p}{d\,x^2}\right|_{x=x_m} = \frac{\rho\,g\,h}{L^2}\left(\frac{-5}{(2/3)^2} + \frac{3}{2} \cdot 2 \cdot \frac{1}{2/3}\right) = \frac{\rho\,g\,h}{L^2}\left(-\frac{27}{4}\right) < 0$$

$$\Longrightarrow \text{Maximum bei } x = \sqrt[3]{\frac{2}{3}} \cdot L$$

6.8

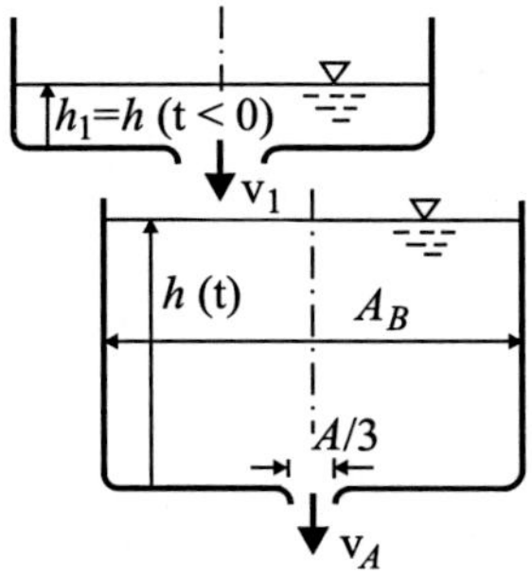

Konti : $$A_B\,\frac{dh}{dt} = v_1\,A - v_A \cdot \frac{A}{3}$$

Torricelli : $$v_1 = \sqrt{2\,g\,h_1} \quad , \quad v_A = \sqrt{2\,g\,h(t)}\;\left(\frac{dh}{dt} << v_A\right)$$

eingesetzt $$\frac{3}{\sqrt{2\,g}}\,\frac{A_B}{A}\,\frac{dh}{dt} = 3\,\sqrt{h_1} - \sqrt{h(t)}$$

$$\Longrightarrow T = \frac{3}{\sqrt{2\,g}}\,\frac{A_B}{A} \int_{h_1}^{4h_1} \frac{dh}{3\,\sqrt{h_1} - \sqrt{h(t)}}$$

$$= \frac{3}{\sqrt{2\,g}}\,\frac{A_B}{A}\,2\left[\left(3\,\sqrt{h_1} - \sqrt{h(t)}\right) - 3\,\sqrt{h_1}\,\ln\,\left(3\,\sqrt{h_1} - \sqrt{h(t)}\right)\right]_{h_1}^{4h_1} = 108\;s$$

6.9

a) stationärer Bernoulli $\boxed{0} \longrightarrow \boxed{1}$ für $t \longrightarrow \infty$

$$p_a + \rho g h = p_a + \rho g h + \frac{\rho}{2} v_{max}^2 - \Delta p$$

$$\Longrightarrow v_{max} = \sqrt{\frac{2\Delta p}{\rho}}$$

instationärer Bernoulli $\boxed{0} \longrightarrow \boxed{1}$

$$p_a + \rho g h = p_a + \rho g h + \frac{\rho}{2} v_{(t)}^2 - \Delta p + \int_L \rho \frac{\partial v}{\partial t} ds$$

$$\Longrightarrow \Delta p = \frac{\rho}{2} v_{(t)}^2 + \rho L \frac{dv}{dt}$$

$$\Longrightarrow dt = \frac{\rho L}{\Delta p - \frac{\rho}{2} v^2} dv = \frac{2 L}{\frac{2 \Delta p}{\rho} - v^2} dv = \frac{2 L}{v_{max}^2 - v_{(t)}^2} dv$$

$$\text{Integration}: \quad T = \frac{L}{v_{max}} \ln \frac{v_{max} + v}{v_{max} - v} \Bigg|_{v=0}^{v=,999\ v_{max}} = \frac{L}{v_{max}} \ln \left(\frac{1+,999}{1-,999} \right)$$

$$v_{max} = \frac{L}{T} \cdot 7,6 = \frac{10\ m}{7,6\ s} \cdot 7,6 = 10\ m/s$$

Bernoulli $\boxed{1} \longrightarrow \boxed{2}$ für $t \longrightarrow \infty$

$$\frac{\rho}{2} v_{max}^2 = \rho g H \quad \Longrightarrow \quad H = \frac{v_{max}^2}{2 g} = 5\ m$$

b)

$$v_{H/2} = \frac{v_{max}}{\sqrt{2}} \Longrightarrow t_{H/2} = \frac{L}{v_{max}} \ln \frac{v_{max} \left(1 + \frac{1}{\sqrt{2}}\right)}{v_{max} \left(1 - \frac{1}{\sqrt{2}}\right)} = 1,763\ sec$$

6.10

a)

Bernoulli $\boxed{0} \longrightarrow \boxed{K}$:

$$p_a = p_K + \frac{\rho}{2} v_K^2 + \rho g h + \rho \int_0^{L+\xi} \frac{\partial v}{\partial t} ds$$

Konti :

$$v \cdot A = v_K \cdot A$$

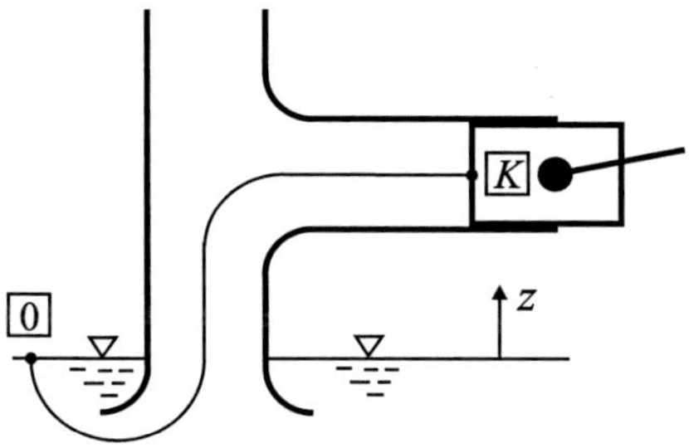

$$\Longrightarrow \rho \int_0^{L+\xi} \frac{\partial v}{\partial t}\, ds \;=\; \rho\, \frac{dv_K}{dt}\, (L+\xi)$$

$$v_K \;=\; \frac{d\xi}{dt} \;=\; -\,\xi_0\, \omega\, \sin\,(\omega t); \quad v_K^2 \;=\; \xi_0^2\, \omega^2\, \sin^2\,(\omega t)$$

$$\frac{dv_K}{dt} \;=\; \frac{d^2\, \xi}{dt^2} \;=\; -\,\xi_0\, \omega^2\, \cos\,(\omega t)$$

$$\Longrightarrow p_K \;=\; p_a \;-\; \frac{\rho}{2}\, \xi_0^2\, \omega^2\, \sin^2\,(\omega t) \;-\; \rho\, g\, h \;+\; \rho\, \xi_0\, \omega^2\, \cos\,(\omega t)\, (L+\xi_0\, \cos\,(\omega t))$$

$$\Longrightarrow \frac{p_K}{\rho\, L^2\, \omega^2} \;=\; \frac{p_a - \rho\, g\, h}{\rho\, L^2\, \omega^2} \;-\; \frac{1}{2}\, \frac{\xi_0^2}{L^2}\, \sin^2\,(\omega t) \;+\; \frac{\xi_0}{L}\, \cos\,(\omega t) \;+\; \frac{\xi_0^2}{L^2}\, \cos^2\,(\omega t)$$

$$\Longrightarrow \frac{p_K}{\rho\, L^2\, \omega^2} \;=\; \frac{p_a - \rho\, g\, h}{\rho\, L^2\, \omega^2} \;+\; \frac{\xi_0}{L}\, \left[\, \cos\,(\omega t) \;-\; \frac{1}{2}\, \frac{\xi_0}{L}\, (1 - 3\cos^2\,(\omega t))\right]$$

b) Minimum von $\frac{\xi_0}{L}\, \left[\, \cos\,(\omega t) \;-\; \frac{1}{2}\, \frac{\xi_0}{L}\, (1 - 3\cos^2\,(\omega t))\right]$ bei $t = \frac{\pi}{\omega}$ für $\xi_0 << L$!

$$\Longrightarrow p_D \;=\; p_a \;-\; \rho\, g\, h \;-\; \rho\, \xi_0\, (L-\xi_0)\, \omega_K^2$$

$$\Longrightarrow \omega_K \;=\; \sqrt{\frac{p_a - \rho g h - p_D}{\rho\, \xi_0\, (L-\xi_0)}}$$

c)

$$\Delta T \;=\; \frac{2\pi}{\omega} \quad \text{Periode der Kolbenbewegung}$$

$$\dot{V} \;=\; \frac{1}{\Delta T} \int_{\frac{\pi}{\omega}}^{\frac{2\pi}{\omega}} v_K(t)\, A\, dt \;=\; \frac{\omega}{2\pi}\, A \int_{\frac{\pi}{\omega}}^{\frac{2\pi}{\omega}} v_K\, dt$$

$$\dot{V} \;=\; \frac{\omega}{2\pi}\, A \int_{\frac{\pi}{\omega}}^{\frac{2\pi}{\omega}} (-\xi_0\, \omega\, \sin\,(\omega t))\, dt \;=\; \frac{\omega}{2\pi}\, A\, \xi_0\, \omega \frac{\cos\,\omega t}{\omega}\bigg|_{\frac{\pi}{\omega}}^{\frac{2\pi}{\omega}}$$

$$\Longrightarrow \dot{V} \;=\; \frac{\omega}{\pi}\, A\, \xi_0$$

6.11

a) Bernoulli Wasseroberfläche $\longrightarrow$ Rohrende :

$$\begin{aligned}
1)\ \omega &= 0: \; p_a + \rho\, g\,(h+l) = p_a + \frac{\rho}{2}\, v^2 \\
&\Longrightarrow v\,(t<0) = \sqrt{2\, g\,(h+l)} \\
2)\ \omega &= \omega_r: \; p_a + \rho\, g\,(h+l) = p_a + \frac{\rho}{2}\, v^2 - \frac{\rho}{2}\, \omega_r^2\, R^2 \\
&\Longrightarrow v\,(t\to\infty) = \sqrt{2\, g\,(h+l) + \omega^2\, R^2}
\end{aligned}$$

instationärer Bernoulli:

$$p_a + \rho\, g\,(h+l) = p_a + \frac{\rho}{2}\, v^2 - \frac{\rho}{2}\, \omega_r^2\, R^2 + \rho(l+R)\, \frac{dv}{dt}$$

$$\Longrightarrow \frac{dv}{dt} = \frac{2g(h+l) + \omega_r^2\, R^2 - v^2}{2(l+R)} = \frac{a^2 - v^2}{2(l+R)}$$

Integration :

$$\Delta T = \int\limits_{v(t<0)}^{\frac{1}{2}v(t\to\infty)} \frac{2(l+R)\, dv}{a^2 - v^2} = \frac{2(l+R)}{2a}\, \ln\, \frac{a+v}{a-v}\Bigg|_{v(t<0)}^{\frac{1}{2}v(t\to\infty)}$$

$$\text{mit } v(t\to\infty) = a$$

$$\Longrightarrow \Delta T = \frac{l+R}{a}\, \ln\, \frac{3\, \omega_r^2\, R^2}{(a + v(t<0))^2}$$

b)

$$\frac{\partial p}{\partial r} = \rho\, \omega^2\, r \Longrightarrow p(r) = \frac{1}{2}\, \rho\, \omega_r^2\, r^2 + c$$

Randbedingung :

$$r = R \Longrightarrow p = p_a \Longrightarrow c = p_a - \frac{1}{2}\, \rho\, \omega_r^2\, R^2$$

$$\Longrightarrow p = p_a - \frac{\rho\, \omega_r^2}{2}\, (R^2 - r^2)$$

$$\text{Punkt } \boxed{1} : r = 0 \Longrightarrow p_1 = p_a - \frac{\rho\, \omega_r^2}{2}\, R^2$$

7 Impulssatz und Impulsmomentensatz

7.1

Kräftegleichgewicht in den U-Rohren:

$$\begin{aligned} p_1 + \rho_{Hg} g \Delta h_1 &= p_{01} = p_2 + \rho_{Hg} g \Delta h_2 \\ \Longrightarrow p_1 - p_2 &= \rho_{Hg} g (\Delta h_2 - \Delta h_1) \end{aligned}$$

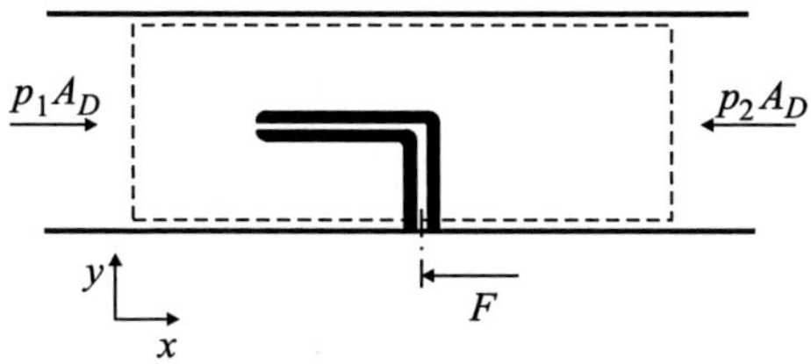

Impulssatz in x-Richtung: $\quad 0 = (p_1 - p_2) A_D - F \quad \Longrightarrow \quad F = (p_1 - p_2) A_D$

$$\Longrightarrow \quad F = \rho_{Hg} g (\Delta h_2 - \Delta h_1) \frac{\pi D^2}{4}$$

7.2

Impuls: $\quad \dfrac{dI_x}{dt} = -\rho v_1^2 A + \rho v_2^2 A - v_3 \cos\alpha \rho v_3 A_3 = (p_1 - p_2) A$

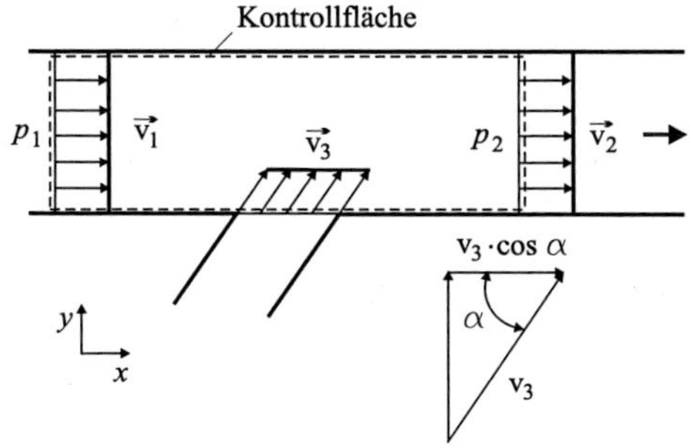

Konti: $\quad v_1 A + v_3 A_3 = v_2 A \quad$ mit $\quad A_3 = \dfrac{1}{4} A$

$$\Longrightarrow \quad v_1 + \frac{1}{4} v_3 = v_2$$

$$\Longrightarrow \quad v_3 = 4(v_2 - v_1)$$

$$\Longrightarrow \quad p_2 - p_1 = \rho\,(v_1^2 - v_2^2 + 4(v_2 - v_1)^2 \cos\alpha)$$

7.3

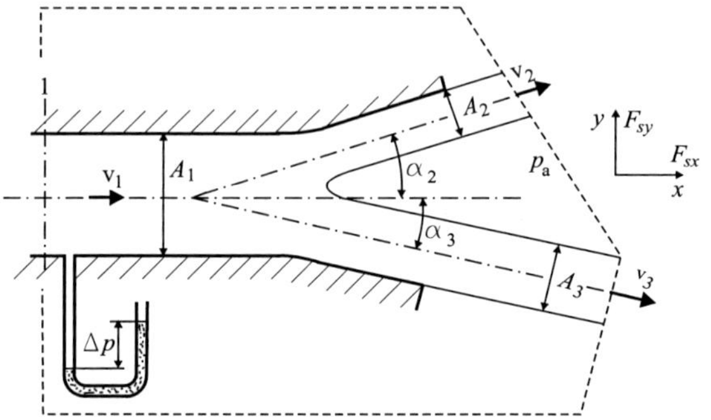

a)

$$\begin{aligned} p_1 + \frac{\rho}{2} v_1^2 &= p_a + \frac{\rho}{2} v_2^2 = p_a + \frac{\rho}{2} v_3^2 \\ \Delta p &= p_1 - p_a \\ v_1 A_1 &= v_2 A_2 + v_3 A_3 \end{aligned}$$

$$\begin{aligned} v_1 &= \sqrt{\frac{2\Delta p}{\rho} \frac{1}{\left(\dfrac{A_1}{A_2 + A_3}\right)^2 - 1}} = 2,58\ m/s \\ v_2 &= v_3 = \frac{A_1}{A_2 + A_3} v_1 = 5,16\ m/s \end{aligned}$$

b) Impulssatz in x-Richtung (mit $p_2 = p_3 = p_a$):

$$\begin{aligned} -\rho v_1^2 A_1 + \rho v_2^2 A_2 \cos\alpha_2 + \rho v_3^2 A_3 \cos\alpha_3 &= (p_1 - p_a) A_1 + F_{sx} \\ \Longrightarrow \quad F_{sx} &= -888,1\ N \end{aligned}$$

Impulssatz in y-Richtung:

$$\begin{aligned} \rho v_2^2 A_2 \sin\alpha_2 - \rho v_3^2 A_3 \sin\alpha_3 &= F_{sy} \\ \Longrightarrow \quad F_{sy} &= -238,4\ N \end{aligned}$$

c)

$$A_2 \sin\alpha_2 - A_3 \sin\alpha_3^* = 0$$

$$\Longrightarrow \quad \alpha_3^* = 12,37°$$

7.4

a)

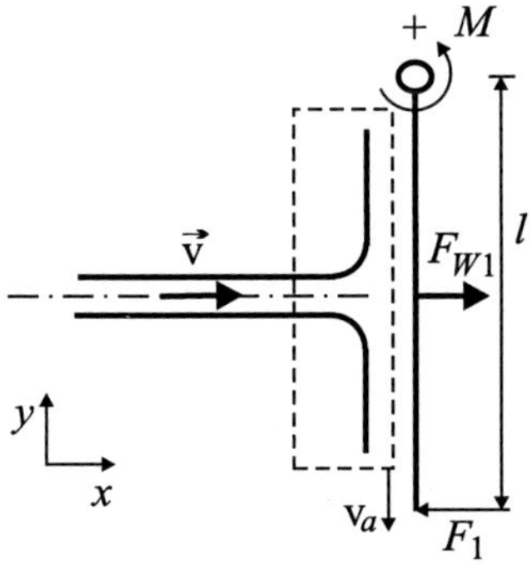

$$\sum \vec{M} = 0 \quad \Longrightarrow aF_{w1} - lF_1 = 0 \quad \Longrightarrow F_1 = \frac{a}{l} F_{w1}$$

Impulssatz: $\int \rho \vec{v}(\vec{v} \cdot \vec{n}) dA = \Sigma F$

x-Richtung: $\vec{v}_a \perp \vec{v}; \quad \sum F = -F_{w1}; \quad p = p_a$

$$\Longrightarrow -\rho v^2 hB = -F_{w1} \Longrightarrow F_1 = \rho \frac{a}{l} v^2 hB$$

b)

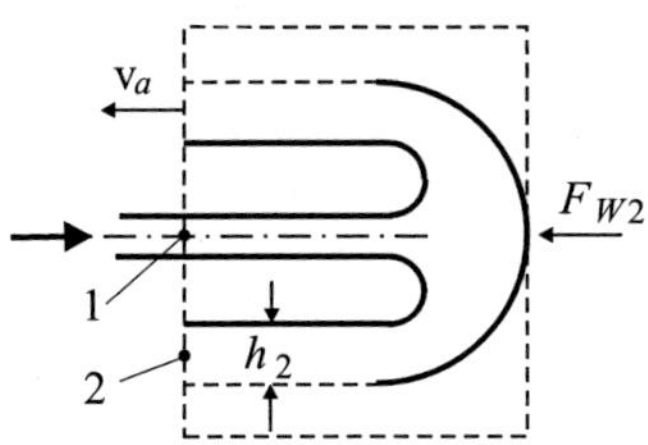

Impulssatz in x-Richtung: $-\rho v^2 hB - 2\rho v_2^2 h_2 B = -F_{w2}$

Bernoulli: $1 \longrightarrow 2 \quad p_1 + \frac{\rho}{2} v_1^2 = p_2 + \frac{\rho}{2} v_2^2$

$$p_1 = p_2 = p_a; \quad v_1 = v \quad \Longrightarrow v_2 = v$$

Konti: $$vh = 2vh_2 \quad \Longrightarrow h_2 = \frac{1}{2}h$$

$$\Longrightarrow F_{w2} = 2\rho v^2 hB = 2F_{w1}$$

$$\sum \vec{M} = 0 \Longrightarrow F_2 = \frac{a}{l}F_{w2} \Longrightarrow F_2 = 2\rho\frac{a}{l}v^2 hB = 2F_1$$

c)

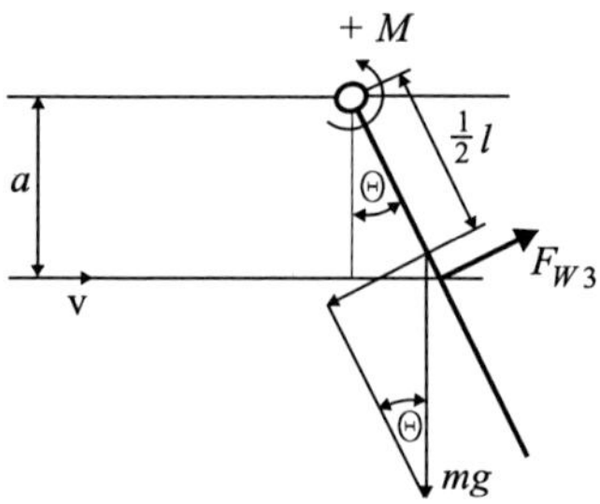

$$\sum \vec{M} = 0 \Longrightarrow -\frac{l}{2}mg\sin\theta + \frac{a}{\cos\theta}F_{w3} = 0 \Longrightarrow F_{w3} = \frac{1}{2}\frac{l}{a}mg\sin\theta\cos\theta$$

Impulssatz in z-Richtung: $$\rho v\cos\theta vhB = F_{w3}$$

$$\Longrightarrow \rho v^2\cos\theta hB = \frac{1}{2}\frac{l}{a}mg\sin\theta\cos\theta$$

$$\Longrightarrow \sin\theta = \rho\frac{2a}{l}\frac{hB}{mg}v^2$$

$$\Longrightarrow \theta = \arcsin\left(\frac{2a}{l}\frac{\rho hBv^2}{mg}\right)$$

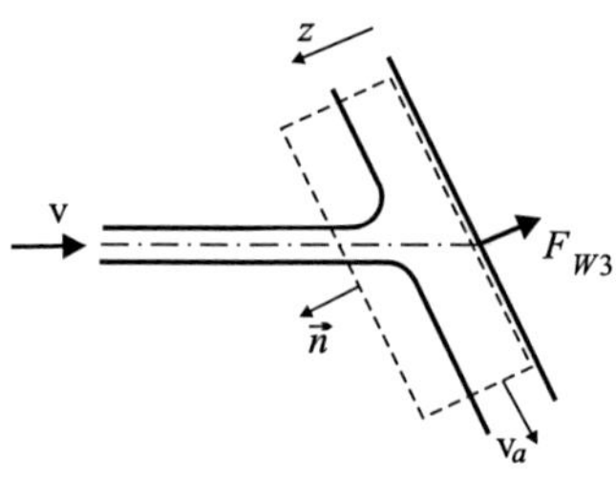

7.5

a) Konti:

$$\rho_1 v_1 A_\infty = \rho_1 v_1 (A_\infty - A_R) + \Delta\dot{m}$$

$$\Longrightarrow \quad \Delta\dot{m} = \rho_1 v_1 A_R$$

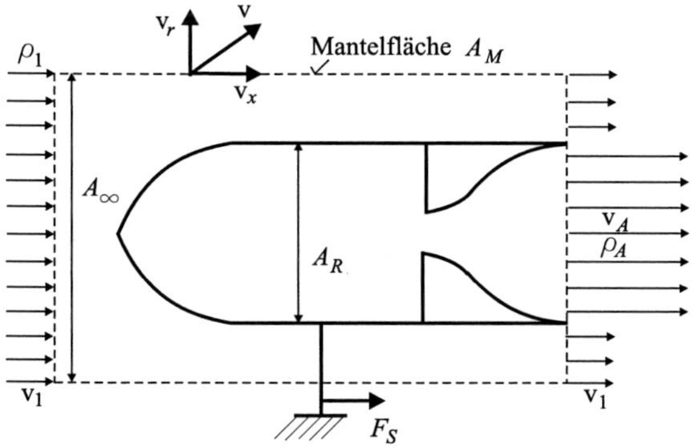

b) Impulssatz in x-Richtung

$$-\rho_1 v_1^2 A_\infty + \rho_1 v_1^2 (A_\infty - A_R) + \rho_A v_A^2 A_R + \int_{A_M} \rho_1 v_x v_r dA = F_s$$

Für $A_\infty / A_R \gg 1 : v_x = v_1$

$$\int_{A_M} \rho_1 v_x v_r dA = v_1 \int_{A_M} \rho_1 v_r dA = v_1 \Delta\dot{m}$$

$$\Longrightarrow \quad F_s = \rho_A v_A^2 A_R$$

$$\Longrightarrow \quad P = F_s v_1 = \rho_A v_A^2 v_1 A_R$$

7.6

a)

Bernoulli1 $\longrightarrow 1'$:

$$p_a + \frac{\rho}{2} v_1^2 = p_{1'} + \frac{\rho}{2} v'^2$$

Bernoulli2' $\longrightarrow 2$:

$$p_{2'} + \frac{\rho}{2} v'^2 = p_a + \frac{\rho}{2} v_2^2$$

Konti :

$$v_1 A_1 = v' A' = v_2 A_2$$

Impulssatz in $x-$Richtung für kleine Kontrollfläche :

$$0 = (p_{1'} - p_{2'}) A' + F_s$$

Impulssatz in $x-$Richtung für grosse Kontrollfläche :

$$-\rho v_1^2 A_\infty + \rho v_2^2 A_2 + \rho v_1^2 (A_\infty - A_2) - \Delta\dot{m} v_1 = F_s \quad \text{(vgl. Aufg. 7.5)}$$

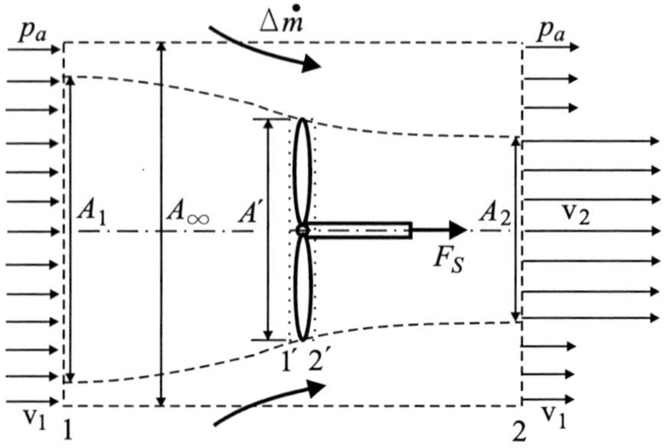

Konti: $\rho v_1 A_\infty + \Delta\dot{m} = \rho v_2 A_2 + \rho v_1 (A_\infty - A_2)$

$$\Longrightarrow \quad v' = \frac{v_1 + v_2}{2} = 6{,}5\ m/s$$

b)

$$\eta = \frac{F_s v_1}{F_s v'} = \frac{v_1}{v'} = 0{,}769$$

7.7

a)

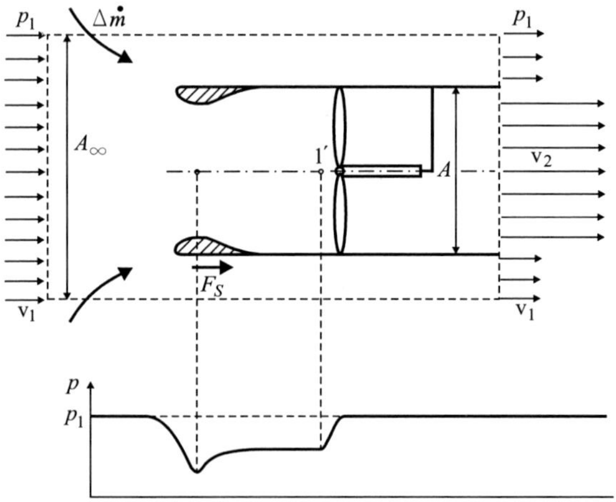

b) Bernoulli 1 ⟶ 1':

$$p_1 + \frac{\rho}{2} v_1^2 \quad = \quad p_{1'} + \frac{\rho}{2} v_{1'}^2$$

$$\Longrightarrow \quad v_{1'} = v_2 = \sqrt{\frac{2}{\rho}(p_1 - p_{1'}) + v_1^2}$$
$$\dot{m} = \rho A v_{1'} = 13 \cdot 10^3 \ kg/s$$

c) Impulssatz in x-Richtung:

$$-\rho v_1^2 A_\infty - \Delta\dot{m} v_1 + \rho v_2^2 A + \rho v_1^2 (A_\infty - A) = F_s \qquad \text{(vgl. Aufg. 7.5)}$$

Konti: $$\rho v_1 A_\infty + \Delta\dot{m} = \rho v_1 (A_\infty - A) + \rho v_2 A$$

$$\Longrightarrow \quad F_s = \rho v_2 (v_2 - v_1) A = 0,39 \cdot 10^5 \ N$$

d)

$$P = \dot{V}(p_{02} - p_{01'}) = \dot{V}(p_1 - p_{1'}) = 448,5 \ kW$$

7.8
gerundeter Einlauf

a) Bernoulli $\infty \longrightarrow 1$:

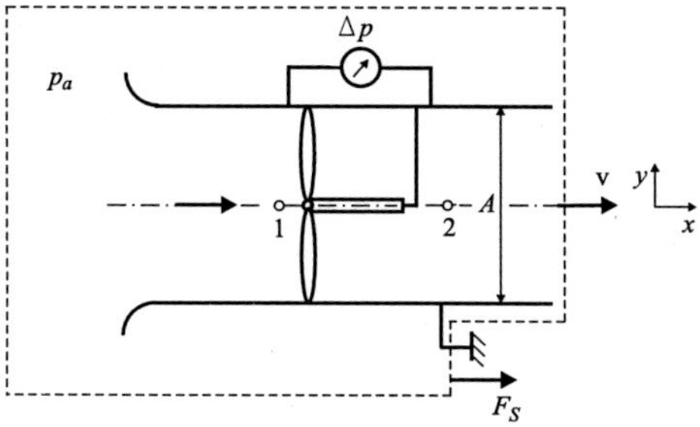

$$p_a = p_1 + \frac{\rho}{2} v_1^2$$
$$\Delta p = p_2 - p_1 = p_a - p_1$$
$$\Longrightarrow \dot{V} = vA = \sqrt{\frac{2\Delta p}{\rho}} A$$

b)

$$P = \dot{V}(p_{02} - p_{01}) = \sqrt{\frac{2\Delta p}{\rho}} \Delta p A$$

c) Impulssatz in x-Richtung:

$$\rho v^2 A = F_s = 2\Delta p A$$

kantiger Einlauf

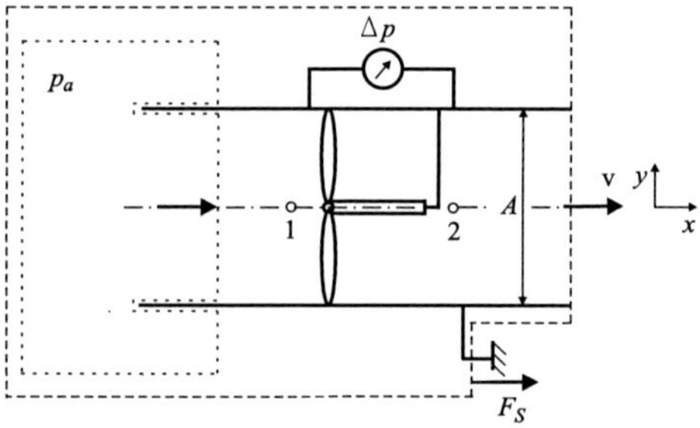

a) Impulssatz in x-Richtung für gepunktete Kontrollfläche:

$$\begin{aligned} \rho v^2 A &= (p_a - p_1)A \\ \Delta p &= p_2 - p_1 = p_a - p_1 \\ \Longrightarrow \quad \dot{V} &= vA = \sqrt{\frac{\Delta p}{\rho}} A \end{aligned}$$

b)

$$P = \dot{V}(p_{02} - p_{01}) = \sqrt{\frac{\Delta p}{\rho}} \Delta p A$$

c) Impulssatz in x-Richtung für gestrichelte Kontrollfläche:

$$\rho v^2 A = F_s = \Delta p A$$

7.9

a)

Bernoulli $\infty \Longrightarrow 1$: $\quad p_a = \frac{\rho}{2} v_1^2 + p_1 - \Delta p$

Impulssatz in y-Richtung: $\quad \frac{dI_y}{dt} = -\rho v_1^2 2A = (p_1 - p_a)BL - G$

$$\Longrightarrow \rho v_1^2 = \frac{1}{2A}\left(G - (p_1 - p_a)BL\right)$$

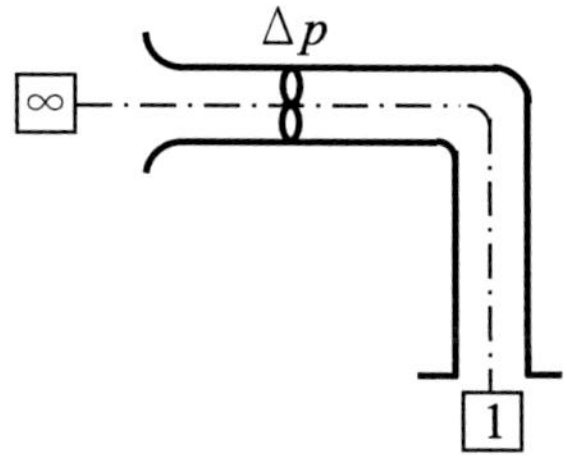

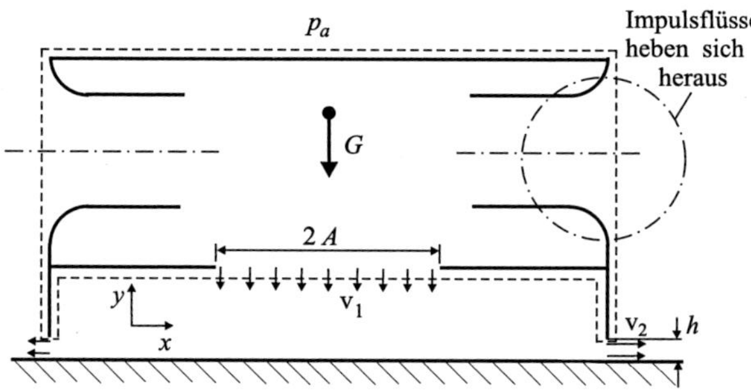

$$\Longrightarrow p_a = \frac{1}{4A}\left(G - (p_1 - p_a)BL\right) + p_1 - \Delta p$$

$$\Longrightarrow p_a\left(1 - \frac{BL}{4A}\right) = p_1\left(1 - \frac{BL}{4A}\right) - \Delta p + \frac{G}{4A}$$

$$\Longrightarrow p_1 = p_a + \frac{\Delta p - \frac{G}{4A}}{1 - \frac{BL}{4A}} = p_a + \frac{1}{4}\left(\frac{G}{4A} - \Delta p\right)$$

$$\Longrightarrow \frac{\rho}{2}v_1^2 = p_a - p_1 + \Delta p \qquad \Longrightarrow v_1 = \sqrt{\frac{1}{2\rho}\left(5\Delta p - \frac{1}{4}\frac{G}{A}\right)}$$

$$\dot V = v_1 2A = 2A\sqrt{\frac{1}{2\rho}\left(5\Delta p - \frac{1}{4}\frac{G}{A}\right)}$$

b)

abgegebene Leistung: $\qquad P = \Delta p \dot V$

Druckverlust: $\qquad \Delta p_v = p_{o1} - p_{o2} = p_1 + \frac{\rho}{2}v_1^2 - p_a - \frac{\rho}{2}v_2^2$

Konti: $\qquad 2Av_1 = 2h(B+L)v_2 \quad \Longrightarrow v_1 = v_2$

$$\Longrightarrow \Delta p_v = p_1 - p_a = \frac{1}{4}\left(\frac{G}{4A} - \Delta p\right)$$

$$P_v = \Delta p_v \dot V = \frac{\dot V}{4}\left(\frac{G}{4A} - \Delta p\right)$$

7.10

In reibungsfreier Strömung gilt die Bernoulli Gleichung. In hinreichend großer Entfernung vom Ball werden über die Querschnitte konstante Strömungsgeschwindigkeiten angenommen. Wegen der Parallelität der geradlinig verlaufenden Stromlinien herrscht dort kein Druckgradient quer zur Strömungssrichtung.

a) Bernoulli $\infty \longrightarrow 1 \longrightarrow 2 \longrightarrow \infty$:

$$p_a + \rho \frac{v_1^2}{2} = p_1 + \rho \frac{v_1^2}{2} = p_2 + \rho \frac{v_2^2}{2} = p_a + \rho \frac{v_2^2}{2}$$

$$\Longrightarrow v_1 = v_2$$

b)

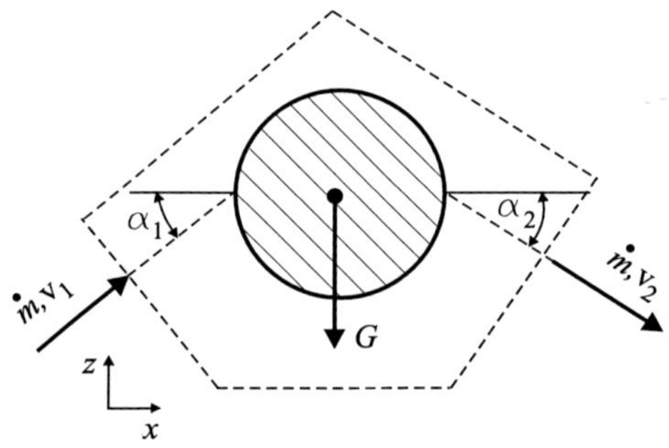

Impulssatz in x-Richtung:

$$-\dot{m}v_1 \cos\alpha_1 + \dot{m}v_2 \cos\alpha_2 = \sum F_{p_x} + F_{st_x} = 0$$

$$p = p_a$$

$$\Longrightarrow v_1 = v_2 \qquad \Longrightarrow \alpha_1 = \alpha_2,$$

wobei die Beträge der Winkel mit $\alpha_{1,2}$ bezeichnet werden.

c)
Impulssatz in y-Richtung:

$$-\dot{m}v_1 \sin\alpha_1 + (\dot{m}v_2(-\sin\alpha_1)) = -G$$

$$\Longrightarrow \quad \dot{m} = \frac{G}{2v_1 \sin\alpha_1}$$

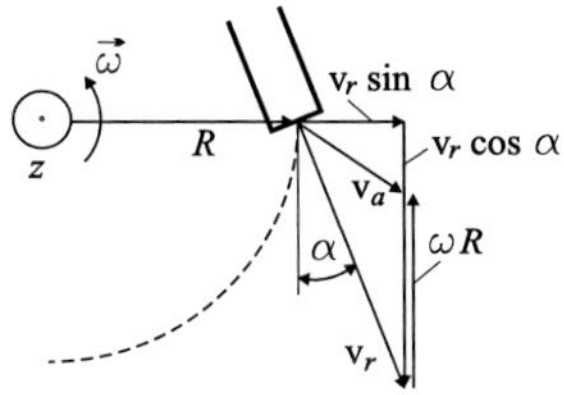

7.11

a)

$\vec{v}_a = v_{absolut}$ $\vec{v}_r = v_{relativ}$ $\vec{\omega} \cdot R = v_{\text{Fahrzeug}}$ $\vec{v}_a = \vec{v}_r + \vec{\omega} R$

v_r über Bernoulli mit zusätzlichem Beschleunigungsterm

$$0 \quad \rightarrow 2: \quad p_a = p_a + \frac{\rho}{2} v_r^2 - \int_{s0}^{s2} \rho(\vec{b} \cdot d\vec{s}) = p_a + \frac{\rho}{2} v_r^2 - \rho \left(gH + \frac{w^2 R^2}{2} \right)$$

$$\Longrightarrow \quad v_r = \sqrt{2gH + w^2 R^2} = 16 \frac{m}{s}$$

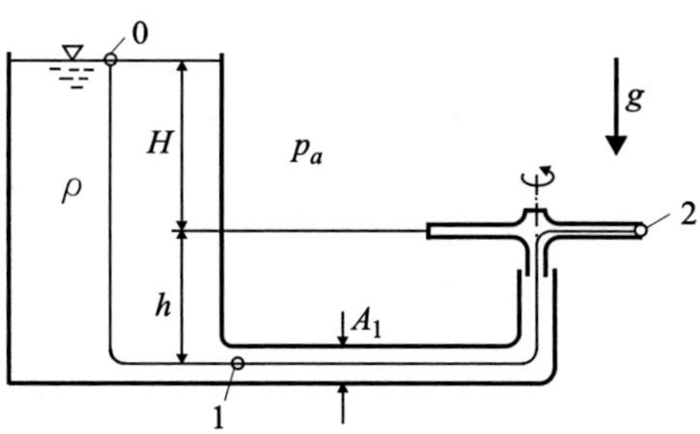

b) Stationäre Strömung für ein mitbewegtes Koordinatensystem

$$\Longrightarrow \int_{KF} (\vec{r} \times \vec{v}) \rho \vec{v} \cdot \vec{n} dA = \Sigma \vec{M} = \Sigma \left(\vec{r} \times \vec{F} \right)_{KV}$$

$$\Longrightarrow \vec{M} = \int_{KF} (\vec{r} \times \vec{v}_a) \, \rho \vec{v}_r \cdot \vec{n} dA$$

$$|\vec{r} \times \vec{v}_a| = |R(\omega R - v_r \cos\alpha)|$$

Drehmoment für 3 Arme:

$$\Longrightarrow M = 3 \rho v_r A R \, (\omega R - v_r \cos\alpha) = -6,8 \; Nm$$

Das Drehmoment $\vec{M}$ wirkt in Richtung von $\vec{\omega}$. $\vec{F}$ und $\vec{v}$ sind entgegengesetzt gerichtet.

$$\dot{V} = 3v_r A = 2,4 \cdot 10^{-3}\ \frac{m^3}{s}$$

c) Bernoulli 0 $\longrightarrow$ 1:

$$\begin{aligned} p_a + \rho g(h+H) &= p_1 + \frac{\rho}{2}v_1^2 \\ v_1 &= \frac{\dot{V}}{A_1} \\ \Longrightarrow p_1 = p_a + \rho g(h+H) - \frac{\rho}{2}\frac{\dot{V}^2}{A_1^2} &= 0,82 \cdot 10^5\ \frac{N}{m^2} \end{aligned}$$

d)

$$\frac{dM}{d\omega} = 0 \quad \Longrightarrow \text{Maximum für } \omega = 0 \quad \Longrightarrow \quad v_r = \sqrt{2gH}$$

$$\Longrightarrow M = 3\rho\sqrt{2gH}AR\left(-\sqrt{2gH}\cos\alpha\right) = -6\rho gHAR\cos\alpha = 13\ Nm$$

7.12

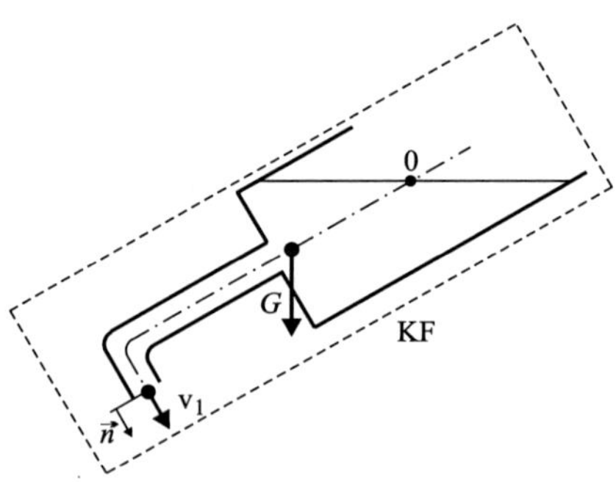

Impulsmomentensatz: $\int_{KF} \rho(\vec{r} \times \vec{v})\vec{v} \cdot \vec{n}dA = \Sigma\vec{M}$

$$\Longrightarrow \rho l v_1^2 A = Ghg\sin\alpha$$

Bernoulli 0 $\longrightarrow$ 1 : $\rho g l\cos\alpha = \frac{\rho}{2}v_1^2$

$$\implies \quad v_1 = \sqrt{2gl\cos\alpha}$$

$$\implies \quad A\rho l 2gl\cos\alpha = Ghg\sin\alpha$$

$$\implies \quad Gh\tan\alpha = 2\ \rho\ l^2\ A$$

$$\implies \quad \alpha = \arctan\left(2\frac{A\rho l^2}{Gh}\right)$$

8 Strömung in offenen Gerinnen

8.1

a) Impulssatz in x-Richtung:

$$-\rho\, v_1^2\, z_1 + \rho\, v_2^2\, z_2 = \int_0^H p_1\, dz - \int_0^H p_2\, dz = \int_0^H (p_1 - p_a)\, dz - \int_0^H (p_2 - p_a)\, dz$$

$$= \int_0^{z_1} \rho\, g\, z\, dz - \int_0^{z_2} \rho\, g\, z\, dz = \frac{1}{2}\rho\, g\, z_1^2 - \frac{1}{2}\rho\, g\, z_2^2$$

Kontinuität: $v_1\, z_1 = v_2\, z_2$

$$\Longrightarrow \frac{1}{2}\rho\, g\, (z_1 + z_2)\,(z_1 - z_2) = \rho\, v_1\, z_1\,(v_2 - v_1) = \rho\, v_1^2\, \frac{z_1}{z_2}\,(z_1 - z_2)$$

$$z_1 \neq z_2 \quad \Longrightarrow \quad \frac{1}{2}\rho\, g\, (z_1 + z_2) = \rho\, v_1^2\, \frac{z_1}{z_2}$$

$$\Longrightarrow v_1 = \sqrt{\frac{g\, z_2}{2\, z_1}\,(z_1 + z_2)} = 1{,}73\, \frac{m}{s} \quad , \quad v_2 = v_1\, \frac{z_1}{z_2} = 0{,}87\, \frac{m}{s}$$

b)

$$Fr_1 = \frac{v_1}{\sqrt{g\, z_1}} = 1{,}73 \quad ; \quad Fr_2 = \frac{v_2}{\sqrt{g\, z_2}} = 0{,}62$$

c)

$$H_1 - H_2 = z_1 - z_2 + \frac{1}{2\, g}\,(v_1^2 - v_2^2) = \frac{(z_2 - z_1)^3}{4\, z_1\, z_2} = 0{,}0125\, m$$

8.2

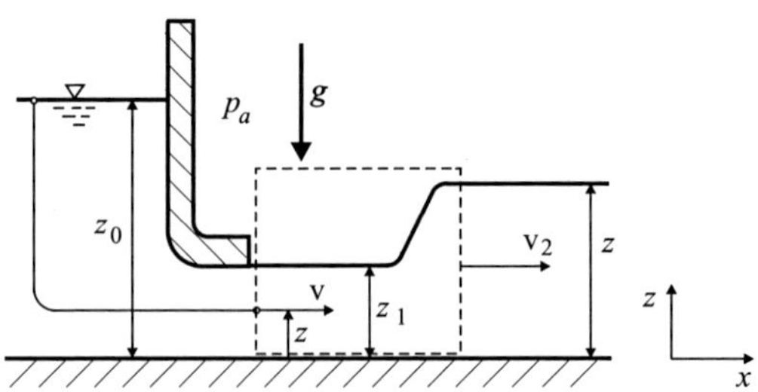

a) Für jede Stromlinie gilt:

$$p_a + \rho\, g\, z_0 = p + \rho\, g\, z + \frac{\rho}{2}\, v^2$$

Hydrostatische Grundgleichung: $p + \rho\, g\, z = p_a + \rho\, g\, z_1$

$$\Longrightarrow v = \sqrt{2\, g\, (z_0 - z_1)} = v_1 \qquad \text{(unabhängig von } z\text{)}$$

b)

$$\dot V = v_1\, B\, z_1$$

Extremum:

$$\frac{d\, \dot V}{d\, z_1} = 0$$

$$\Longrightarrow z_{1_{\dot V max}} = \frac{2}{3}\, z_0 = 5\ m$$

c)

$$Fr_1 = \frac{v_1}{\sqrt{g\, z_1}} = 1$$

$$\Longrightarrow z_{1_{gr}} = \frac{2}{3}\, z_0 = 5\ m$$

d)

Impulssatz in x-Richtung $\quad -\rho\, v_1^2\, B\, z_1 + \rho\, v_2^2\, B\, z_2 = \rho\, g\, B\, \left(\frac{z_1^2}{2} - \frac{z_2^2}{2} \right)$

Konti: $\quad v_1\, B\, z_1 = v_2\, B\, z_2$

$$\Longrightarrow z_2 = \frac{z_1}{2} \left(\sqrt{1 + 16 \left(\frac{z_0}{z_1} - 1 \right)} - 1 \right) = 5{,}93\ m$$

$$\Longrightarrow v_2 = 4{,}22\ m/s$$

8.3

a)

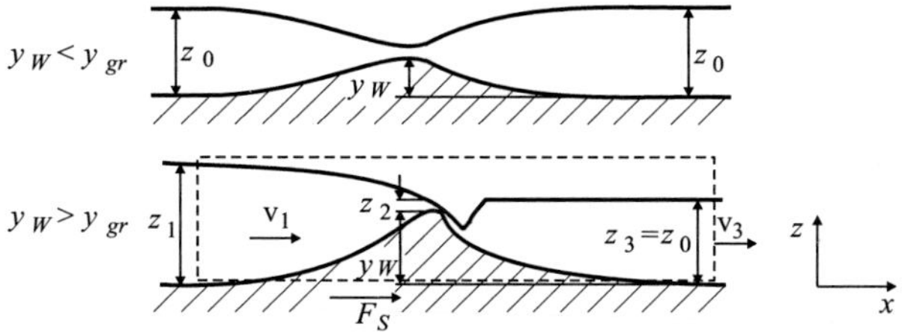

b)

$$y_{gr} + H_{min} = H_0$$

$$\Longrightarrow y_{gr} = z_0 + \frac{\dot{V}^2}{2\,g\,B^2\,z_0^2} - \frac{3}{2}\sqrt[3]{\frac{\dot{V}^2}{g\,B^2}} = 0,446\ m$$

c)

$$y_W > y_{gr} : z_2 = z_{gr} = \sqrt[3]{\frac{\dot{V}^2}{g\,B^2}} = 1,170\,m$$

$$H_1 = y_W + H_{min}$$

$$\Longrightarrow \frac{H_1}{H_{min}} = \frac{y_W}{H_{min}} + 1 = 1,570$$

$$\text{aus Diagramm :} \quad \frac{z_1}{z_{gr}} = 2,26$$

$$\Longrightarrow z_1 = 2,64\ m \qquad \text{(Aufstau des Oberwassers)}$$

d)

$$H_1 - H_3 = H_1 - H_0 = y_W - y_{gr} = 0,554\,m$$

e)

Impulssatz in x-Richtung: $\quad -\rho\,v_1^2\,B\,z_1 + \rho\,v_3^2\,B\,z_3 = \rho\,g\,B\left(\frac{z_1^2}{2} - \frac{z_3^2}{2}\right) + F_S$

$$\Longrightarrow F = -F_S = \frac{\rho\,g\,B}{2}(z_1 - z_0)\left(z_1 + z_0 - \frac{2\,\dot{V}^2}{g\,B^2\,z_1\,z_0}\right) = 2,60 \cdot 10^5\ N$$

8.4

a)

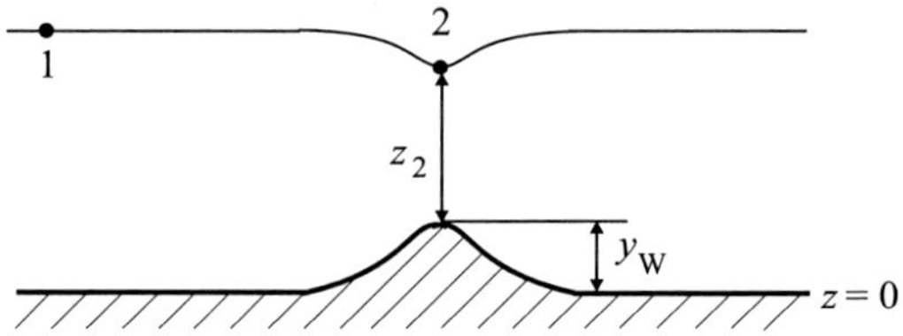

Konti: $\quad \dot{V} = v_1\,B\,z_1 = v_2\,B\,z_2$

Bernoulli $1 \rightarrow 2$: $\quad p_a + \rho\,g\,z_1 + \frac{\rho}{2}\,v_1^2 = p_a + \rho\,g\,(z_2 + y_W) + \frac{\rho}{2}\,v_2^2$

$z_1 = z_2 + \Delta z + y_W$

$$\Longrightarrow \quad \dot{V} = \sqrt{\frac{2\,g\,\Delta z}{\left(\frac{z_1}{z_2}\right)^2 - 1}}\,z_1\,B = 3,77\ \frac{m^3}{s}$$

b)

$$Fr_2 = 1 : \qquad v_2 = \sqrt{g\,z_2} = \frac{\dot{V}}{B\,z_2}$$

$$\Longrightarrow \quad \dot{V} = B\,\sqrt{g\,z_2^3} = 6,4\ \frac{m^3}{s}$$

8.5

a)

Bernoulli von $\boxed{0} \longrightarrow \boxed{1}$: $p_a + \rho\, g\, Z = p_1 + \rho\, g\, z_1 + \frac{\rho}{2}\, v_1^2$

Hydrostatische Grundgleichung: $p_1 = p_a + \rho\, g\, (z_0 - z_1)$

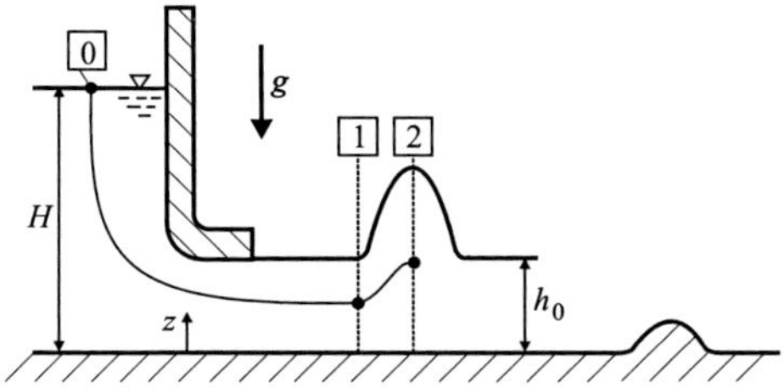

$$\Longrightarrow p_a + \rho\, g\, Z = p_a + \rho\, g\, (z_0 - z_1) + \rho\, g\, z_1 + \frac{\rho}{2}\, v_1^2 <=> \rho\, g\, (Z - z_0) = \frac{\rho}{2}\, v_1^2$$

$$\Longrightarrow \quad v_1 = \sqrt{2\, g\, (Z - z_0)} \qquad (1)$$

$$\left.\begin{array}{l} \text{Konti}: \quad v_2\, 2\, z_0\, \frac{B_0}{\sqrt{2}} = v_1\, z_0\, B_0 <=> v_2 = v_1\, \frac{\sqrt{2}}{2} \\ \text{Bernoulli von } \boxed{1} \longrightarrow \boxed{2}: \quad \rho\, g\, z_0 + \frac{\rho}{2}\, v_1^2 = \rho\, g\, 2\, z_0 + \frac{\rho}{2}\, v_2^2 \end{array}\right\} g\, z_0 = \frac{v_1^2}{4} \qquad (2)$$

aus (1) + (2): $Z = 3\, z_0$

b) $$Fr = \frac{v}{\sqrt{g\, z}} = \sqrt{\frac{2\, g\, (Z - z_0)}{g\, z_0}} = 2 > 1 \Longrightarrow \text{schiessender Zustand}$$

Verlauf 1: nur schießend

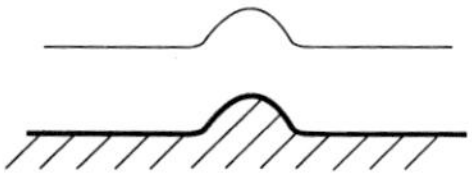

Verlauf 2: Wassersprung zwischen Verengung und Bodenwelle

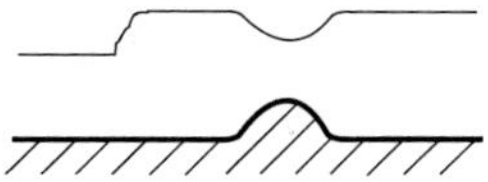

Verlauf 3: Wassersprung nach der Bodenwelle

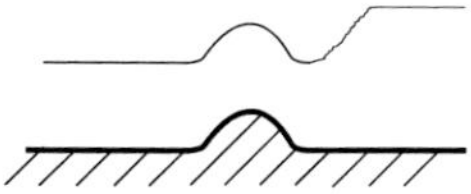

Verlauf 4: wie Verlauf 2 + Übergang zum schießenden Zustand

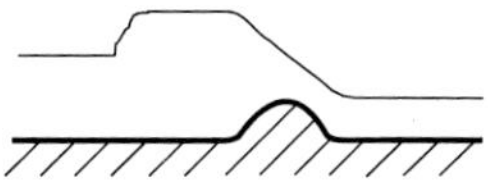

c) Die Energiehöhe H_1 nach dem Wassersprung ist:

$$H_1 = H_{min} + y_{gr} \quad \text{mit} \quad H_{min} = \frac{3}{2} z_{gr} = \frac{3}{2} \sqrt[3]{\frac{\dot{V}^2}{g\, B^2}}$$

$$\dot{V} = v_1\, z_0\, B_0 = \sqrt{4\, g\, z_0}\, z_0\, B_0$$

$$H_1 = z_1 + \frac{v_1^2}{2\, g} = z_1 + \frac{\dot{V}^2}{2\, z_1^2\, B_0^2\, g} = z_1 + \frac{4\, g\, z_0^3\, B_0^2}{2\, z_1^2\, B_0^2\, g} = z_1 + 2\, z_0 \left(\frac{z_0}{z_1}\right)^2$$

$$z_1 = z_0 \left(\sqrt{\frac{1}{4} + 2\, Fr_0^2} - \frac{1}{2} \right) = \left(\sqrt{\frac{33}{4}} - \frac{1}{2} \right) z_0$$

$$H_{min} = \frac{3}{2} \sqrt[3]{\frac{4\, g\, z_0^3\, B_0^2}{g\, B_0^2}} = \frac{3}{2}\, z_0\, \sqrt[3]{4}$$

$$\Longrightarrow z_{gr} = H_1 - H_{min} = z_0 \left[\sqrt{\frac{33}{4}} - \frac{1}{2} + \frac{2}{\left(\sqrt{\frac{33}{4}} - \frac{1}{2}\right)^2} - \frac{3}{2} \sqrt[3]{4} \right]$$

8.6

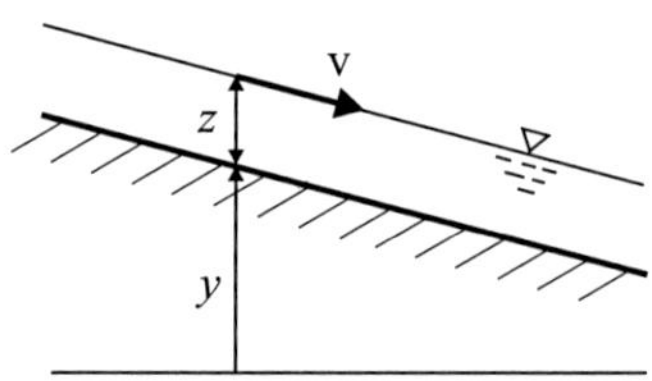

a) Bernoulli :

$$\rho\, g\, z + \frac{\rho}{2}\, v^2 + \rho\, g\, y = \text{konst}$$

$$\Longrightarrow \underbrace{z + \frac{v^2}{2\, g}}_{H} + y = \text{konst}$$

$$H = z + \frac{v^2}{2\, g} \quad \text{mit} \quad v = \frac{\dot{V}}{b\, z} \Longrightarrow H = z + \frac{\dot{V}^2}{2\, g\, b^2\, z^2}$$

$$H_{min}: \quad \frac{\partial H}{\partial z} = 0 \quad \Longrightarrow \quad z_{gr} = \sqrt[3]{\frac{\dot{V}^2}{g\, b^2}}$$

$$\Longrightarrow H_{min} = z_{gr} + \frac{\dot{V}^2}{2\, g\, b^2\, z_{gr}^2} = \frac{3}{2} \sqrt[3]{\frac{\dot{V}^2}{g\, b^2}}$$

b) Die Gerinnetiefen und Geschwindigkeiten in $\boxed{1}$ und $\boxed{4}$ müssen zunächst bestimmt werden.

$\boxed{4}$:
$$Fr_4 = \frac{v_4}{\sqrt{g\ z_4}} \quad ; \quad y_3 + H_3 = H_4 = z_4 + \frac{v_4^2}{2\ g}$$

$$\Longrightarrow z_4 = 2\ \frac{y_3 + H_3}{Fr_4^2 + 2} = 2m \quad ; \quad v_4 = Fr_4\sqrt{g\ z_4} = 2\ \frac{m}{s}$$

$$\dot{V} = v_4\ z_4\ b = 80\ \frac{m^3}{s}$$

$\boxed{1}$:
$$H_1 = y_2 + H_{min} \Longrightarrow \frac{H_1}{H_{min}} = \frac{y_2}{H_{min}} + 1 = 1,57$$

aus Diagramm : $\frac{z_1}{z_{gr}} = 2,3 \Longrightarrow z_1 = 2,7\,m \; ; \qquad v_1 = \frac{\dot{V}}{z_1\ b} = 1,5$

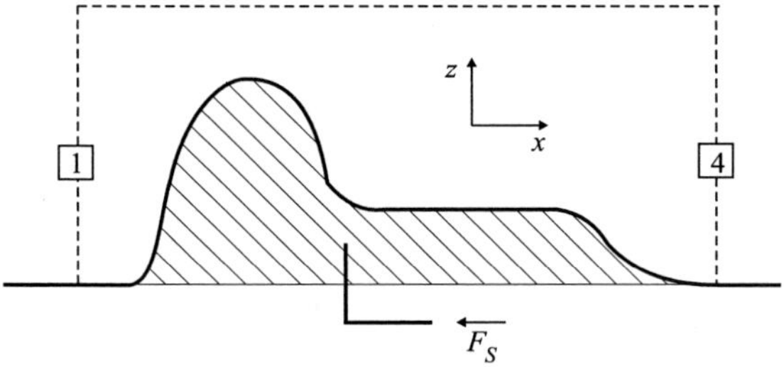

Impulssatz in x-Richtung:
$$\rho\ b\ (v_4^2\ z_4 - v_1^2\ z_1) = \rho\ g\ b \left(\frac{z_1^2}{2} - \frac{z_4^2}{2} \right) - F_S$$

$$\Longrightarrow F_S = 2,84 \cdot 10^5\ N$$

9 Laminare reibungsbehaftete Strömungen

9.1

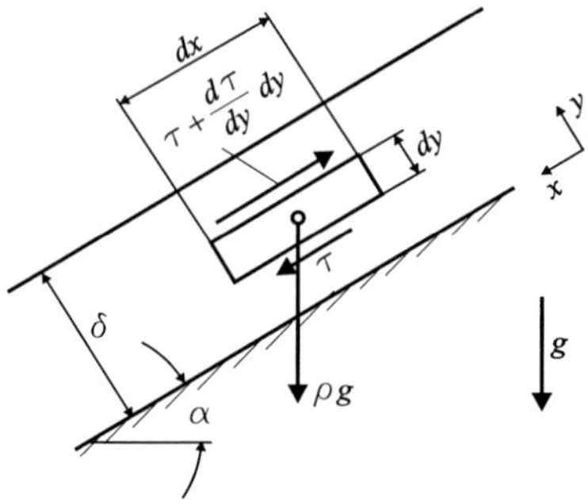

$$
\begin{aligned}
&\text{Volumenstrom :} && \dot V &&= B\int_0^\delta u(y)dy\\
&\text{Impulssatz in } x\text{−Richtung :} && \frac{d\tau}{dy} &&= \rho g\sin\alpha\\
& && \tau &&= -\eta\frac{du}{dy}\\
&\text{Randbedingungen :} && y &&= 0: \quad u = 0\\
& && y &&= \delta: \quad \tau = 0\\
&\Longrightarrow && u(y) &&= \frac{\rho g\sin\alpha}{\eta}\left(\delta y - \frac{y^2}{2}\right)\\
&\Longrightarrow && \dot V &&= \frac{\rho g B\sin\alpha}{3\eta}\delta^3 = 1,2\cdot 10^{-3}\quad m^3/s
\end{aligned}
$$

9.2

a)

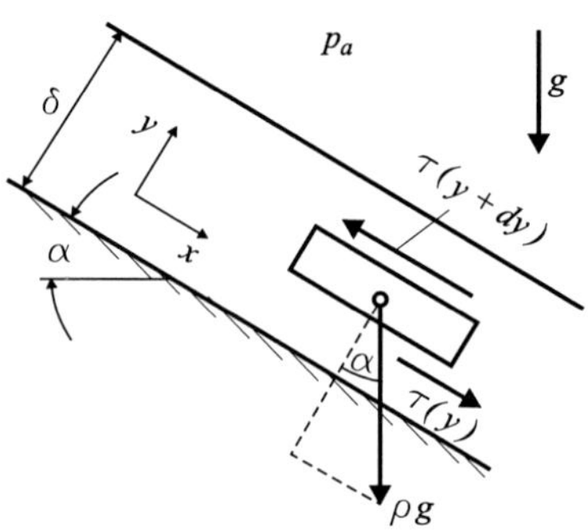

Impulssatz in x-Richtung: $\quad -\frac{\partial\tau}{\partial y} + \rho g\sin\alpha = 0$

mit $\rho = \rho_0 e^{1-\frac{T}{T_0}}$ und $\frac{T}{T_0} = \frac{y}{\delta}\frac{T_\delta - T_0}{T_0} + 1$

sowie mit der Konstanten $k = -\frac{T_\delta - T_0}{T_0}$ folgt

$$\frac{\partial \tau}{\partial y} = \rho_0 e^{\frac{y}{\delta}k} g \sin\alpha$$

Integration: $$\tau = \frac{\rho_0 g \delta \sin\alpha}{k} e^{\frac{y}{\delta}k} + C(x)$$

Randbedingung: $\tau(y=\delta) = 0 \implies C = \frac{-\rho_0 \delta g \sin\alpha}{k} \quad e^k$

$$\implies \tau(y) = \frac{\rho_0 \delta g \sin\alpha}{k}\left(e^{\frac{y}{\delta}k} - e^k\right)$$

b)

$$\tau = -\eta\frac{\partial u}{\partial y} = -\rho\nu\frac{\partial u}{\partial y} = \frac{\rho_0 g \delta \sin\alpha}{k}\left(e^{\frac{y}{\delta}k} - e^k\right)$$

$$\frac{\partial u}{\partial y} = \frac{-g\delta\sin\alpha}{k\nu}\left(1 - e^{k(1-\frac{y}{\delta})}\right)$$

Integration : $$u = \frac{-g\delta\sin\alpha}{k\nu}\left(y + \frac{\delta}{k}e^{k(1-\frac{y}{\delta})}\right) + C(x)$$

Randbedingung: $u(y=0) = 0 \implies C = \frac{g\delta^2 \sin\alpha}{k^2\nu}e^k$

$$\implies u(y) = -\frac{g\delta\sin\alpha}{k\nu}\left(y + \frac{\delta}{k}(e^{k(1-\frac{y}{\delta})} - e^k)\right)$$

c)

Impulssatz in y-Richtung: $-\frac{\partial p}{\partial y} = \rho g \cos\alpha$

Integration: $p = f(y) + C(x)$

Randbedingung: $p(y=\delta) = p_a \implies C = p_a + f(\delta) \neq f(x)$

$$\implies \frac{\partial p}{\partial x} = 0$$

9.3

a)

DGL : $$\frac{dp}{dx} = \eta \frac{d^2u}{dy^2}$$

1. Integration : $$\frac{du}{dy} = \frac{1}{\eta}\frac{dp}{dx}y + C_1$$

2. Integration : $$u = \frac{1}{2\eta}\frac{dp}{dx}y^2 + C_1 y + C_2$$

1) stehendes Band

Randbedingungen:

$$y=0: \quad u = 0 \longrightarrow C_2 = 0$$
$$y=h: \quad u = 0 \longrightarrow C_1 = -\frac{h}{2\eta}\frac{dp}{dx}$$
$$\Longrightarrow \quad u(y) = \frac{h^2}{2\eta}\frac{dp}{dx}\left((\frac{y}{h})^2 - \frac{y}{h}\right)$$

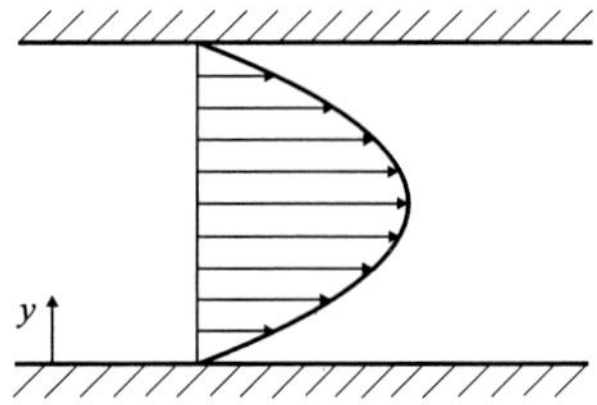

2) laufendes Band

Randbedingungen:

$$y=0: \quad u = u_\infty \longrightarrow C_2 = u_\infty$$
$$y=h: \quad u = 0 \longrightarrow C_1 = -\left(\frac{h}{2\eta}\frac{dp}{dx} + \frac{u_\infty}{h}\right)$$
$$\Longrightarrow \quad u(y) = \frac{h^2}{2\eta}\frac{dp}{dx}\left((\frac{y}{h})^2 - \frac{y}{h}\right) + u_\infty(1 - \frac{y}{h})$$

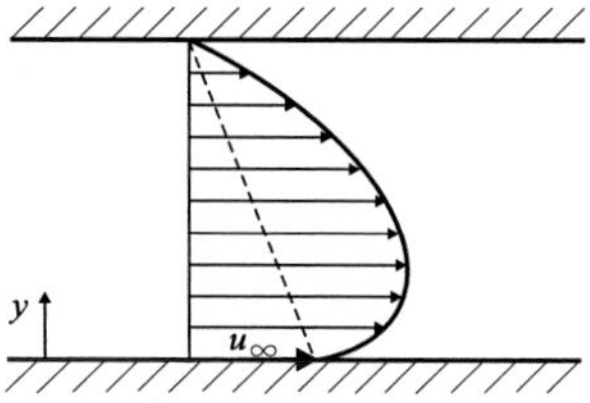

b)

Reibungskraft/Breite am Fahrzeugboden: $\quad \dfrac{F}{B} = l\eta \left.\dfrac{du}{dy}\right|_{y=h}$

1) stehendes Band

$$\frac{F}{B} = \eta l \left\{ \frac{1}{\eta} \quad \frac{dp}{dx} h - \frac{h}{2\eta} \quad \frac{dp}{dx} \right\}$$

$$\Longrightarrow \quad \frac{F}{B} = \frac{lh}{2}\frac{dp}{dx}$$

2) laufendes Band

$$\frac{F}{B} = \eta l \left\{ \frac{1}{\eta}\frac{dp}{dx} h - \frac{h}{2\eta}\frac{dp}{dx} - \frac{u_\infty}{h} \right\}$$

$$\Longrightarrow \quad \frac{F}{B} = \frac{lh}{2}\frac{dp}{dx} - \eta \frac{l}{h} u_\infty$$

$$\Longrightarrow \quad |F|_{2)} > |F|_{1)}$$

9.4

a)

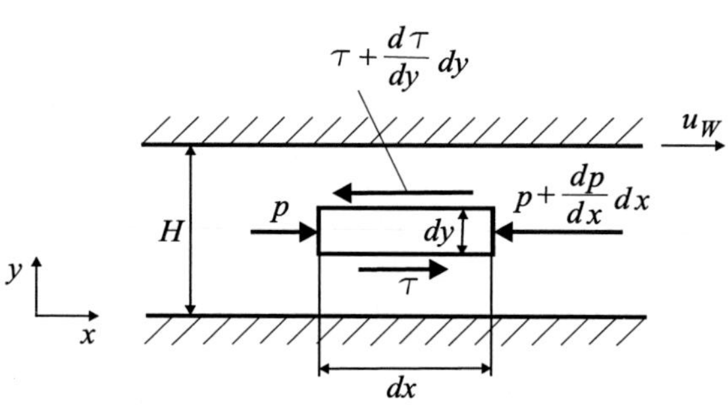

Impulssatz in $x-$Richtung :

$$\frac{dp}{dx} + \frac{d\tau}{dy} = 0$$

$$\tau = -\eta \frac{du}{dy}$$

$$\Longrightarrow \quad \frac{d^2u}{dy^2} = \frac{1}{\eta}\frac{dp}{dx}$$

Randbedingungen :

$$y = 0: \quad u = 0$$

$$y = H: \quad u = u_w$$

Integration :

$$u(y) = \frac{1}{2\eta}\frac{dp}{dx}H^2\left[\left(\frac{y}{H}\right)^2 - \frac{y}{H}\right] + u_w\frac{y}{H}$$

b)

$$\frac{\tau(y=H)}{\tau(y=0)} = \frac{u_w + \dfrac{1}{2\eta}\dfrac{dp}{dx}H^2}{u_w - \dfrac{1}{2\eta}\dfrac{dp}{dx}H^2}$$

c)

$$\dot{V} = u_m BH = B\int_0^H u(y)dy = \left(\frac{u_w}{2} - \frac{dp}{dx}\frac{H^2}{12\eta}\right)BH$$

d)

$$u_{max} = -\frac{dp}{dx}\frac{H^2}{8\eta}$$

e)

$$\frac{dI_x}{dt} = B\int_0^H \rho u(y)^2 dy = \frac{6}{5}\rho u_m^2 BH$$

f)

$$\tau_w = \eta\,\frac{\partial u}{\partial y} \qquad \text{mit u aus a)}$$

$$u_m = \frac{2}{3}\,u_{max} \qquad \text{vgl. Umdruck S.140}$$

und Dimensionslos: $$\frac{\tau_w}{\frac{\rho}{2}u_m^2} = \frac{12}{Re}$$

g)

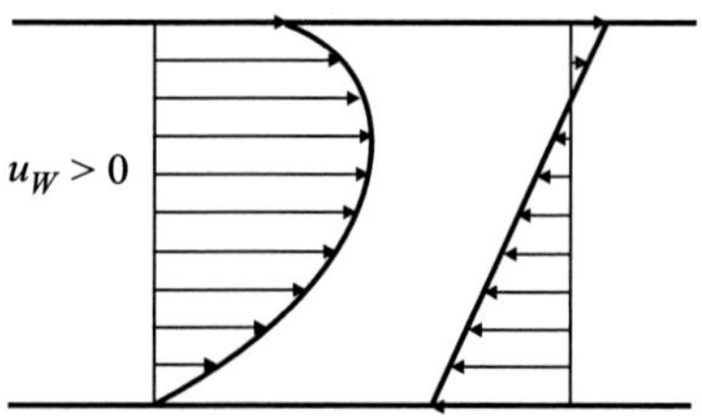

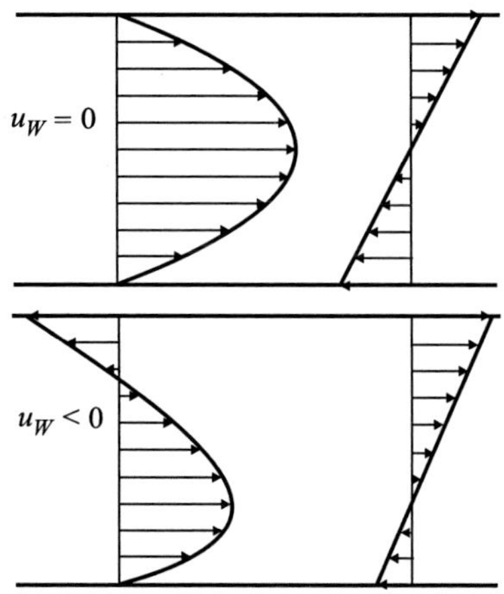

9.5

a) Bestimmung von $\tau(r)$

ausgebildete Strömung :

$$\frac{dp}{dx} = const. = \frac{-\Delta p}{L} \Longrightarrow \frac{d(r\tau)}{dr} = -r\frac{\Delta p}{L}$$
$$\Longrightarrow \quad d(r\tau) = -r\frac{\Delta p}{L}dr$$

Integration :

$$r\tau = c - \frac{r^2 \Delta p}{2L}$$
$$\Longrightarrow \quad \tau = \frac{c}{r} - \frac{r\Delta p}{2L}$$

Randbedingung: $r \longrightarrow 0 \Longrightarrow \tau \longrightarrow 0 \Longrightarrow c = 0$

$$\Longrightarrow \tau = -\frac{r}{2}\frac{\Delta p}{L}$$

Bestimmungen von $u(y)$

$$\tau = -\eta_{OdW}\left|\frac{du}{dr}\right|\frac{du}{dr} = -\frac{r\Delta p}{2L}$$
$$\Longrightarrow \quad \left|\frac{du}{dr}\right|\frac{du}{dr} = \frac{r\Delta p}{2\eta L}$$

für vorgegebene Koordinate r ist $\frac{du}{dr} < 0$

$$\Longrightarrow \frac{du}{dr} = -\sqrt{\frac{r\Delta p}{2\eta_{OdW} L}} \Longrightarrow du = -\sqrt{\frac{\Delta p}{2\eta_{OdW} L}}\sqrt{r}dr$$
$$\Longrightarrow \quad u = c - \sqrt{\frac{\Delta p}{2\eta_{OdW} L}}\frac{2}{3}r^{\frac{3}{2}}$$

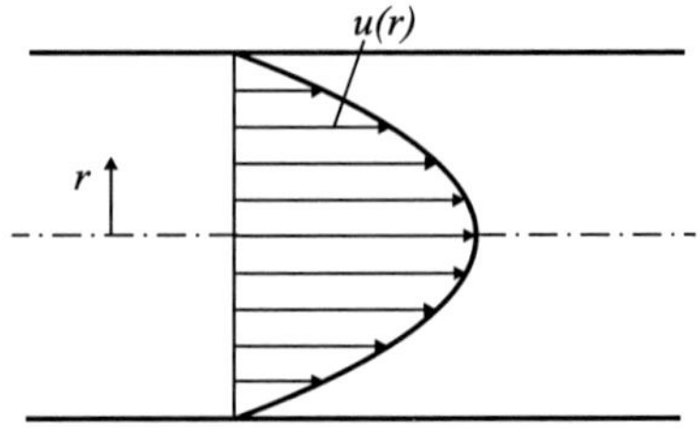

Randbedingung: $\quad u(r=R)=0 \quad \Longrightarrow \quad c=\frac{2}{3}\sqrt{\frac{\Delta p}{2\eta_{OdW}L}}R^{\frac{3}{2}}$

$$\Longrightarrow \quad u(r)=\frac{1}{3}\sqrt{\frac{2\Delta p}{\eta_{OdW}L}}\left(R^{\frac{3}{2}}-r^{\frac{3}{2}}\right)$$

Bestimmung von $\dot{V}$

$$\dot{V}=\int_0^R u(r)2\pi r dr=\frac{2\pi}{3}\sqrt{\frac{2\Delta p}{\eta_{OdW}l}}\int_0^R\left(R^{\frac{3}{2}}r-r^{\frac{5}{2}}\right)dr=\frac{2\pi}{3}\sqrt{\frac{2\Delta p}{\eta_{OdW}l}}\left(\frac{R^{\frac{7}{2}}}{2}-\frac{2R^{\frac{7}{2}}}{7}\right)$$

$$\Longrightarrow \quad \dot{V} = \frac{\pi}{7}\sqrt{\frac{2\Delta p}{\eta_{OdW}L}}R^{\frac{7}{2}}$$

$$\Longrightarrow \quad \Delta p = \left(\frac{7\dot{V}}{\pi R^{\frac{7}{2}}}\right)^2\frac{\eta_{OdW}L}{2}$$

9.6

a)

$$r = R-y$$

$$\dot{I}=\frac{dI_x}{dt}=\int_o^R\rho u^2 2\pi r dr=2\rho u_m^2\pi R^2\int_0^1\left(\frac{u}{u_m}\right)^2\frac{r}{R}d\left(\frac{r}{R}\right)$$

$$\delta = 0: \quad \frac{u}{u_m}=1$$

$$\Longrightarrow \quad \dot{I} = \rho u_m^2\pi R^2$$

$$\delta = R: \quad \frac{u}{u_m}=2\left[1-\left(\frac{r}{R}\right)^2\right]$$

$$\Longrightarrow \quad \dot{I} = 1,33\rho u_m^2 \pi R^2$$

$$\delta = \frac{R}{2}: \quad \frac{u}{u_m} = \begin{cases} \frac{96}{17}\frac{r}{R}\left(1-\frac{r}{R}\right) & \frac{R}{2} \le r \le R \\ \frac{24}{17} & 0 \le r \le \frac{R}{2} \end{cases}$$

$$\Longrightarrow \dot{I} = 2\rho u_m^2 \pi R^2 \left\{ \int_0^{0,5} \left(\frac{24}{17}\right)^2 \frac{r}{R} d\left(\frac{r}{R}\right) + \int_{0,5}^1 \left[\frac{96}{17}\frac{r}{R}\left(1-\frac{r}{R}\right)\right]^2 \frac{r}{R} d\left(\frac{r}{R}\right) \right\} = 1,196\rho u_m^2 \pi R^2$$

b)

$$\tau_w = \eta u_m \frac{2/\delta}{1 - \frac{2}{3}\frac{\delta}{R} + \frac{1}{6}\left(\frac{\delta}{R}\right)^2}$$

$$\delta \longrightarrow 0: \quad \tau_w \longrightarrow \infty$$

$$\delta = R: \quad \tau_w = 4\frac{\eta \cdot u_m}{R}$$

$$\delta = \frac{R}{2}: \quad \tau_w = 5,65\frac{\eta \cdot u_m}{R}$$

9.7

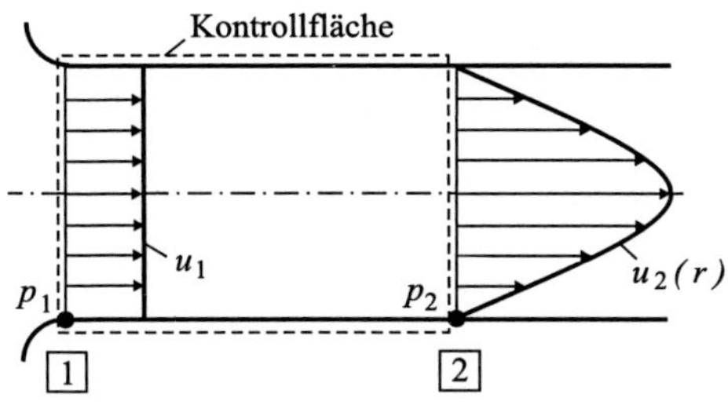

Impulssatz in x-Richtung:

$$-\rho u_1^2 \pi R^2 + \int_0^R \rho u_2^2(r) 2\pi r dr = (p_1 - p_2)\pi R^2$$

$$\Longrightarrow \quad -\rho u_1^2 \pi R^2 + \rho 2\pi u_{2max}^2 \int_0^R \left[1 - \left(\frac{r}{R}\right)^2\right]^2 r dr = (p_1 - p_2)\pi R^2$$

$$\Longrightarrow \quad -\rho u_1^2 \pi R^2 + \rho \pi u_{2max}^2 \frac{1}{3} R^2 = (p_1 - p_2)\pi R^2$$

$$\Longrightarrow \quad p_1 - p_2 = \frac{1}{3} u_{2max}^2 \rho - \rho u_1^2$$

Kontinuität:

$$\begin{aligned} \bar{u}\pi R^2 &= u_1\pi R^2 = \int_0^R u_2(r) 2\pi r dr = \frac{u_{2max}}{2}\pi R^2 \\ \Longrightarrow \qquad u_1 &= \bar{u} = \frac{1}{2}u_{2max} \\ \Longrightarrow \qquad p_1 - p_2 &= \frac{1}{3}\rho 4\bar{u}^2 - \rho\bar{u}^2 = \frac{1}{3}\rho\bar{u}^2 \end{aligned}$$

b)

$$\zeta_E = \frac{p_1 - p_2}{\frac{\rho}{2}\cdot\bar{u}^2} = \frac{2}{3}$$

9.8

a)

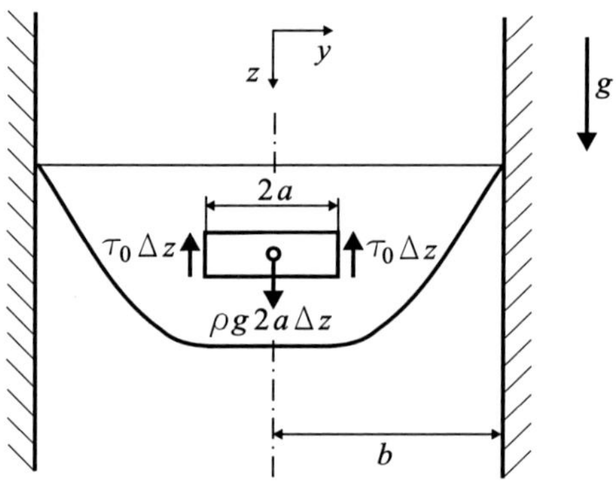

Für $y \leq a$ verhält sich die Flüssigkeit wie ein starrer Körper.

Kräftegleichgewicht :

$$\begin{aligned} \rho g a \Delta z &= \tau_0 \Delta z \\ \Longrightarrow \quad a &= \frac{\tau_0}{\rho g} \end{aligned}$$

b)

$$a \leq y \leq b :$$

Impulssatz in $z-$Richtung :

$$\begin{aligned} \frac{d\tau}{dy} &= \rho g \\ \tau &= -\eta\frac{dw}{dy} + \tau_0 \end{aligned}$$

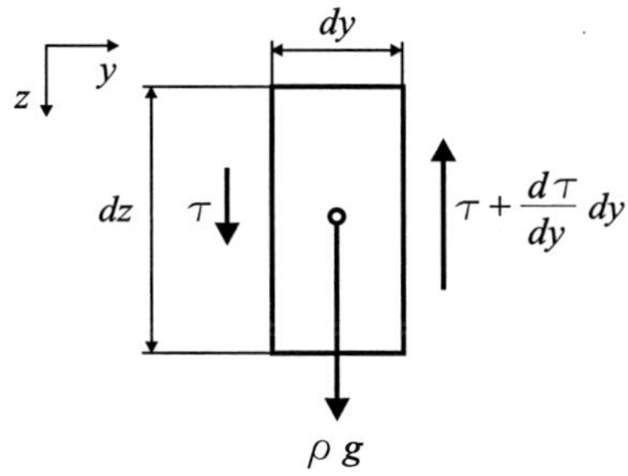

Randbedingungen : $y = a: \quad \tau = \tau_0$

$y = b: \quad w = 0$

$$\begin{aligned} \text{Integration :} \quad w(y) &= \frac{\rho g}{2\eta}[(b-a)^2 - (y-a)^2] \\ 0 \le y \le a: \quad w(y) &= \frac{\rho g}{2\eta}(b-a)^2 \end{aligned}$$

9.9

a)

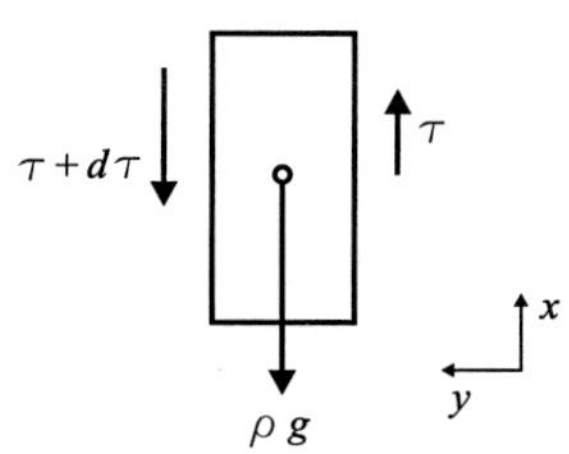

Kräftebilanz:

$$\tau dx B - \rho g dx dy B - (\tau + \frac{d\tau}{dy}\,dy)\,dx B = 0$$

$$\Longrightarrow \quad \frac{d\tau}{dy} = -\rho g$$

Integration: $\tau = -\rho g y + C_1$

Randbedingung: $y = \delta: \quad \tau = 0 \quad \Longrightarrow \quad \tau = \rho g(\delta - y)$

b)

$$\frac{du}{dy} < 0 \quad \Longrightarrow \quad \tau = \tau_0 - \eta\frac{du}{dy}$$

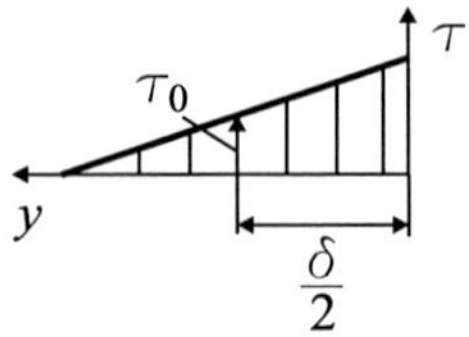

$$
\begin{aligned}
\tau_0 - \eta\frac{du}{dy} &= \rho g(\delta - y) \\
\Longrightarrow \quad \frac{du}{dy} &= \frac{\tau_0 - \rho g(\delta - y)}{\eta} \quad \text{für} \quad |\tau| > |\tau_0| \\
\Longrightarrow \quad du &= \frac{\tau_0 - \rho g(\delta - y)}{\eta} dy
\end{aligned}
$$

Integration : $\quad u(y) = \frac{\tau_0}{\eta} y - \frac{\rho g}{\eta}(\delta y - \frac{y^2}{2}) + C_2$

Randbedingung: $\quad y = 0 \quad : \quad u = u_B$

$$\Longrightarrow \quad u(y) = u_B + \frac{\rho g}{2\eta}(y^2 - \delta y) \quad \text{für} \quad |\tau| > |\tau_0|$$

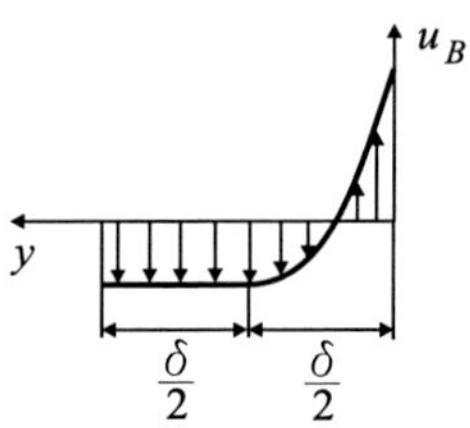

Anmerkung: $\frac{\delta}{2}$ aus Aufgabenstellung

c)

Voraussetzung: $\quad \dot{V} = 0 \quad \left(\text{mit } [\dot{V}] = \frac{m^2}{s}\right) \quad$ oder: $\quad \frac{\dot{V}}{B} = 0$

$$
\begin{aligned}
\dot{V} &= \int_0^{\delta} u(y)dy = \int_0^{\frac{\delta}{2}} u(y)dy + \int_{\frac{\delta}{2}}^{\delta} u\left(\frac{\delta}{2}\right) dy = 0 \\
\text{mit} \quad u\left(\frac{\delta}{2}\right) &= u_B - \frac{\rho g}{8\eta}\delta^2 \\
\int_0^{\frac{\delta}{2}} u(y)dy &= \int_0^{\frac{\delta}{2}} \left(u_B + \frac{\rho g}{2\eta}(y^2 - \delta y)\right) dy = u_B\frac{\delta}{2} + \frac{\rho g}{2\eta}\delta^3(\frac{1}{24} - \frac{1}{8}) \\
\int_{\frac{\delta}{2}}^{\delta} u(\frac{\delta}{2})dy &= \int_{\frac{\delta}{2}}^{\delta} \left(u_B - \frac{\rho g}{8\eta}\delta^2\right) dy = u_B\frac{\delta}{2} - \frac{\rho g}{\eta}\delta^3\frac{1}{16} \\
\Longrightarrow \quad \dot{V} &= u_B\delta - \frac{\rho g}{\eta}\delta^3\frac{5}{48} = 0 \quad \Longrightarrow u_{B,min} = \frac{\rho g}{\eta}\delta^2\frac{5}{48}
\end{aligned}
$$

9.10

a)

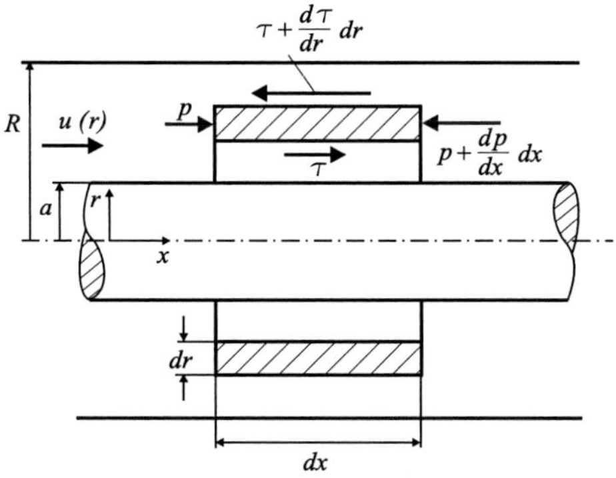

Impulssatz in x–Richtung : $$\frac{dp}{dx} + \frac{1}{r}\frac{d(\tau r)}{dr} = 0$$

$$\tau = -\eta \frac{du}{dr}$$

$$\Longrightarrow \quad \frac{1}{r}\frac{d}{dr}\left(r\frac{du}{dr}\right) - \frac{1}{\eta}\frac{dp}{dx} = 0$$

Randbedingungen : $r = a \;:\; u = 0$

$r = R \;:\; u = 0$

$$\Longrightarrow \quad u(r) = -\frac{1}{4\eta}\frac{dp}{dx}(R^2 - a^2)\left[\frac{R^2 - r^2}{R^2 - a^2} - \frac{ln(r/R)}{ln(a/R)}\right]$$

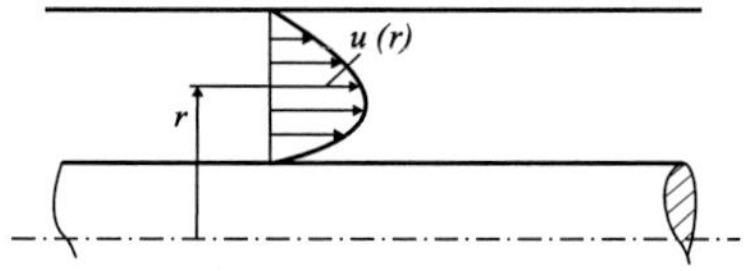

b)

$$\frac{\tau(r = a)}{\tau(r = R)} = \frac{R}{a}\frac{2a^2 \ln\dfrac{a}{R} + R^2 - a^2}{2R^2 \ln\dfrac{a}{R} + R^2 - a^2}$$

c)

$$\begin{aligned} u_m &= \frac{\dot{V}}{\pi(R^2 - a^2)} = \frac{1}{\pi(R^2 - a^2)} \int_a^R u(r) 2\pi r dr = \\ &= -\frac{1}{8\eta} \frac{dp}{dx} R^2 \left[1 + \left(\frac{a}{R}\right)^2 + \frac{1 - (a/R)^2}{\ln(a/R)} \right] \end{aligned}$$

9.11

a)

$$\frac{d}{dr}\left[\frac{1}{r}\frac{d}{dr}(r \cdot v)\right] = 0$$

1. Integration: $\frac{1}{r}\frac{d}{dr}(rv) = c_1$

$$\Longrightarrow \quad d(rv) = c_1 r dr$$

2. Integration: $rv = \frac{1}{2} c_1 r^2 + c_2$

Randbedingungen:

1) $r = R_i: \quad v = 0$

2) $r = R_a: \quad v = \omega R_a$

1. Randbedingung: $0 = \frac{1}{2} c_1 R_i^2 + c_2 \quad \Longrightarrow \quad c_2 = -\frac{c_1}{2} R_i^2$

2. Randbedingung: $\omega R_a^2 = \frac{1}{2} c_1 R_a^2 + c_2$

$$\begin{aligned} \Longrightarrow \quad \omega R_a^2 &= \frac{1}{2} c_1 R_a^2 - \frac{c_1}{2} R_i^2 \\ \Longrightarrow \quad c_1 &= \frac{2\omega R_a^2}{R_a^2 - R_i^2} \\ \Longrightarrow \quad c_2 &= -\frac{\omega R_a^2 R_i^2}{R_a^2 - R_i^2} \end{aligned}$$

$$
\begin{aligned}
\Longrightarrow \quad rv &= \frac{1}{2}r^2\frac{2\omega R_a^2}{R_a^2-R_i^2} - \frac{\omega R_a^2 R_i^2}{R_a^2-R_i^2} \\
\Longrightarrow \quad rv &= \frac{\omega(r^2-R_i^2)R_a^2}{R_a^2-R_i^2} \\
\Longrightarrow \quad v &= \frac{\omega R_a^2}{r}\frac{r^2-R_i^2}{R_a^2-R_i^2}
\end{aligned}
$$

b)

$$
\begin{aligned}
\tau &= -\eta r\frac{d}{dr}\left(\frac{v}{r}\right) \\
\Longrightarrow \quad \eta &= \frac{\tau}{-r\frac{d}{dr}\left(\frac{v}{r}\right)}
\end{aligned}
$$

$$
\begin{aligned}
M_z &= -\tau(r=R_i)2\pi R_i^2 L \\
\Longrightarrow \quad \eta &= \frac{M_z}{4\pi\omega R_i^2 L} \quad \left[1-\left(\frac{R_i}{R_a}\right)^2\right] = 10^{-2}\frac{Ns}{m^2}
\end{aligned}
$$

10 Turbulente Rohrströmung

10.1

Die erste Rechenregel ist trivial und wird nicht weiter betrachtet. Die zeitliche Mittelung einer Größe m über das Zeitintervall $[0,\ T]$ ist definiert als

$$\bar{m} = \frac{1}{T} \cdot \int_0^T m \cdot dt \quad .$$

Angewendet auf die Mittelung von $f + g$ ergibt:

b) $$\overline{f + g} = \frac{1}{T} \cdot \int_0^T (f+g) \cdot dt = \frac{1}{T} \cdot \int_0^T f \cdot dt + \frac{1}{T} \cdot \int_0^T g \cdot dt = \bar{f} + \bar{g} \ .$$

c) $$\overline{\bar{f} \cdot g} = \frac{1}{T} \cdot \int_0^T \bar{f} \cdot g \cdot dt = \bar{f} \cdot \frac{1}{T} \cdot \int_0^T g \cdot dt = \bar{f} \cdot \bar{g} \ .$$

d) $$\overline{\frac{\partial f}{\partial s}} = \frac{1}{T} \cdot \int_0^T \frac{\partial f}{\partial s} \cdot dt = \frac{\partial}{\partial s} \left(\frac{1}{T} \cdot \int_0^T f \cdot dt \right) = \frac{\partial \bar{f}}{\partial s} \ .$$

e) $$\overline{\int_s f \cdot ds} = \frac{1}{T} \cdot \int_0^T \left(\int_s f \cdot ds \right) \cdot dt = \frac{1}{T} \cdot \int_s \left(\int_0^T f \cdot dt \right) \cdot ds =$$

$$\int_s \left(\frac{1}{T} \cdot \int_0^T f \cdot dt \right) \cdot ds = \int_s \bar{f} \cdot ds$$

10.2

Das Verhältnis von mittlerer zu maximaler Geschwindigkeit beträgt

$$\frac{\bar{v}_m}{\bar{v}_{max}} = 2 \int_0^1 \xi (1 - \xi)^{\frac{1}{n}} \, d\xi = \frac{2n^2}{(n+1)(2n+1)} \quad \text{mit} \quad \xi = \frac{r}{R} \ .$$

Das Integral löst man mittels partieller Integration. Die mittlere Geschwindigkeit stellt sich im Abstand

$$\frac{r_m}{R} = 1 - \left(\frac{\bar{v}_m}{\bar{v}_{max}}\right)^n$$

ein, siehe Tabelle.

Re	n	$\bar{v}_m/\bar{v}_{max}$	r_m/R
$1 \cdot 10^5$	7	0,8166	0,7577
$6 \cdot 10^5$	8	0,8366	0,76
$1,2 \cdot 10^6$	9	0,8526	0,762
$2 \cdot 10^6$	10	0,8658	0,7633

Mißt man $\bar{v}(r)$ im Abstand $R - r_m$ von der Wand, so erhält man bei bekanntem $\bar{v}_{max}$ die über den Querschnitt gemittelte Geschwindigkeit, mit der sich der gesuchte Volumenstrom $\dot{V} = v_m \, \pi \, R^2$ ergibt.

10.3

a)
$$r = R - y$$

$$\frac{\bar{u}_m}{\bar{u}_{max}} = \frac{\dot{V}}{\pi \, R^2 \, \bar{u}_{max}} = 2 \int_0^1 \left(1 - \frac{r}{R}\right)^{1/7} \frac{r}{R} \, d\left(\frac{r}{R}\right) = \frac{49}{60}$$

b)
$$\frac{\dot{I}}{\rho \, \bar{u}_m^2 \, \pi \, R^2} = \frac{\int_0^R \rho \, \bar{u}^2 \, 2\pi \, r \, dr}{\rho \, \bar{u}_m^2 \, \pi \, R^2} = 2 \left(\frac{\bar{u}_{max}}{\bar{u}_m}\right)^2 \int_0^1 \left(1 - \frac{r}{R}\right)^{2/7} \frac{r}{R} \, d\left(\frac{r}{R}\right) = \frac{50}{49}$$

10.4

a) $2300 \leq Re \leq 10^5$:
$$\lambda = \frac{0,316}{\sqrt[4]{Re}}$$

$$\bar{u}_m = \frac{\eta}{\rho \, D} \, Re$$

$$\lambda = \frac{8 \, \tau_w}{\rho \, \bar{u}_m^2} \implies \tau_w = \frac{\lambda \, \rho \, \bar{u}_m^2}{8} = 2,22 \; N/m^2$$

b)
$$\frac{\bar{u}_m}{u_*} = \frac{\bar{u}_{max}}{u_*} - 4,07$$

$$\lambda = \frac{8 \, \tau_w}{\rho \, \bar{u}_m^2} = 8 \left(\frac{u_*}{\bar{u}_m}\right)^2$$

$$\Longrightarrow \quad \frac{\bar{u}_m}{\bar{u}_{max}} = \frac{1}{1 + 4,07\sqrt{\lambda/8}} = 0,84$$

c)
$$\frac{yu_*}{\nu} = 5 = \frac{\bar{u}}{u_*} \quad \text{(zähe Unterschicht)} \quad \Longrightarrow \quad \bar{u} = 5\,u_*$$

$$\text{mit} \quad u_* = \sqrt{\frac{\tau_w}{\rho}} \quad \text{und} \quad \tau_w = \frac{\lambda\,\rho\,\bar{u}_m^2}{8} \quad \text{folgt}$$

$$\bar{u} = 5\sqrt{\frac{\lambda}{8}}\,\bar{u}_m = 0,236\ m/s \qquad (\text{für } y = 0,11\ mm \ , \ \lambda \text{ aus Diagramm})$$

$$\frac{yu_*}{\nu} = 50 \qquad \text{(log. Geschwindigkeitsvert.)}$$

$$\frac{\bar{u}}{u_*} = 2,5\ \ln\left(\frac{yu_*}{\nu}\right) + 5,5$$

$$\Longrightarrow \quad \bar{u} = 0,720\ m/s \qquad (\text{für } y = 1,1\ mm)$$

d)
$$l = 0,4\,y = 0,4\,\frac{yu_*}{\nu}\,\frac{\nu}{\sqrt{\lambda/8}\,\bar{u}_m} = 0,85\,mm$$

10.5

a)

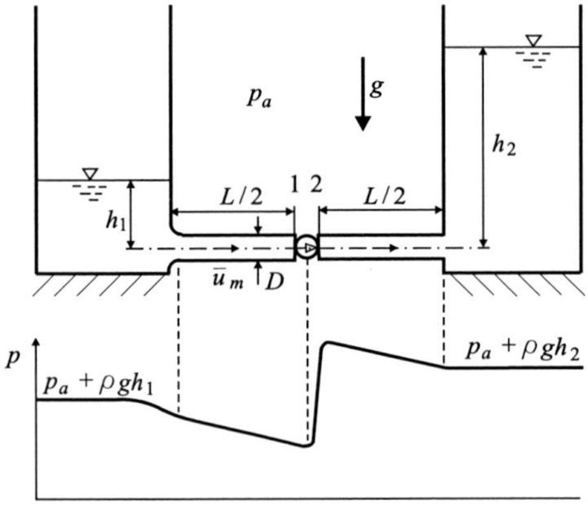

b) Bernoulli mit Verlustterm:

$$p_a + \rho\,g\,h_1 = p_1 + \left(1 + \lambda\,\frac{L}{2D}\right)\frac{\rho}{2}\,\bar{u}_m^2$$

$$\dot{V} = \bar{u}_m \frac{\pi D^2}{4}$$

$$Re = \frac{\bar{u}_m D}{\nu} = 8 \cdot 10^5$$

$$\frac{k_s}{D} = 0,002$$

$$\lambda = 0,024 \qquad \text{(aus Moody – Diagramm)}$$

$$\Longrightarrow \quad p_1 = 1,22 \cdot 10^5 \; N/m^2$$

c) Bernoulli mit Verlustterm:

$$p_2 = p_a + \rho \, g \, h_2 + \lambda \frac{L}{2D} \frac{\rho}{2} \bar{u}_m^2 = 3,77 \cdot 10^5 \; N/m^2$$

d)
$$P = \dot{V} \, (p_2 - p_1) = 160,5 \; kW$$

10.6

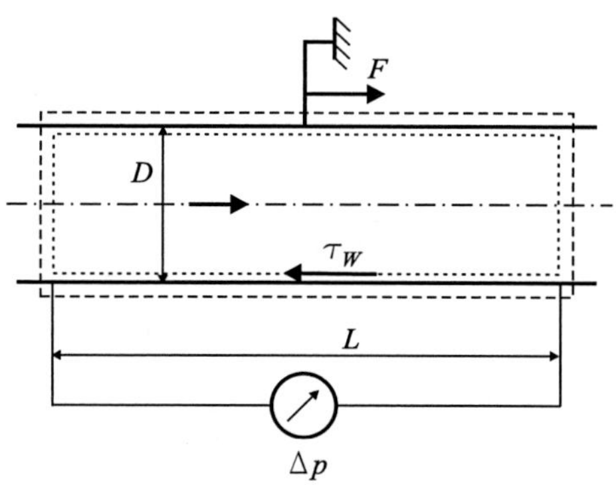

a)
$$\Delta p = \lambda \frac{L}{D} \frac{\rho}{2} \bar{u}_m^2$$

$$\dot{V} = \bar{u}_m \frac{\pi D^2}{4}$$

$$\Longrightarrow \quad \lambda = \frac{\pi^2 \, \Delta p \, D^5}{8 \, \rho \, L \, \dot{V}^2} = 0,0356$$

b)
$$Re = \frac{\rho \, \bar{u}_m \, D}{\eta} = 1,8 \cdot 10^5$$

$$\frac{k_s}{D} = 0,0083 \quad \text{(aus Moody – Diagramm)}$$

$$\Longrightarrow \quad k_s = 4,2 \ mm$$

c)

Impulssatz für innere Kontrollfläche:

$$\Delta p \, \frac{\pi \, D^2}{4} - \tau_W \, \pi \, D \, L = 0$$

$$\Longrightarrow \quad \tau_W = \Delta p \, \frac{D}{4L} = 16 \ N/m^2$$

Impulssatz für äußere Kontrollfläche:

$$F = -\Delta p \, \frac{\pi \, D^2}{4} = -2517 \ N$$

d)

$$\lambda = 0,016 \quad \text{(aus Diagramm)}$$

$$\Longrightarrow \quad \Delta p = 5,8 \cdot 10^3 \ N/m^2$$

10.7

$$\frac{P_1}{P_2} = \frac{\left(1 + \lambda_1 \, \frac{L}{D_1}\right) \frac{\rho}{2} \, \bar{u}_{m1}^2}{\left(1 + \lambda_2 \, \frac{L}{D_2}\right) \frac{\rho}{2} \, \bar{u}_{m2}^2}$$

$$\dot{V} = \bar{u}_m \, \frac{\pi \, D^2}{4}$$

$$\frac{1}{\sqrt{\lambda}} = 2,0 \, \log\left(\frac{D}{k_s}\right) + 1,14$$

$$\Longrightarrow \quad \frac{P_1}{P_2} = \frac{1 + \lambda_1 \, \frac{L}{D_1}}{1 + \lambda_2 \, \frac{L}{D_2}} \left(\frac{D_2}{D_1}\right)^4 = 39,2$$

10.8

RB: Rohrbündel ; *K*: Kanal

$$\lambda_{RB} \frac{L}{D} \frac{\rho}{2} \bar{u}^2_{mRB} = \lambda_K \frac{L_K}{d_h} \frac{\rho}{2} \bar{u}^2_{mK}$$

$$d_h = a$$

$$Re_K = \frac{\rho\, a}{\eta} \frac{\dot{V}}{a^2} = 10^5 \qquad \lambda_K = 0,018$$

$$Re_{RB} = \frac{\rho\, D}{\eta} \frac{\dot{V}}{100 \, \frac{\pi\, D^2}{4}} = 1,27 \cdot 10^4 \qquad \lambda_{RB} = 0,030$$

$$L_K = 13,57\ m$$

11 Ähnlichkeitstheorie

11.1 Die Frequenz f ist von folgenden Größen abhängig:

$$
\begin{array}{lll}
\text{Anströmgeschwindigkeit } u_\infty & [u_\infty] & \doteq \dfrac{m}{s} \\
\text{Dichte } \rho & [\rho] & \doteq \dfrac{kg}{m^3} \\
\text{kin. Zähigkeit } \nu & [\nu] & \doteq \dfrac{m^2}{s} \\
\text{Zylinderdurchmesser } D & [D] & \doteq m \\
\Longrightarrow f = F(u_\infty, \rho, \nu, D) & [f] & \doteq \dfrac{1}{s}
\end{array}
$$

Es sind 5 Variablen vorhanden mit insgesamt 3 unterschiedlichen Grundeinheiten (s, m, kg) $\Longrightarrow$ laut Π-Theorem besitzt das Problem 5-3 = 2 Kennzahlen.

Es werden als wiederkehrende Variablen die Größen D, ρ, u_∞ gewählt, da sie alle Bezugsdimensionen enthalten und voneinander dimensional unabhängig sind.
Bestimmung der Kennzahlen:

$$\pi_1 = f \cdot D^\alpha \cdot u_\infty^\beta \cdot \rho^\gamma$$

$$L\ [m] : 0 = 0 + 1 \cdot \alpha + 1 \cdot \beta + (-3) \cdot \gamma$$

$$3\gamma = \alpha + \beta$$

$$t\ [s] : 0 = -1 + 0 \cdot \alpha + (-1) \cdot \beta + 0 \cdot \gamma$$

$$\beta = -1$$

$$M\ [kg] : 0 = 0 + 0 \cdot \alpha + 0 \cdot \beta + 1 \cdot \gamma$$

$$\gamma = 0$$

$$\Longrightarrow \alpha = 1; \quad \beta = -1; \quad \gamma = 0$$

$$\Longrightarrow \boxed{\pi_1 = f \cdot \frac{D}{u_\infty}}$$

$$\pi_2 = \nu \cdot D^\alpha \cdot u_\infty^\beta \cdot \rho^\gamma$$

$$[m] : 0 = 2 + 1 \cdot \alpha + 1 \cdot \beta + (-3) \cdot \gamma$$

$$3\gamma = 2 + \alpha + \beta$$

$$[s] : 0 = -1 + 0 \cdot \alpha + (-1) \cdot \beta + 0 \cdot \gamma$$

$$\beta = -1$$

$$[kg] : 0 = 0 + 0 \cdot \alpha + 0 \cdot \beta + 1 \cdot \gamma$$

$$\gamma = 0$$

$$\Longrightarrow \alpha = -1; \quad \beta = -1; \quad \gamma = 0$$

$$\Longrightarrow \quad \boxed{\pi_2 = \nu \cdot \frac{1}{D \cdot u_\infty}}$$

Die dimensionslosen Kennzahlen sind i.d.R. auf bekannten Kennzahlen oder Kombinationen von bekannten Kennzahlen zurückführbar.

$$\pi_1 = \frac{f \cdot D}{u_\infty} = Sr \qquad \text{Strouhalzahl}$$

$$\pi_2 = \frac{\nu}{D \cdot u_\infty} = \frac{1}{Re} \quad \text{Reynoldszahl.}$$

Der funktionale Zusammenhang für dieses Problem lautet also

$$Sr = F(Re)$$

Es ist also nur eine Parametervariation bei dieser Untersuchung notwendig.

Hinweis: Bei dieser Aufgabe hätte man statt der kin. Zähigkeit ebenfalls die dyn. Zähigkeit η wählen können. Man hätte ebenfalls die Dichte ρ nicht berücksichtigen können, da $\nu = \frac{\eta}{\rho}$ die relevante Größe ist. In dem Falle hätte man 4 Variablen und 2 Grundeinheiten. In allen Fällen ist das Ergebnis gleich.

11.2

a)

$$L^3\, t^{-1} = (M\, L^{-2}\, t^{-2})^\alpha (M\, L^{-1}\, t^{-1})^\beta\, L^\gamma$$

$$\alpha = 1 \qquad \beta = -1 \qquad \gamma = 4$$

$$\Longrightarrow \quad \dot{V} \sim \frac{\Delta p\, D^4}{L\eta}$$

b)

$$\lambda = \frac{D}{L} \frac{\Delta p}{\frac{\rho}{2} u_m^2}$$

$$\frac{\Delta p\ D}{L} \sim \frac{\dot{V}\ \eta}{D^3} \sim \frac{u_m\ \eta}{D} \qquad (\text{mit } \dot{V} \sim u_m \cdot D^2)$$

$$\lambda \sim \frac{1}{Re}$$

11.3

$$\mu = f(\frac{y}{x^{1/4}},\ g,\ \eta,\ \rho);\quad [g] = \frac{m}{s^2};\quad [\eta] = \frac{kg}{m\ s};\quad [\rho] = \frac{kg}{m^3}$$

$$\text{Ansatz :} \qquad \mu = \frac{y}{x^{1/4}} \cdot g^\alpha \cdot \eta^\beta \cdot \rho^\gamma$$

$$\begin{aligned} \Longrightarrow M &: \ 0 = 0 + \beta + \gamma \\ L &: \ 0 = \frac{3}{4} + \alpha - \beta - 3\gamma \\ t &: \ 0 = 0 - 2\alpha - \beta \end{aligned}$$

$$\Longrightarrow \quad \alpha = \frac{1}{4}; \qquad \beta = -\frac{1}{2}; \qquad \gamma = \frac{1}{2}$$

$$\Longrightarrow \quad \mu = \frac{y}{x^{1/4}} \cdot g^{1/4} \cdot \eta^{-1/2} \cdot \rho^{1/2} = \frac{y}{x} \left(\frac{g\ x^3\ \rho^2}{\eta^2} \right)^{1/4}$$

$$\Longrightarrow \quad \frac{T - T_\infty}{T_W - T_\infty} = \tilde{F} \left(\frac{y}{x} \left(\frac{g\ x^3\ \rho^2}{\eta^2} \right)^{1/4} \right)$$

11.4

$$\frac{F_{wL}}{F_{wW}} = \frac{c_{wL}\ \frac{\pi}{4}\ D_L^2\ \frac{\rho_L}{2}\ u_{\infty L}^2}{c_{wW}\ \frac{\pi}{4}\ D_W^2\ \frac{\rho_W}{2}\ u_{\infty W}^2} = \frac{c_{wL}\ \eta_L^2\ \frac{\rho_W}{2}\ Re_L^2}{c_{wW}\ \eta_W^2\ \frac{\rho_L}{2}\ Re_W^2}$$

$$Re_L = Re_W \ :\ c_{wL} = c_{wW}$$

$$\frac{F_{wL}}{F_{wW}} = 0,281$$

11.5 a) $Re = Re' : v' = \sqrt{\frac{A}{A'}}\, v$ möglichst klein, damit Windkanalströmung als inkompressibel betrachtet werden kann:

$$A' = A_m : \quad v' = 77,46\ m/s$$

b)

$$P = \frac{F_w}{F_w'} F_w' v = \frac{c_D \frac{\rho}{2} v^2 A}{c_D' \frac{\rho}{2} v'^2 A_m} F_w' v$$

$$Re = Re' : \quad c_D = c_D'$$

$$P = F_w'\ v = 24,3\ kW$$

11.6

a)

$$Re = Re' : \quad \frac{D\ v\ \rho}{\eta} = \frac{D'\ v'\ \rho'}{\eta'}$$

$$\text{mit} \quad \dot{\mathrm{V}} = \mathrm{v}\ \frac{\mathrm{D}^2\ \pi}{4} \quad \Longrightarrow \quad \frac{\dot{\mathrm{V}}\ \rho\ 4}{\mathrm{D}\ \eta\ \pi} = \frac{\dot{\mathrm{V}}'\ \rho'\ 4}{\mathrm{D}'\ \eta'\ \pi}$$

$$\Longrightarrow \quad \dot{V}' = \dot{V} \cdot \frac{\eta'\ \rho\ D'}{\eta\ \rho'\ D} = 0,5\ m^3/s$$

$$Sr = Sr' : \quad \frac{n\ D}{v} = \frac{n'\ D'}{v'}$$

$$\Longrightarrow n' = n \cdot \frac{v'}{v} \cdot \frac{D}{D'} = n \cdot \frac{v\ D'^2}{v\ D^2} \cdot \frac{D^3}{D'^3}$$

$$= n \cdot \frac{\dot{V}'}{\dot{V}} \cdot \left(\frac{D}{D'}\right)^3 = 13,\overline{3}\ \frac{1}{s}$$

b)

$$Eu = Eu' : \quad \Delta p_0 = \frac{\rho\ v^2}{\rho'\ v'^2} \cdot \Delta p_0' = \frac{\rho\ \dot{V}^2}{\rho'\ \dot{V}'^2} \cdot \left(\frac{D'}{D}\right)^4 \cdot \Delta p_0' = 527,34\ \frac{N}{m^2}$$

c)

$$P = \dot{V}\ \Delta p_0 = 15,82\ kW$$

$$P' = \dot{V}'\ \Delta p_0' = 15\ kW$$

$$M = \frac{P}{2\,\pi\,n} = 201\ Nm$$
$$M' = \frac{P'}{2\,\pi\,n'} = 179\ Nm$$

11.7

a) $$Fr_L = Fr'_L: \quad v' = v \cdot \sqrt{\frac{L'}{L}} = 0,75\ m/s$$

b) $$c_D = c'_D$$

(Der Widerstandsbeiwert bezogen auf die Querschnittsfläche senkrecht zur Anströmgeschwindigkeit)

$$F_W = \frac{\frac{\rho}{2}\,v^2\,B\,H}{\frac{\rho}{2}\,v'^2\,B'\,H'}\,F'_W \;=\; 1,64 \cdot 10^4\ N$$

c) $$c_D = 1,12$$

d) $$\frac{v}{\sqrt{g\,h}} = \frac{v'}{\sqrt{g\,h'}} \;:\; h \;=\; 16\,h' \;=\; 0,4\,m$$

11.8

a)

Die Bezugsgrößen werden derart gewählt, dass die dimensionslosen Variablen und deren Ableitung von der Größenordnung O(1) sind.

$$\bar{u} = \frac{u}{u_{ref}} \qquad \bar{p} = \frac{p}{\Delta p} \qquad \bar{x} = \frac{x}{L} \qquad \bar{y} = \frac{y}{h} \qquad \bar{\eta} = \frac{\eta}{\eta_{ref}}$$

Einsetzen in die DGL ergibt:

$$\frac{\partial(\Delta p \cdot \bar{p})}{\partial(L \cdot \bar{x})} = \bar{\eta} \cdot \eta_{ref}\,\frac{\partial^2(u_{ref} \cdot \bar{u})}{\partial(\bar{y} \cdot h)^2}$$

mit $\bar{\eta} = 1$:

$$\frac{\Delta p}{L} \cdot \frac{\partial \bar{p}}{\partial \bar{x}} = \frac{\eta_{ref} \cdot u_{ref}}{h} \cdot \frac{\partial \frac{\partial \bar{u}}{\partial (\bar{y}\, h)}}{\partial \bar{y}} = \frac{\eta_{ref} \cdot u_{ref}}{h^2} \cdot \frac{\partial^2 \bar{u}}{\partial \bar{y}^2}$$

$$\Longrightarrow \quad \frac{\partial \bar{p}}{\partial \bar{x}} = \underbrace{\frac{L \cdot \eta_{ref} \cdot u_{ref}}{h^2 \cdot \Delta p}}_{\text{1. Kennzahl}} \cdot \frac{\partial^2 \bar{u}}{\partial \bar{y}^2}$$

2 Terme $\Longrightarrow$ 1 Kennzahl

b)

$$f(L,\, \eta_{ref},\, u_{ref},\, h,\, \Delta p) = 0$$

5 Variblen und 3 Grunddimensionen $\Longrightarrow$ 2 Kennzahlen.

D.h. das Π-Theorem gibt die max. Anzahl der Kennzahlen wieder. Die Methode der DGL bietet mehr Information über das Problem und die zu vernachlässigenden Terme, so dass man eine geringere Anzahl von dimensionslosen Kennzahlen erhält.

11.9

$$\bar{u} = \frac{u}{v_1} \qquad \bar{v} = \frac{v}{v_1} \qquad \bar{p} = \frac{p}{\Delta p_1} \qquad \bar{\rho} = \frac{\rho}{\rho_1} \qquad \bar{\eta} = \frac{\eta}{\eta_1} \qquad \bar{x} = \frac{x}{L_1} \qquad \bar{y} = \frac{y}{L_1} \qquad \bar{t} = \frac{t}{t_1}$$

$$\bar{\rho}\left(Sr\, \frac{\partial \bar{u}}{\partial \bar{t}} + \bar{u}\, \frac{\partial \bar{u}}{\partial \bar{x}} + \bar{v}\, \frac{\partial \bar{u}}{\partial \bar{y}}\right) = -\, Eu\, \frac{\partial \bar{p}}{\partial \bar{x}} + \frac{\bar{\eta}}{Re}\left(\frac{\partial^2 \bar{u}}{\partial \bar{x}^2} + \frac{\partial^2 \bar{u}}{\partial \bar{y}^2}\right)$$

$$Sr = \frac{L_1}{v_1\, t_1} \qquad Eu = \frac{\Delta p_1}{\rho_1\, v_1^2} \qquad Re = \frac{\rho_1\, v_1\, L_1}{\eta_1}$$

Bemerkung: die Wahl der Referenzgrößen ist i.d.R. problemabhängig.

11.10

a)

$$\frac{\lambda\, T_R}{l^2}\, \frac{\partial^2\, \bar{T}}{\partial \bar{y}^2} + \eta \frac{u_R^2}{l^2} \left(\frac{\partial \bar{u}}{\partial \bar{y}}\right)^2 = 0 \quad \Big| : \; \frac{\lambda\, T_R}{l^2}$$

$$K^* = \frac{\eta\, u_R^2}{\lambda\, T_R}$$

b)

$$K^* = \lambda^\alpha\, \eta^\beta\, T_R^\gamma\, u_R^\delta\, l^\varepsilon$$

wähle $\beta = 1$

$$
\begin{aligned}
kg &: \; 0 = \alpha + 1 \\
m &: \; 0 = \alpha - 1 + \delta + \varepsilon \\
s &: \; 0 = -3\alpha - 1 - \delta \\
K &: \; 0 = -\alpha + \gamma
\end{aligned}
$$

$$
\begin{aligned}
\alpha = \gamma &= -1 \\
\delta &= 2 \\
\varepsilon &= 0
\end{aligned}
$$

$$K^* = \frac{\eta \, u_R^2}{\lambda_p \, T_R}$$

c)

$$K^* = \frac{\eta \, c_p}{\lambda} \, \frac{u_R^2}{c_p \, T_R} = \frac{\eta \, c_p}{\lambda} \, \frac{u_R^2}{\gamma \, R \, T}(\gamma - 1)$$

$$c_p = \frac{\gamma \, R}{\gamma - 1}$$

$$K^* = Pr \cdot M^2(\gamma - 1)$$

11.11

$$-\frac{\partial p}{\partial x} + \rho \, g + \frac{\eta}{r} \, \frac{d}{dr} \left(r \, \frac{du}{dr} \right) = 0$$

$$-\frac{\Delta p}{L} \, \frac{d \, \bar{p}}{d \, \bar{x}} + \rho \, g \, \bar{\rho} \, \bar{g} + \frac{\eta}{R^2} \, u_\infty \, \frac{\bar{\eta}}{\bar{r}} \, \frac{d}{d \, \bar{r}} \left(\bar{r} \, \frac{d \, \bar{u}}{d \, \bar{r}} \right) = 0$$

$$-\underbrace{\frac{\Delta p}{L} \, \frac{R^2}{\eta \, u_\infty}}_{K_1^*} \, \frac{d \, \bar{p}}{d \, \bar{x}} + \underbrace{\frac{\rho \, g \, R^2}{\eta \, u_\infty}}_{K_2^*} \, \bar{\rho} \, \bar{g} + \frac{\bar{\eta}}{\bar{r}} \, \frac{d}{d \, \bar{r}} \left(\bar{r} \, \frac{d \, \bar{u}}{d \, \bar{r}} \right) = 0$$

Einflußgrößen: $\Delta p, \; \rho, \; u_m, \; \eta, \; l, \; R, \; g$

$$K = \Delta p^1 \quad \rho^{\beta} \quad u_m^{\gamma} \quad D^{\delta}$$
$$\left[\frac{kg}{s^2\,m}\right] \quad \left[\frac{kg}{m^3}\right] \quad \left[\frac{m}{s}\right] \quad [m]$$

kg	1	$+\beta$			$\beta = -1$
m	-1	-3β	$+\gamma$	$+\delta$	$\gamma = -2,\ \delta = 1-3+2=0$
s	2		$-\gamma$		$K_1 = \dfrac{\Delta p}{\rho\, u_m^2} = Eu$
	$\eta\,[kg/s\,m]$				
kg	1	$+\beta$			$\beta = -1,\ \gamma = -1$
m	-1	-3β	$+\gamma$	$+\delta$	$\delta = 1-3+1 = -1$
s	-1		$-\gamma$		$K_2 = \dfrac{\eta}{\rho\, u_m\, D} = \dfrac{1}{Re}$
	$l\,[m]$				
kg		$+\beta$			$\beta = 0,\ \gamma = 0$
m	1	-3β	$+\gamma$	$+\delta$	$\delta = 1$
s			$-\gamma$		$K_3 = \dfrac{l}{D}$
	$g\,[m/s^2]$				
kg		$+\beta$			$\beta = 0,\ \gamma = -2$
m	1	-3β	$+\gamma$	$+\delta$	$\delta = -1+2 = 1$
s	-2		$-\gamma$		$K_4 = \dfrac{g\,D}{u_m^2} = \dfrac{1}{F_r^2}$

$$K_1^* = Eu \cdot Re \cdot \frac{R}{L}$$

$$K_2^* = \frac{Re}{F_r^2}$$

11.12

a)
$$\rho \frac{dw}{dt} = -\frac{\partial p}{\partial z} - \rho\, g + \eta \nabla^2 w$$

Bezugsgrößen: $l,\ u_\infty$, Konstanten: $\eta,\ \rho,\ g$

$$\Longrightarrow \frac{\rho\, u_\infty^2}{l}\frac{d\bar{w}}{d\bar{t}} = -\frac{\rho u_\infty^2}{l}\frac{\partial \bar{p}}{\partial \bar{z}} - \rho\, g + \eta \frac{u_\infty}{l^2}\nabla^2 \bar{w} \quad \Bigg| \cdot \frac{1}{\frac{\rho\, u_\infty^2}{l}}$$

$$\Longrightarrow \frac{d\bar{w}}{d\bar{t}} = -\frac{\partial \bar{p}}{\partial \bar{z}} - \frac{1}{Fr^2} + \frac{1}{Re}\nabla^2 \bar{w}$$

$$\text{mit } Fr^2 = \frac{u_\infty^2}{g\,l} \text{ und } Re = \frac{u_\infty\, l}{\eta\,/\,\rho}$$

b)

$$Fr = Fr' \longrightarrow \frac{u_\infty^2}{g\,l} = \frac{u_\infty'^2}{g\,l'} \Longrightarrow u_\infty' = u_\infty \sqrt{\frac{l'}{l}} = \frac{u_\infty}{\sqrt{10}}$$

$$Re = Re' \longrightarrow \frac{u_\infty\,l}{\nu} = \frac{u_\infty'\,l'}{\nu'} \Longrightarrow \nu' = \nu \frac{u_\infty'}{u_\infty}\,\frac{l'}{l} = \frac{\nu}{10\,\sqrt{10}}$$

c)

$$c_D = \frac{F_W}{\frac{\rho}{2}\,u_\infty^2\,A} \quad \text{mit } A = l \cdot H$$

$$c_D = c_D' \Longrightarrow \frac{F}{\frac{\rho}{2}\,u_\infty^2\,A} = \frac{F'}{\frac{\rho'}{2}\,u_\infty'^2\,A'}$$

$$\Longrightarrow F = F'\,\frac{\rho}{\rho'}\,\frac{u_\infty^2}{u_\infty'^2}\,\frac{A}{A'} = 100\,F'\,\frac{\rho}{\rho'}\,\frac{u_\infty^2}{u_\infty'^2}$$

$$P = F \cdot u_\infty = 100\,F'\,\frac{\rho}{\rho'}\,\frac{u_\infty^3}{u_\infty'^2}$$

11.13

a)

$$c_p\left(\rho\,u\,\frac{\partial T}{\partial x} + \rho\,v\,\frac{\partial T}{\partial y}\right) + \left(\rho\,u\,\frac{\partial \frac{u^2}{2}}{\partial x} + \rho\,v\,\frac{\partial \frac{u^2}{2}}{\partial y}\right)$$

$$= \eta\,u\,\frac{\partial^2\,u}{\partial\,y^2} + \eta\left(\frac{\partial u}{\partial y}\right)^2 + \lambda\,\frac{\partial^2\,T}{\partial\,y^2}$$

Bezugsgrößen: $\rho_\infty,\ u_\infty,\ T_\infty,\ L,\ \eta_\infty,\ c_{p\,\infty},\ \lambda_\infty$

$$\Longrightarrow \bar{u} = \frac{u}{u_\infty};\quad \bar{v} = \frac{v}{u_\infty};\quad \bar{T} = \frac{T}{T_\infty};\quad \bar{\rho} = \frac{\rho}{\rho_\infty};\quad \bar{x} = \frac{x}{L};$$

$$\bar{y} = \frac{y}{L};\quad \bar{\eta} = \frac{\eta}{\eta_\infty};\quad \bar{c_p} = \frac{c_p}{c_{p\infty}};\quad \bar{\lambda} = \frac{\lambda}{\lambda_\infty}$$

einsetzen:

$$\Longrightarrow a_1\,\bar{c_p}\left(\bar{\rho}\,\bar{u}\,\frac{\partial \bar{T}}{\partial \bar{x}} + \bar{\rho}\,\bar{v}\,\frac{\partial \bar{T}}{\partial \bar{y}}\right) + a_2\left(\bar{\rho}\,\bar{u}\,\frac{\partial \frac{\bar{u}^2}{2}}{\partial \bar{x}} + \bar{\rho}\,\bar{v}\,\frac{\partial \frac{\bar{u}^2}{2}}{\partial \bar{y}}\right)$$

$$= a_3\,\bar{\eta}\,\bar{u}\,\frac{\partial^2 \bar{u}}{\partial \bar{y}^2} + a_4\,\bar{\eta}\left(\frac{\partial \bar{u}}{\partial \bar{y}}\right)^2 + a_5\,\bar{\lambda}\,\frac{\partial^2 \bar{T}}{\partial \bar{y}^2}$$

mit

$$a_1 = \frac{c_{p\infty}\,\rho_\infty\,u_\infty\,T_\infty}{L}; \quad a_2 = \frac{\rho_\infty\,u_\infty^3}{L}; \quad a_3 = a_4 = \frac{\eta_\infty\,u_\infty^2}{L^2}; \quad a_5 = \frac{\lambda_\infty\,T_\infty}{L^2}$$

dimensionslose Form durch Division der Gleichung z.B. durch a_1:

b) $\Longrightarrow$ Kennzahlen

$$(i) \quad K_1 = \frac{a_2}{a_1} = \frac{\rho_\infty\,u_\infty^3}{L}\,\frac{L}{c_{p\infty}\,\rho_\infty\,u_\infty\,T_\infty} = \frac{u_\infty^2\,\gamma\,R}{\gamma\,R\,c_\infty^2}\,(\gamma-1) = (\gamma-1)\,M_\infty^2$$

$$(ii) \quad K_2 = \frac{a_3}{a_1} = \frac{a_4}{a_1} = \frac{\eta_\infty\,u_\infty^2}{L^2}\,\frac{L}{c_{p\infty}\,\rho_\infty\,u_\infty\,T_\infty} = \frac{\eta_\infty}{u_\infty\,\rho_\infty\,L}\,(\gamma-1)\,\frac{u_\infty^2}{c_\infty^2} = \frac{1}{Re}\,(\gamma-1)\,M_\infty^2$$

$$(iii) \quad K_3 = \frac{a_5}{a_1} = \frac{\lambda_\infty\,T_\infty}{L^2}\,\frac{L}{c_{p\infty}\,\rho_\infty\,u_\infty\,T_\infty} = \frac{\eta_\infty}{u_\infty\,\rho_\infty\,L}\,\frac{\lambda_\infty}{\eta_\infty\,c_{p\infty}} = \frac{1}{Re}\,\frac{1}{Pr}$$

c)

$$K_1 = K_2 = 0 \Longrightarrow (\gamma-1) = 0 \Longrightarrow \gamma = 1$$

11.14

$$\rho_{ref} = \rho_w\,; \quad \eta_{ref} = \eta_w\,; \quad \Delta p_{ref} = p_0 - p_a\,; \quad l_{ref} = D$$

$$u_{ref} = \sqrt{\frac{p_0 - p_a}{\rho_w}}\,\left[\frac{m}{s}\right] \quad \text{aus Bernoulli} \qquad t_{ref} = \frac{D}{u_{ref}} = \frac{D\,\sqrt{\rho_w}}{\sqrt{p_0 - p_a}}\,[s]$$

Dimensionslose Größen:

$$\bar{\rho} = \frac{\rho}{\rho_w}; \quad \bar{\eta} = \frac{\eta}{\eta_w}; \quad \bar{x} = \frac{x}{D}; \quad \bar{y} = \frac{y}{D}; \quad \bar{p} = \frac{p}{p_0 - p_a};$$

$$\bar{u} = \frac{u}{\sqrt{\frac{p_0 - p_a}{\rho_w}}}; \quad \bar{v} = \frac{v}{\sqrt{\frac{p_0 - p_a}{\rho_w}}}; \quad \bar{t} = \frac{t}{\frac{D\,\sqrt{\rho_w}}{\sqrt{p_0 - p_a}}}$$

in die DGL eingesetzt:

$$\frac{\partial \bar{u}}{\partial \bar{t}} \cdot \frac{p_0 - p_a}{\rho_w\,D} + \left(\bar{u}\,\frac{\partial \bar{u}}{\partial \bar{x}} + \bar{v}\,\frac{\partial \bar{u}}{\partial \bar{y}}\right) \cdot \frac{p_0 - p_a}{\rho_w\,D}$$

$$= -\frac{1}{\bar{\rho}}\frac{\partial \bar{p}}{\partial \bar{x}} \cdot \frac{p_0 - p_a}{\rho_w D} + \frac{\eta_w}{\rho_w} \cdot \sqrt{\frac{p_0 - p_a}{\rho_w}} \frac{1}{D^2} \cdot \frac{\bar{\eta}}{\bar{\rho}} \left(\frac{\partial^2 \bar{u}}{\partial \bar{x}^2} + \frac{\partial^2 \bar{u}}{\partial \bar{y}^2}\right) \quad \Bigg| \cdot \frac{1}{\frac{p_0 - p_a}{\rho_w D}}$$

$$\Longrightarrow \frac{\partial \bar{u}}{\partial \bar{t}} + \bar{u}\frac{\partial \bar{u}}{\partial \bar{x}} + \bar{v}\frac{\partial \bar{u}}{\partial \bar{y}} = -\frac{1}{\bar{\rho}}\frac{\partial \bar{p}}{\partial \bar{x}} + K \cdot \frac{\bar{\eta}}{\bar{\rho}} \left(\frac{\partial^2 \bar{u}}{\partial \bar{x}^2} + \frac{\partial^2 \bar{u}}{\partial \bar{y}^2}\right)$$

$$\text{mit } K = \frac{\eta_w}{\rho_w} \cdot \sqrt{\frac{\rho_w}{p_0 - p_a}} \frac{1}{D}$$

b)

$$u_{ref} = \sqrt{\frac{p_0 - p_a}{\rho_w}} \Longrightarrow K = \frac{1}{\rho_w}\frac{\eta_w}{u_{ref} D} = \frac{1}{Re}$$

$$K = \frac{\text{Reibungskräfte}}{\text{Trägheitskräfte}}$$

11.15

a)

$$\text{Konti:} \quad \frac{\partial u}{\partial x} + \frac{\partial v}{\partial y} = 0$$

$$\text{Impuls:} \quad \rho\left(u\frac{\partial u}{\partial x} + v\frac{\partial u}{\partial y}\right) = \eta\frac{\partial^2 u}{\partial y^2}$$

$$\text{Energie:} \quad \rho\, c_p\left(u\frac{\partial T}{\partial x} + v\frac{\partial T}{\partial y}\right) = \lambda\frac{\partial^2 T}{\partial y^2}$$

dimensionslose Größen:

$$\bar{u} = \frac{u}{u_\infty};\ \bar{v} = \frac{v}{u_\infty};\ \bar{\rho} = \frac{\rho}{\rho_\infty};\ \bar{x} = \frac{x}{L};\ \bar{y} = \frac{y}{L};$$

$$\bar{\eta} = \frac{\eta}{\eta_\infty};\ \bar{c_p} = \frac{c_p}{c_{p_\infty}};\ \bar{T} = \frac{T}{T_\infty};\ \bar{\lambda} = \frac{\lambda}{\lambda_\infty}$$

b)

$$\text{Konti:} \quad \frac{u_\infty}{L}\left(\frac{\partial \bar{u}}{\partial \bar{x}} + \frac{\partial \bar{v}}{\partial \bar{y}}\right) = 0 \qquad \Longrightarrow \text{keine Kennzahl}$$

$$\text{Impuls:} \quad \rho_\infty \frac{u_{\infty^2}}{L}\bar{\rho}\left(\bar{u}\frac{\partial \bar{u}}{\partial \bar{x}} + \bar{v}\frac{\partial \bar{u}}{\partial \bar{y}}\right) = \eta_\infty\,\bar{\eta}\,\frac{u_\infty}{L^2}\frac{\partial^2 \bar{u}}{\partial \bar{y}^2}$$

$$\bar{\rho}\left(\bar{u}\frac{\partial \bar{u}}{\partial \bar{x}} + \bar{v}\frac{\partial \bar{u}}{\partial \bar{y}}\right) = \bar{\eta}\frac{\partial^2 \bar{u}}{\partial \bar{y}^2}\underbrace{\left(\frac{\eta_\infty\, u_\infty\, L}{L^2\,\rho_\infty\, u_\infty^2}\right)}_{K_1}$$

$$K_1 = \frac{\eta_\infty}{L\,\rho_\infty\,u_\infty} = \frac{1}{Re}$$

$$\text{Energie:}\quad \frac{\rho_\infty\, c_{p_\infty}\, u_\infty\, T_\infty}{L}\,\bar\rho\,\bar{c}_p\left(\bar u\,\frac{\partial \bar T}{\partial \bar x} + \bar v\,\frac{\partial \bar T}{\partial \bar y}\right) = \frac{\lambda_\infty\, T_\infty}{L^2}\,\bar\lambda\,\frac{\partial^2 \bar T}{\partial \bar y^2}$$

$$\bar\rho\,\bar{c}_p\left(\bar u\,\frac{\partial \bar T}{\partial \bar x} + \bar v\,\frac{\partial \bar T}{\partial \bar y}\right) = \underbrace{\frac{\lambda_\infty\, T_\infty\, L}{L^2\,\rho_\infty\, c_{p_\infty}\, u_\infty\, T_\infty}}_{K_2}\left(\bar\lambda\,\frac{\partial^2 \bar T}{\partial \bar y^2}\right)$$

$$K_2 = \frac{\lambda_\infty}{L\,\rho_\infty\, c_{p_\infty}\, u_\infty}\,\frac{\eta_\infty}{\eta_\infty} = \frac{1}{Pr}\cdot\frac{1}{Re}$$

c) dimensionslose Dgl.:

$$\text{Konti:}\quad \frac{\partial \bar u}{\partial \bar x} + \frac{\partial \bar v}{\partial \bar y} = 0$$

$$\text{Impuls:}\quad \bar\rho\left(\bar u\,\frac{\partial \bar u}{\partial \bar x} + \bar v\,\frac{\partial \bar u}{\partial \bar y}\right) = \frac{1}{Re}\,\bar\eta\,\left(\frac{\partial^2 \bar u}{\partial \bar y^2}\right)$$

$$\text{Energie:}\quad \bar\rho\,\bar{c}_p\left(\bar u\,\frac{\partial \bar T}{\partial \bar x} + \bar v\,\frac{\partial \bar T}{\partial \bar y}\right) = \frac{1}{Pr}\cdot\frac{1}{Re}\,\bar\lambda\left(\frac{\partial^2 \bar T}{\partial \bar y^2}\right)$$

konstante Stoffwerte: $\bar\rho = \bar{c}_p = \bar\lambda = \bar\eta = 1$

Vergleich von Impuls- und Energiegl.:
Die Gleichungen werden identisch, wenn man in der Energiegleichung T durch u ersetzt und fordert, dass

$$\boxed{\mathrm{Pr} = 1}\quad \text{ist.}$$

$$\text{d.h.}\quad \frac{\eta_\infty\, c_{p_\infty}}{\lambda_\infty} = 1$$

12 Schleichende Strömungen

12.1

Ausgangspunkt sind die Kontinuitätsgleichung und die Navier-Stokes Gleichungen für stationäre, zweidimensionale und inkompressible Strömungen.

$$\frac{\partial u}{\partial x} + \frac{\partial v}{\partial y} = 0$$

$$\rho\,(u\frac{\partial u}{\partial x} + v\,\frac{\partial u}{\partial y}) = -\frac{\partial p}{\partial x} + \eta\,(\frac{\partial^2 u}{\partial x^2} + \frac{\partial^2 u}{\partial y^2})$$

$$\rho\,(u\frac{\partial v}{\partial x} + v\,\frac{\partial v}{\partial y}) = -\frac{\partial p}{\partial y} + \eta\,(\frac{\partial^2 v}{\partial x^2} + \frac{\partial^2 v}{\partial y^2})$$

Die Strömung ist ausgebildet $\Longrightarrow \frac{\partial u}{\partial x} = 0$

aus Kontinuitätsgleichung folgt $\frac{\partial v}{\partial y} = 0$ und Randbedingung $v(y = h) = 0 \quad \Longrightarrow \quad v \equiv 0$

$\Longrightarrow$ Die Navier-Stokes Gleichungen vereinfachen sich zu

$$0 = -\frac{\partial p}{\partial x} + \eta\,\frac{\partial^2 u}{\partial y^2}$$

$$0 = \frac{\partial p}{\partial y}$$

$\Longrightarrow$ die zu lösenden Gleichung für die Strömung ist

$$\frac{1}{\eta}\,\frac{\partial p}{\partial x} = \frac{\partial^2 u}{\partial y^2}$$

da die jeweiligen Ableitungen nur von einer Richtung abhängen $\Longrightarrow \frac{1}{\eta}\,\frac{dp}{dx} = \frac{d^2 u}{dy^2}$

Bestimmung der Geschwindigkeitsverteilung $u(y)$:

R. B.:

$$y = 0: \quad u = u_\infty$$

$$y = h: \quad u = 0$$

1. Integration:

$$\frac{du}{dy} = \frac{1}{\eta}\,\frac{dp}{dx}\,y + C_1$$

2. Integration:

$$u = \frac{1}{\eta}\,\frac{dp}{dx}\,\frac{1}{2}\,y^2 + C_1\,y + C_2$$

Durch Einsetzen der R. B. erhält man für

$$C_2 = u_\infty \qquad\qquad C_1 = -\frac{1}{h}\,(\frac{1}{2\eta}\,\frac{dp}{dx}\,h^2 + u_\infty)$$

$$\Longrightarrow u(y) = \frac{1}{2\eta}\,\frac{dp}{dx}\,y(y - h) + u_\infty\,(1 - \frac{y}{h})$$

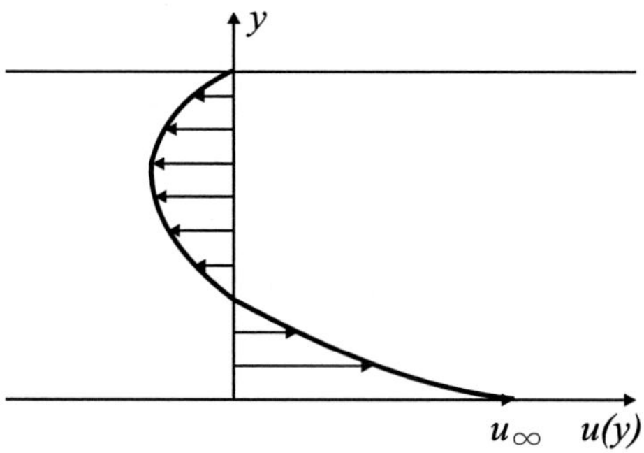

Der Volumenstrom durch den Spalt ist Null, da die Dichtung das Wegfließen der Flüssigkeit verhindert.

$$\dot{V} = b\int_0^h u(y)\,dy \equiv 0$$

$$\Longrightarrow \frac{1}{2\eta}\cdot\frac{b}{2}\cdot h\,(u_\infty - \frac{h^2}{6\eta}\,\frac{dp}{dx}) = 0$$

$$\Longrightarrow \frac{dp}{dx} = 6\,\eta\,\frac{u_\infty}{h^2}$$

R. B.: $x = 0: \quad p = p_a$

Integration:

$$p(x) = 6\,\eta\,\frac{u_\infty}{h^2}\,x + C_3$$

$$\Longrightarrow C_3 = p_a$$

$$\Longrightarrow p(x) \;=\; 6\,\eta\,\frac{u_\infty}{h^2}\,x \;+\; p_a$$

$$p_i \;=\; p(x=l) \;=\; 6\,\eta\,\frac{u_\infty}{h^2}\,l \;+\; p_a$$

c) Die Tragkraft ergibt sich durch Integration der Druckverteilung entlang der Lagerlänge l und der Kammerlänge k:

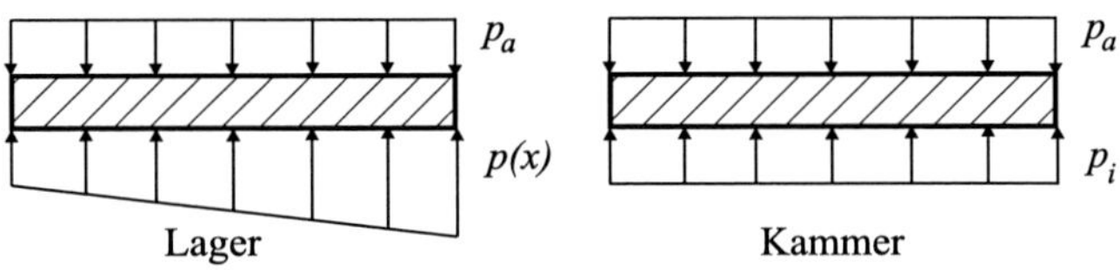

$$F_T \;=\; b\int_0^{l+k}\,(p(x)\;-\;p_a)\,dx \;=\; 3\,b\cdot\eta\,u_\infty\,\frac{l^2}{h^2}\;+\;6\,b\,\eta\,u_\infty\frac{l\cdot k}{h^2}$$

d) die Kraft F_s ergibt sich durch die Integration über die Schubspannung entlang der Lagerlänge l:

$$\frac{dp}{dx} \;=\; 6\,\eta\,\frac{u_\infty}{h^2}$$

$$\frac{du}{dy} \;=\; \frac{1}{\eta}\,\frac{dp}{dx}\,y \;-\; \frac{1}{h}\,(\frac{1}{2\eta}\,\frac{dp}{dx}\,h^2\;+\;u_\infty)$$

$$=\; \frac{6\,u_\infty}{h^2}\,y \;-\; \frac{1}{h}\,(3\,u_\infty\;+\;u_\infty)$$

$$\tau_w \;=\; -\,\eta\,\frac{du}{dy}\,|_{y\,=\,h} \;=\; -\,\eta\,(\frac{6\,u_\infty}{h}\;-\;\frac{4\,u_\infty}{h})$$

$$=\; \eta\,\frac{-2\,u_\infty}{h}$$

$$F_s \;=\; b\int_0^{l}\,\tau_w\,dx \;=\; -\,b\cdot l\cdot\eta\,\frac{2\,u_\infty}{h}$$

12.2

Einführung von Bezugsgrößen:

$$u = u_1\,\bar{u}, \quad v = v_1\,\bar{v}, \quad x = L\,\bar{x}, \quad y = h\,\bar{y}, \quad p = \triangle p_1\,\bar{p}.$$

Konti :
$$\frac{u_1}{L}\frac{\partial \bar{u}}{\partial \bar{x}} + \frac{v_1}{h}\frac{\partial \bar{v}}{\partial \bar{y}} = 0, \quad \text{d.h.} \quad \underbrace{\frac{\partial \bar{u}}{\partial \bar{x}}}_{O(1)} + \frac{v_1}{u_1}\frac{L}{h}\underbrace{\frac{\partial \bar{v}}{\partial \bar{y}}}_{O(1)} = 0$$

Wähle $v_1 = u_1\,\dfrac{h}{L}$ $\longrightarrow$ Größenordnung von v_1 richtig

$$\longrightarrow \frac{\rho\,u_1^2}{L}\,\bar{u}\,\frac{\partial \bar{u}}{\partial \bar{x}} + \frac{\rho\,u_1^2}{L}\,\bar{v}\,\frac{\partial \bar{u}}{\partial \bar{y}} = -\frac{\triangle p_1}{L}\frac{d\bar{p}}{d\bar{x}} + \eta\,\frac{u_1}{h^2}\left(\left(\frac{h}{L}\right)^2\frac{\partial^2 \bar{u}}{\partial \bar{x}^2} + \frac{\partial^2 \bar{u}}{\partial \bar{y}^2}\right)$$

$$\Longrightarrow \underline{\frac{\rho\,u_1\,h^2}{L\,\eta}\left(\bar{u}\,\frac{\partial \bar{u}}{\partial \bar{x}} + \bar{v}\,\frac{\partial \bar{u}}{\partial \bar{y}}\right)} = -\frac{\triangle p_1\,h^2}{\eta\,L\,u_1}\frac{d\bar{p}}{d\bar{x}} + \underline{\left(\frac{h}{L}\right)^2\frac{\partial^2 \bar{u}}{\partial \bar{x}^2}} + \frac{\partial^2 \bar{u}}{\partial \bar{y}^2}$$

$$\frac{\rho\,u_1\,h^2}{L\,\eta} = \frac{\rho\,u_1\,L}{\eta}\,(\frac{h}{L})^2 = Re_L\,(\frac{h}{L})^2 \ll 1, \ (\frac{h}{L})^2 \ll 1$$

$\Longrightarrow$ Unterstrichene Terme sind vernachlässigbar

Dgln.:

$$\frac{\partial u}{\partial x} + \frac{\partial v}{\partial y} = 0 \quad \text{und} \quad 0 = -\frac{dp}{dx} + \eta\,\frac{\partial^2 u}{\partial y^2}$$

12.3

Da die Strömung quasistationär ist, werden die Trägheitskräfte vernachlässigt.
Aus Symmetrie folgt $\dfrac{\partial}{\partial \varphi} \equiv 0$.

$\Longrightarrow$ die vereinfachten NS-Gleichungen in Zylinder Koordinaten

Impuls:

$$0 = -\frac{\partial p}{\partial r} + \eta \left(\frac{\partial^2 v}{\partial r^2} + \frac{1}{r}\frac{\partial v}{\partial r} - \frac{v}{r^2} + \frac{\partial^2 v}{\partial z^2}\right)$$

Konti:

$$\frac{\partial v}{\partial r} + \frac{v}{r} = 0 \qquad bzw. \quad \frac{\partial^2 v}{\partial r^2} + \frac{1}{r}\frac{\partial v}{\partial r} - \frac{v}{r^2} = 0$$

$$\Longrightarrow \frac{\partial^2 v}{\partial z^2} = \frac{1}{\eta}\frac{dp}{dr}$$

für $t > 0$ bei festem r:

$$v(r,z) = \frac{1}{2\,\eta}\frac{dp}{dr}\,z^2 + z\,C_1 + C_2$$

R. B. :

$$z = 0: \quad v(r,z) = 0$$

$$z = h: \quad v(r,z) = 0$$

$$\Longrightarrow \quad v(r,z) = \frac{1}{2\,\eta}\frac{dp}{dr}\,z\,(z - h)$$

$$\dot{V} = -\pi\,r^2\,\frac{dh}{dt} = 2\,\pi\,r\int_0^h v(r,z)\,dz = -\frac{\pi\cdot r\,h^3}{6\,\eta}\,\frac{dp}{dr}$$

$$\Longrightarrow \frac{dp}{dr} = \frac{6\,\eta\,r}{h^3}\cdot\frac{dh}{dt} \quad \text{mit} \quad p(R) = p_a$$

$$\Longrightarrow p(r) = \frac{3\,\eta}{h^3}\cdot\frac{dh}{dt}(r^2 - R^2) + p_a$$

$$F = \int_A [p(r) - p_a]\,dA = 2\,\pi\,\frac{3\,\eta}{h^3}\,\frac{dh}{dt}\int_0^R (r^3 - r\,R^2)\,dr$$

$$= \; - \frac{3\,\pi}{2\,h^3}\,\eta\,\frac{dh}{dt}\,R^4$$

$$\Longrightarrow \frac{dh}{dt} \;=\; - \frac{2\,F\,h^3}{3\,\pi\,\eta\,R^4}$$

Trennung der Variablen mit R. B. $h(t=0) \;=\; h_0$:

$$\Longrightarrow \quad \frac{dh}{h^3} \;=\; - \frac{2\,F}{3\,\pi\,\eta\,R^4}\,dt$$

$$\Longrightarrow \quad h(t) \;=\; \frac{1}{\sqrt{\dfrac{1}{h_0^2} \;+\; \dfrac{4\,F\,t}{3\,\pi\,\eta\,R^4}}}$$

$$\Longrightarrow \quad v(r,z) \;=\; \frac{2\,F}{\pi\,R^4\,\eta}\,r \cdot z\,(h \;-\; z) \quad \text{für festes } r,\; t$$

$$p(r) \;=\; \frac{2\,F}{\pi\,R^4}\,(R^2 \;-\; r^2) \;+\; p_a$$

12.4

schleichende Strömung: Gleichgewicht zwischen Reibungs und Druckkräften:

$$\frac{dp}{dx} = \eta \frac{\partial^2 u}{\partial y^2}$$

Integration in y-Richtung:

$$\Longrightarrow \frac{\partial u}{\partial y} = \frac{1}{\eta}\frac{dp}{dx} y + C_1 \quad \Longrightarrow \quad u(y) = \frac{1}{\eta}\frac{dp}{dx}\frac{y^2}{2} + C_1 y + C_2$$

Randbedingungen:

$$u(y=0) = u_\infty \quad \Longrightarrow \quad C_2 = u_\infty$$

$$u(y=h(x)) = 0 \quad \Longrightarrow \quad C_1 = -\frac{1}{h(x)}\left(\frac{1}{\eta}\frac{dp}{dx}\frac{h^2(x)}{2} + u_\infty\right)$$

$$\Longrightarrow u(x,y) = u_\infty \left(1 - \frac{y}{h(x)}\right) - \frac{h^2(x)}{2\eta}\left(\frac{y}{h(x)} - \frac{y^2}{h^2(x)}\right)\frac{dp}{dx}$$

Volumenstrom $\dot{Q}/B$:

$$\frac{\dot{Q}}{B} = h(x)\int_0^1 u(x,y)d\left(\frac{y}{h(x)}\right)$$

$$\Longrightarrow \frac{\dot{Q}}{B} = u_\infty h(x)\left[\frac{y}{h(x)} - \frac{1}{2}\left(\frac{y}{h(x)}\right)^2\right]_0^1 + \frac{h^3(x)}{2\eta}\frac{dp}{dx}\left[\frac{1}{3}\left(\frac{y}{h(x)}\right)^3 - \frac{1}{2}\left(\frac{y}{h(x)}\right)^2\right]_0^1$$

$$\Longrightarrow \frac{\dot{Q}}{B} = \frac{u_\infty h(x)}{2} - \frac{h^3(x)}{12\eta}\frac{dp}{dx}$$

$$\frac{dp}{dx} = \frac{6\eta u_\infty}{h^2(x)} - \frac{12\eta}{h^3(x)}\frac{\dot{Q}}{B}$$

$$\Longrightarrow \int_{p_1}^{p_2} dp = p_2 - p_1 = 6\eta u_\infty \int_0^L \frac{dx}{h^2(x)} - 12\eta\frac{\dot{Q}}{B}\int_0^L \frac{dx}{h^3(x)}$$

mit $\quad h(x) = h_1 - \frac{h_1 - h_2}{L}x$

$$\Longrightarrow \quad \int_0^L \frac{dx}{h^2(x)} = \frac{L}{h_1 - h_2}\left(\frac{1}{h_2} - \frac{1}{h_1}\right) = \frac{L}{h_1 h_2}$$

$$\Longrightarrow \quad \int_0^L \frac{dx}{h^3(x)} = \frac{L(h_1 + h_2)}{2h_1^2 h_2^2}$$

$$\Longrightarrow \Delta p = -\frac{6\eta L}{h_1 h_2}\left(u_\infty - \frac{\dot{Q}}{B}\frac{h_1 + h_2}{h_1 h_2}\right)$$

12.5

Voraussetzungen:

$$Re = \frac{\rho v d}{\eta}, \qquad \frac{h}{d} \ll 1 \qquad Re\frac{h}{d} \ll 1$$

bezogen auf Wälzrolle: stationäre Strömung $\Longrightarrow \quad \frac{\partial}{\partial t} \equiv 0 \quad (\omega = \text{konst.})$

unendlich tief: $\quad \Longrightarrow \frac{\partial}{\partial z} \equiv 0, \quad v_z = 0$

$$h \approx \frac{D - (D_W + d)}{2} \quad \Longrightarrow \quad \frac{h}{d} \ll 1$$

Definition: $\quad u_\infty = \omega \frac{d}{2}$

$$\frac{v_r}{v_\Theta} = \mathcal{O}(\frac{h}{d}) \ll 1 \quad \Longrightarrow \quad \frac{v_r}{v_\Theta} \frac{d}{h} = \mathcal{O}(1)$$

Dimensionslose Größen:

$$\overline{v_\Theta} = \frac{v_\Theta}{u_\infty}, \quad \overline{v_r} = \frac{v_\Theta}{u_\infty} \frac{d}{h_0}, \quad \overline{r} = \frac{r}{h_0}, \quad \overline{\Theta} = \frac{\Theta}{2\pi}, \overline{\rho} = \frac{\rho}{\rho_0} = 1, \quad \overline{\eta} = \frac{\eta}{\eta_0} = 1, \quad \overline{p} = \frac{p}{\rho_0 u_\infty 2}$$

$\Longrightarrow \quad r$-Impulsgleichung:

$$\rho_0 \left[\frac{u_\infty 2}{h_0} \frac{h_0 2}{d2} \overline{v_r} \frac{\partial \overline{v_r}}{\partial \overline{r}} + \frac{u_\infty 2 h_0}{h_0 d 2\pi} \frac{\overline{v_\Theta}}{\overline{r}} \frac{\partial \overline{v_r}}{\partial \overline{\Theta}} - \frac{u_\infty 2}{h_0} \frac{\overline{v_\Theta} 2}{\overline{r}} \right] =$$

$$-\frac{\rho_0 u_\infty 2}{h_0} \frac{\partial \overline{p}}{\partial \overline{r}} + \eta_0 \left[\frac{u_\infty h_0}{h_0 2d} \frac{\partial 2 \overline{v_r}}{\partial \overline{r} 2} + \frac{u_\infty h_0}{h_0 2d} \frac{1}{\overline{r}} \frac{\partial \overline{v_r}}{\partial \overline{r}} + \frac{u_\infty h_0}{h_0 2d 4\pi 2} \frac{1}{\overline{r} 2} \frac{\partial 2 \overline{v_r}}{\partial \overline{\Theta} 2} - \frac{u_\infty h_0}{h_0 2d} \frac{\overline{v_r}}{\overline{r} 2} - \frac{u_\infty}{h_0 2 2\pi} \frac{2}{\overline{r} 2} \frac{\partial \overline{v_\Theta}}{\partial \overline{\Theta}} \right]$$

Kürzen durch $\quad \frac{\rho_0 u_\infty 2}{h_0}$:

$$\Longrightarrow \quad \frac{\partial \overline{p}}{\partial \overline{r}} = - \left[\underbrace{\frac{h_0 2}{d2} \overline{v_r} \frac{\partial \overline{v_r}}{\partial \overline{r}}}_{\ll 1} + \underbrace{\frac{h_0}{2\pi d} \frac{\overline{v_\Theta}}{\overline{r}} \frac{\partial \overline{v_r}}{\partial \overline{\Theta}}}_{\ll 1} - \frac{\overline{v_\Theta} 2}{\overline{r}} \right]$$

$$+ \frac{\eta_0}{\rho_0 u_\infty d} \left[\frac{\partial 2 \overline{v_r}}{\partial \overline{r} 2} + \frac{1}{\overline{r}} \frac{\partial \overline{v_r}}{\partial \overline{r}} + \underbrace{\frac{1}{4\pi 2} \frac{1}{\overline{r} 2} \frac{\partial 2 \overline{v_r}}{\partial \overline{\Theta} 2}}_{\ll 1} - \frac{\overline{v_r}}{\overline{r} 2} - \frac{d}{h_0 \pi} \frac{1}{\overline{r} 2} \frac{\partial \overline{v_\Theta}}{\partial \overline{\Theta}} \right] \qquad \text{mit} \quad \frac{1}{4\pi 2} \ll 1$$

$$\Longrightarrow \quad \frac{\partial \overline{p}}{\partial \overline{r}} = \frac{\overline{v_\Theta} 2}{\overline{r}} + \frac{1}{Re} \left[\frac{\partial 2 \overline{v_r}}{\partial \overline{r} 2} + \frac{1}{\overline{r}} \frac{\partial \overline{v_r}}{\partial \overline{r}} - \frac{\overline{v_r}}{\overline{r} 2} \right] - \frac{1}{Re} \frac{d}{h_0 \pi} \frac{1}{\overline{r} 2} \frac{\partial \overline{v_\Theta}}{\partial \overline{\Theta}}$$

mit $\quad \frac{d}{Re\, h_0 \pi} \gg \frac{1}{Re} \quad$ und $\quad \frac{d}{Re\, h_0} \gg 1$:

$$\Longrightarrow \quad \frac{\partial \overline{p}}{\partial \overline{r}} = - \frac{1}{Re} \frac{d}{h_0 \pi} \frac{1}{\overline{r} 2} \frac{\partial \overline{v_\Theta}}{\partial \overline{\Theta}}$$

$\Longrightarrow$ Θ-Impulsgleichung:

$$\rho_0 \left[\frac{u_\infty 2 h_0}{h_0 d} \overline{v_r} \frac{\partial \overline{v_\Theta}}{\partial \overline{r}} + \frac{u_\infty 2}{h_0 2\pi} \frac{\overline{v_\Theta}}{\overline{r}} \frac{\partial \overline{v_\Theta}}{\partial \overline{\Theta}} - \frac{u_\infty 2 h_0}{h_0 d} \frac{\overline{v_r v_\Theta}}{\overline{r}} \right] =$$

$$-\frac{\rho_0 u_\infty 2}{h_0 2\pi} \frac{1}{\overline{r}} \frac{\partial \overline{p}}{\partial \overline{\Theta}} + \eta_0 \left[\frac{u_\infty}{h_0 2} \frac{\partial 2 \overline{v_\Theta}}{\partial \overline{r} 2} + \frac{u_\infty}{h_0 2} \frac{1}{\overline{r}} \frac{\partial \overline{v_\Theta}}{\partial \overline{r}} + \frac{u_\infty}{h_0 2 4\pi 2} \frac{1}{\overline{r} 2} \frac{\partial 2 \overline{v_\Theta}}{\partial \overline{\Theta} 2} - \frac{u_\infty}{h_0 2} \frac{\overline{v_\Theta}}{\overline{r} 2} + \frac{u_\infty h_0}{h_0 2 d 2\pi} \frac{2}{\overline{r} 2} \frac{\partial \overline{v_r}}{\partial \overline{\Theta}} \right]$$

Kürzen durch $\dfrac{\rho_0 u_\infty 2}{h_0 2\pi}$:

$$\longrightarrow \quad \frac{1}{\overline{r}} \frac{\partial \overline{p}}{\partial \overline{\Theta}} = - \left[\underbrace{\frac{2\pi h_0}{d} \overline{v_r} \frac{\partial \overline{v_\Theta}}{\partial \overline{r}}}_{\ll 1} + \frac{\overline{v_\Theta}}{\overline{r}} \frac{\partial \overline{v_\Theta}}{\partial \overline{\Theta}} - \underbrace{\frac{2\pi h_0}{d} \frac{\overline{v_r v_\Theta}}{\overline{r}}}_{\ll 1} \right]$$

$$+ \frac{\eta_0}{\rho_0 u_\infty d} \left[\frac{2\pi d}{h_0} \left(\frac{\partial 2 \overline{v_\Theta}}{\partial \overline{r} 2} + \frac{1}{\overline{r}} \frac{\partial \overline{v_\Theta}}{\partial \overline{r}} + \frac{1}{4\pi 2} \frac{1}{\overline{r} 2} \frac{\partial 2 \overline{v_\Theta}}{\partial \overline{\Theta} 2} - \frac{\overline{v_\Theta}}{\overline{r} 2} \right) + \frac{2}{\overline{r} 2} \frac{\partial \overline{v_r}}{\partial \overline{\Theta}} \right]$$

$$\Longrightarrow \quad \frac{1}{\overline{r}} \frac{\partial \overline{p}}{\partial \overline{\Theta}} = -\frac{\overline{v_\Theta}}{\overline{r}} \frac{\partial \overline{v_\Theta}}{\partial \overline{\Theta}} + \frac{1}{Re} \frac{2}{\overline{r} 2} \frac{\partial \overline{v_r}}{\partial \overline{\Theta}} + \frac{2\pi}{Re} \frac{d}{h_0} \left[\frac{\partial 2 \overline{v_\Theta}}{\partial \overline{r} 2} + \frac{1}{\overline{r}} \frac{\partial \overline{v_\Theta}}{\partial \overline{r}} + \frac{1}{4\pi 2} \frac{1}{\overline{r} 2} \frac{\partial 2 \overline{v_\Theta}}{\partial \overline{\Theta} 2} - \frac{\overline{v_\Theta}}{\overline{r} 2} \right]$$

mit: $\dfrac{2\pi}{Re} \dfrac{d}{h_0} \gg \dfrac{1}{Re}$ und $\dfrac{2\pi d}{Re\, h_0} \gg 1$ und $\dfrac{1}{4\pi 2} \ll 1$

$$\Longrightarrow \quad \frac{1}{\overline{r}} \frac{\partial \overline{p}}{\partial \overline{\Theta}} = \frac{2\pi}{Re} \frac{d}{h_0} \left(\frac{\partial 2 \overline{v_\Theta}}{\partial \overline{r} 2} + \frac{1}{\overline{r}} \frac{\partial \overline{v_\Theta}}{\partial \overline{r}} - \frac{\overline{v_\Theta}}{\overline{r} 2} \right)$$

Abschätzung:

$$\frac{\frac{1}{\overline{r}} \frac{\partial \overline{p}}{\partial \overline{\Theta}}}{\frac{\partial \overline{p}}{\partial \overline{r}}} = \frac{\frac{2\pi d}{Re\, h_0}}{\frac{d}{Re\, h_0} \frac{1}{\pi}} = 2\pi 2 \gg 1$$

$$\Longrightarrow \frac{1}{\overline{r}} \frac{\partial \overline{p}}{\partial \overline{\Theta}} \gg \frac{\partial \overline{p}}{\partial \overline{r}}$$

$\Longrightarrow$ vereinfachte Impulsgleichung:

$$\frac{1}{r} \frac{dp}{d\Theta} = \eta \left(\frac{d2 v_\Theta}{dr 2} + \frac{1}{r} \frac{dv_\Theta}{dr} - \frac{v_\Theta}{r 2} \right)$$

13 Wirbelströmungen

13.1

a)

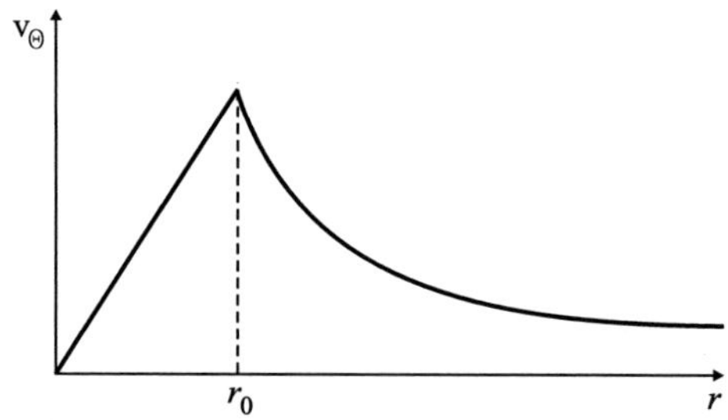

b)

$$\Gamma = \oint_C \vec{v}\cdot d\vec{s} = \int_0^{2\pi} v_\Theta(r)\, r\, d\,\Theta = \begin{cases} 2\pi\ \omega\ r^2 & r \leq r_0 \\ 2\pi\ \omega\ r_0^2 & r > r_0 \end{cases}$$

c)

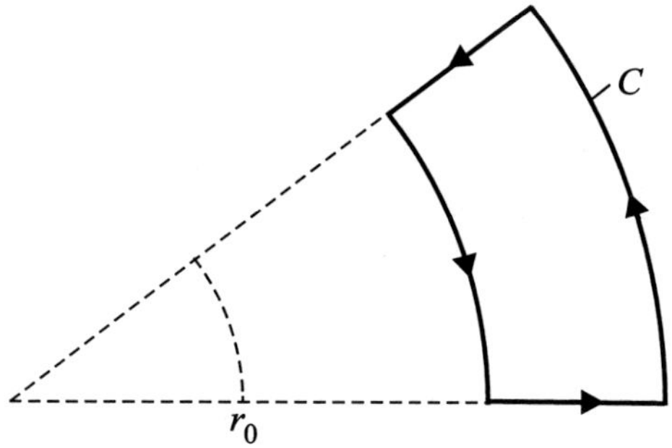

$$\Gamma = \oint_C \vec{v}\cdot d\vec{s} = 0$$

$$\vec{\omega} = 0$$

d)

$$E = \int_0^{2r_0} \frac{\rho}{2}\, v_\Theta^2\, H\, 2\pi\, r\, d\, r = \pi\, \rho\, H\, \omega^2\, r_0^4\, (0,25 + \ln 2) = 3,7{\cdot}10^8\ Nm$$

13.2

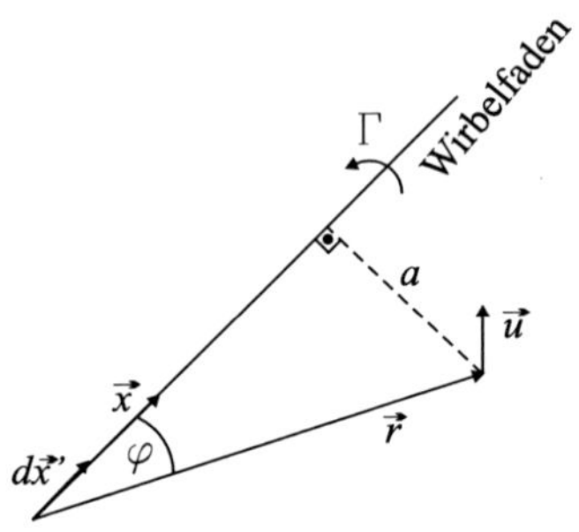

$$\left| d\vec{x}' \times \vec{r} \right| = \sin\varphi \; dx \; r$$

$$r = \frac{a}{\sin\varphi} \qquad x = \frac{a}{\tan\varphi}$$

$$dx = -\,a\;d\varphi\left(\frac{1}{\tan^2\varphi} + 1\right) = -\,a\left(\frac{1}{\sin^2\varphi}\right)d\varphi$$

$$u = \frac{\Gamma}{4\pi}\int\limits_{-\infty}^{+\infty}\frac{\sin\varphi}{r^2}\,dx = \frac{\Gamma}{4\pi}\int\limits_{0}^{\pi}\frac{\sin^3\varphi}{a^2}\,(-a)\,\frac{1}{\sin^2\varphi}\,d\varphi$$

$$= \frac{-\Gamma}{4\pi\;a}\int\limits_{0}^{\pi}\sin\varphi\;d\varphi = \frac{\Gamma}{4\pi\;a}\,(\cos\varphi)\Big|_0^{\pi} = \frac{-2\;\Gamma}{4\pi\;a}$$

$$\Longrightarrow |u| = \frac{\Gamma}{2\pi\;a}$$

13.3

Couette Strömung $\Longrightarrow$ ohne Druckgradient

$$\Longrightarrow u(y) = u_W\,\frac{y}{h}$$

ebene Strömung

$$\Longrightarrow \vec{\omega} = \begin{pmatrix} 0 \\ 0 \\ \omega_z \end{pmatrix} \qquad \omega_z = \frac{1}{2}\left(\frac{\partial v}{\partial x} - \frac{\partial u}{\partial y}\right) = -\,\frac{1}{2}\,\frac{u_W}{h}$$

$$\Longrightarrow \vec{\omega} = \begin{pmatrix} 0 \\ 0 \\ \dfrac{-u_W}{2h} \end{pmatrix}$$

$$\Gamma_C = \oint\limits_C \vec{v}\;d\vec{s} = \int\limits_1^2 \vec{v}\;d\vec{s} + \int\limits_2^3 \vec{v}\;d\vec{s} + \int\limits_3^4 \vec{v}\;d\vec{s} + \int\limits_4^1 \vec{v}\;d\vec{s}$$

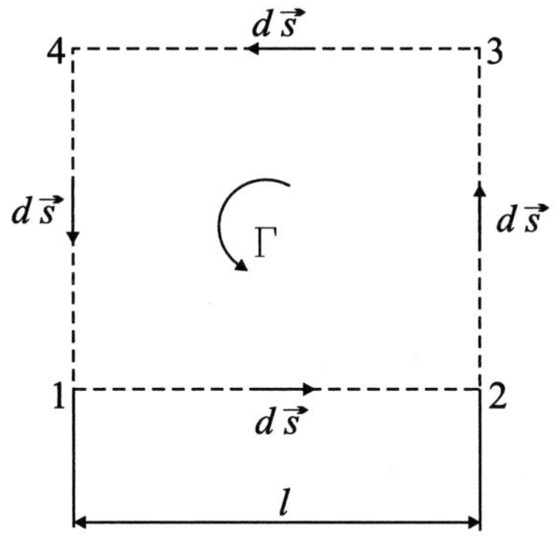

$$= \underbrace{0}_{u=0,\ v=0} + \underbrace{0}_{\vec{v}\perp\vec{s}} + (-u_W \cdot l) + \underbrace{0}_{\vec{v}\perp d\vec{s}}$$

$$\Longrightarrow \Gamma = -u_W \cdot l$$

$$\Omega = \int_A \vec{\omega}\,\vec{n}\,dA = \omega_z \cdot A = \frac{-u_W}{2h} \cdot l \cdot h = -\frac{1}{2}u_W \cdot l = \frac{1}{2}\,\Gamma$$

13.4

a) Wirbeltransportgleichung in Polarkoordinaten:

$$\frac{\partial w}{\partial t} + \underbrace{u_r \frac{\partial w}{\partial r} + \frac{1}{r}\,u_\varphi\,\frac{\partial w}{\partial \varphi}}_{u_r \equiv 0;\ \frac{\partial \omega}{\partial \varphi} = 0 \text{ da Wirbel rotationssymm.}} = \nu \cdot \Delta\omega$$

$$\Longrightarrow \quad \text{DGL} \quad \frac{\partial w}{\partial t} = \nu \cdot \Delta\omega$$

$$\frac{\partial w}{\partial t} = \frac{-1}{16}\,\frac{\Gamma_0}{\pi\,\nu^2\,t^3}\,(4\,\nu\,t - r^2)\,e^{-\frac{r^2}{4\nu t}}$$

$$\Delta\omega = \frac{\partial^2\,\omega}{\partial r^2} + \frac{1}{r}\,\frac{\partial\omega}{\partial r} + \underbrace{\frac{1}{r^2}\,\frac{\partial^2\omega}{\partial\varphi^2}}_{\equiv\,0}$$

$$= \frac{-1}{16}\,\frac{\Gamma_0}{\pi\,\nu^3\,t^3}(4\,\nu\,t - r^2)\,e^{-\frac{r^2}{4\,\nu\,t}}$$

$$\Longrightarrow \quad \text{DGL ist erfüllt}$$

b) $$\omega = \frac{1}{2}\,\frac{1}{r}\left(\frac{\partial(u_\varphi\,r)}{\partial r} - \frac{\partial u_r}{\partial \varphi}\right) \qquad u_r \equiv 0 \Longrightarrow u = u_\varphi\,(r,\,t)$$

$$\Longrightarrow \quad 2r\,\frac{\Gamma_0}{4\,\pi\,\nu\,t}\,e^{-\frac{r^2}{4\,\nu\,t}} = \frac{\partial(u\,r)}{\partial r}$$

Integration:

$$u = \frac{1}{r}\left(-\frac{\Gamma_0}{\pi}\, e^{-\frac{r^2}{4\,\nu\,t}} + C_1\right)$$

mit Bedingung $u(r=0,\ t) = 0 \Longrightarrow$

$$u(r,\ t) = \frac{\Gamma_0}{\pi\, r}\left(1 - e^{-\frac{r^2}{4\,\nu\,t}}\right)$$

$$\Gamma(r,\ t) = \oint\limits_K \vec{v}\, d\,\vec{s} = \int\limits_0^{2\,\pi} u(r,\ t)\, r\, d\varphi = 2\,\pi\, r\, u(r,\ t)$$

$u(r,\ t)$ konstant entlang Kurve K

$$\Longrightarrow \Gamma(r,\ t) = 2\,\Gamma_0 \left(1 - e^{-\frac{r^2}{4\,\nu\,t}}\right)$$

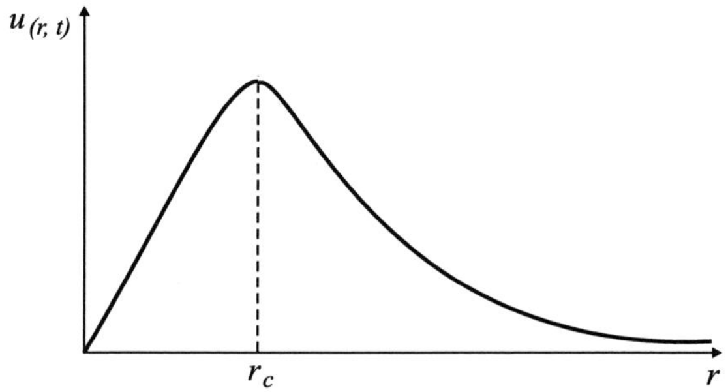

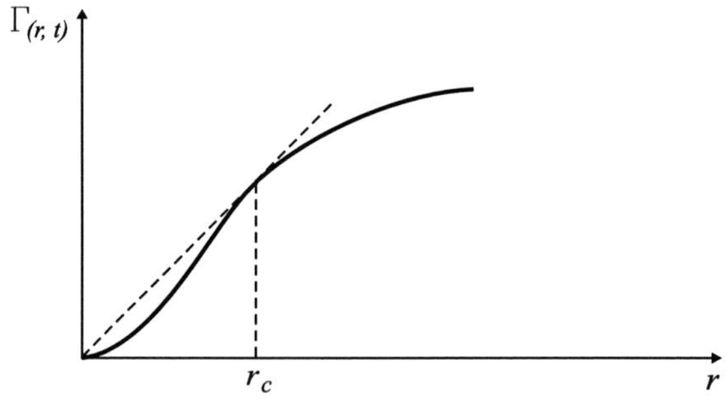

13.5

a) Elimination des Druckes durch:

$$\frac{\partial}{\partial y}(x - \text{Impulsgl.}) - \frac{\partial}{\partial x}(y - \text{Impulsgl.}) = 0$$

$$\Longrightarrow \quad \frac{\partial}{\partial y}\left(\frac{\partial u}{\partial t} + u\,\frac{\partial u}{\partial x} + v\,\frac{\partial u}{\partial y}\right) - \frac{\partial}{\partial x}\left(\frac{\partial v}{\partial t} + u\,\frac{\partial v}{\partial x} + v\,\frac{\partial v}{\partial y}\right)$$

$$= \underbrace{-\frac{1}{\rho}\,\frac{\partial}{\partial y}\left(\frac{\partial p}{\partial x}\right) + \frac{1}{\rho}\,\frac{\partial}{\partial x}\left(\frac{\partial p}{\partial y}\right)}_{=\,0} + \frac{\eta}{\rho}\left[\frac{\partial}{\partial y}\left(\frac{\partial^2 u}{\partial x^2} + \frac{\partial^2 u}{\partial y^2}\right) - \frac{\partial}{\partial x}\left(\frac{\partial^2 v}{\partial x^2} + \frac{\partial^2 v}{\partial y^2}\right)\right]$$

$$\Longrightarrow \frac{\partial}{\partial t}\left(\frac{\partial u}{\partial y} - \frac{\partial v}{\partial x}\right) + \overbrace{\frac{\partial u}{\partial y}\,\frac{\partial u}{\partial x}}^{*} + u\,\frac{\partial}{\partial x}\left(\frac{\partial u}{\partial y}\right) + \overbrace{\frac{\partial u}{\partial y}\,\frac{\partial v}{\partial y}}^{*} + v\,\frac{\partial}{\partial y}\left(\frac{\partial u}{\partial y}\right)$$

$$- \overbrace{\frac{\partial u}{\partial x}\,\frac{\partial v}{\partial x}}^{*} - u\,\frac{\partial}{\partial x}\left(\frac{\partial v}{\partial x}\right) - v\,\frac{\partial}{\partial y}\left(\frac{\partial v}{\partial x}\right) - \overbrace{\frac{\partial v}{\partial x}\,\frac{\partial v}{\partial y}}^{*}$$

$$= \frac{\eta}{\rho}\left[\frac{\partial^2}{\partial x^2}\left(\frac{\partial u}{\partial y} - \frac{\partial v}{\partial x}\right) + \frac{\partial^2}{\partial y^2}\left(\frac{\partial u}{\partial y} - \frac{\partial v}{\partial x}\right)\right]$$

$* \;=\; 0$ (Konti)

$$\Longrightarrow \frac{\partial}{\partial t}\left(\frac{\partial u}{\partial y} - \frac{\partial v}{\partial x}\right) + u\,\frac{\partial}{\partial x}\left(\frac{\partial u}{\partial y} - \frac{\partial v}{\partial x}\right) + v\,\frac{\partial}{\partial y}\left(\frac{\partial u}{\partial y} - \frac{\partial v}{\partial x}\right)$$

$$= \frac{\eta}{\rho}\left[\frac{\partial^2}{\partial x^2}\left(\frac{\partial u}{\partial y} - \frac{\partial v}{\partial x}\right) + \frac{\partial^2}{\partial y^2}\left(\frac{\partial u}{\partial y} - \frac{\partial v}{\partial x}\right)\right]$$

$$\text{mit: } \omega = \frac{1}{2}\left(\frac{\partial v}{\partial x} - \frac{\partial u}{\partial y}\right)$$

$$\Longrightarrow \frac{\partial \omega}{\partial t} + u\,\frac{\partial \omega}{\partial x} + v\,\frac{\partial \omega}{\partial y} = \frac{\eta}{\rho}\left(\frac{\partial^2 \omega}{\partial x^2} + \frac{\partial^2 \omega}{\partial y^2}\right) \quad \text{(Wirbeltransportgleichung)}$$

13.6

a) Einflussgrössen aus der DGL: $f(\omega,\ r,\ \nu,\ t) = 0$

$$\Longrightarrow \quad \omega = \omega_0 \cdot F(r,\ \nu,\ t)$$

$$[1] = m^{\alpha} \cdot \left(\frac{m^2}{s}\right)^{\beta} \cdot s^{\gamma}$$

$$\text{für } \alpha = 1: \quad \beta = -\frac{1}{2}\,,\ \gamma = -\frac{1}{2} \Longrightarrow Kr = \frac{r}{\sqrt{\nu\, t}}$$

b)

$$\omega\,(2\,t_0,\ R_1)\ =\ \omega\,(t_0,\ R)$$

$$\longrightarrow Kr_1\ =\ Kr_2 \longrightarrow \frac{R_1}{\sqrt{\nu\ 2\ t_0}}\ =\ \frac{R}{\sqrt{\nu\ t_0}} \longrightarrow R_1\ =\ \sqrt{2}\ R$$

c)

$$\omega\ (r,\ t)\ =\ \omega_0\ e^{-\frac{r^2}{f(t)}}$$

$$\frac{\partial \omega}{\partial r}\ =\ \omega_0 \left(-\frac{2r}{f(t)}\right)\ e^{-\frac{r^2}{f(t)}}$$

$$r\ \frac{\partial}{\partial r}\left(\frac{1}{r}\ \frac{\partial \omega}{\partial r}\right)\ =\ \left(\frac{2r}{f(t)}\right)^2\ \omega(r,\ t)$$

$$\frac{\partial \omega}{\partial t}\ =\ \omega_0\ e^{-\frac{r^2}{f(t)}}\left(\frac{r^2}{f^2(t)}\right)\frac{\partial f}{\partial t}\ =\ \omega\ (r,\ t)\left(\frac{r^2}{f^2(t)}\right)\frac{\partial f}{\partial t}$$

in die DGL eingesetzt: $\dfrac{\partial f}{\partial t}\ =\ 4\ \nu$

$$\longrightarrow f\ (t)\ =\ 4\ \nu\ t\ +\ const.$$

Anfangsbed.: $t = t_0,\ r = R\ \longrightarrow\ \omega = \omega_0\ e^{-1} = \omega_0\ e^{\frac{-R^2}{4\ \nu\ t_0\ +\ const.}}$
Vergleich der Exponenten: $const. = R^2 - 4\ \nu\ t_0$

$$\longrightarrow f(t)\ =\ 4\ \nu\ (t\ -\ t_0)\ +\ R^2$$

14 Potentialströmungen

14.1

a) Parallelströmung in x-Richtung: $F_1(z) = u_\infty z$

Quelle in $x = -a$: $F_2(z) = \frac{E}{2\pi} \ln((x + a) + iy)$

Senke in $x = +a$: $F_3(z) = \frac{-E}{2\pi} \ln((x - a) + iy)$

Superposition: $F(z) = u_\infty z + \frac{E}{2\pi} \ln((z + a) - \ln(z - a))$

$$\begin{aligned}
\bar{w} = & \quad u - iv = \frac{dF}{dz} = u_\infty + \frac{E}{2\pi}\left(\frac{1}{z+a} - \frac{1}{z-a}\right) \\
= & \quad u_\infty + \frac{E}{2\pi}\left(\frac{-2a}{z^2 - a^2}\right) \qquad \text{mit} \quad b = x^2 - y^2 - a^2 \\
= & \quad u_\infty - \frac{Ea}{\pi} \frac{b - 2ixy}{(b - 2ixy)(b + 2ixy)} \\
= & \quad u_\infty - \frac{Ea}{\pi} \frac{x^2 - y^2 - a^2 - 2ixy}{(x^2 - y^2 - a^2)^2 + 4(xy)^2} \\
u = & \quad u_\infty - \frac{Ea}{\pi} \frac{x^2 - y^2 - a^2}{(x^2 - y^2 - a^2)^2 + 4(xy)^2} \\
v = & \quad -\frac{Ea}{\pi} \frac{2xy}{(x^2 - y^2 - a^2)^2 + 4(xy)^2}
\end{aligned}$$

für $u = 0, v = 0$, erhält man $y = 0, x_s = \pm\sqrt{\frac{Ea}{\pi u_\infty} + a^2}$

b) Die Kontur ist eine Stromlinie $\psi = konst$, die durch die Staupunkte geht:

$$\psi = u_\infty y + \frac{E}{2\pi} \arctan\frac{y}{x + a} - \frac{E}{2\pi} \arctan\frac{y}{x - a} \qquad \text{(aus Tabelle)}$$

für $y = 0,\ x = \pm x_s$ folgt $\psi = 0$

$\Longrightarrow$ Die Bestimmungsgleichung für die Kontur

$$u_\infty y + \frac{E}{2\pi} \arctan\frac{y}{x + a} - \frac{E}{2\pi} \arctan\frac{y}{x - a} = 0$$

Bemerkung: diese Gleichung beschreibt zusätzlich die beiden Staupunktstromlinien auf der x-Achse.

14.2

siehe Skript: Quellenfreiheit d.h. Stromfunktion existiert (linke Spalte); Rotationfreiheit d.h. Potential existiert (rechte Spalte)

	$\nabla \cdot \vec{v}$	$\vert \nabla \times \vec{v} \vert$
a)	$4xy$	$y^2 - x^2$
b)	2	0
c)	0	-2
d)	0	0

Die Stromfunktion existiert also für c) und d), das Potential für b) und d).

Bestimmung der Stromfunktion:

c)

$$\begin{aligned} \psi &= \int u dy + f(x) = \frac{y^2}{2} + f(x) \\ v &= -\frac{\partial \psi}{\partial x} = -f'(x) = -x \\ \psi &= \frac{1}{2}(x^2 + y^2) + c \end{aligned}$$

d)

$$\psi = \frac{1}{2}(y^2 - x^2) + c$$

Bestimmung des Potentials:

b)

$$\begin{aligned} \phi &= \int u dx + f(y) = \frac{x^2}{2} + f(y) \\ v &= \frac{\partial \phi}{\partial y} = f'(y) = y \\ \phi &= \frac{1}{2}(x^2 + y^2) + c \end{aligned}$$

d)

$$\phi = xy + c$$

14.3

a) Bedingung für den Staupunkt: $u = 0, v = 0$

$$u = \frac{\partial \psi}{\partial y} = -\frac{\Gamma}{2\pi}\left(\frac{y}{(x-a)^2+y^2} + \frac{2y}{(x+a)^2+y^2}\right)$$

$$u = -\frac{\Gamma}{2\pi}y\left(\frac{1}{(x-a)^2+y^2} + \frac{2}{(x+a)^2+y^2}\right) = 0 \quad \text{wenn } y = 0$$

$$v = -\frac{\partial \psi}{\partial x} = \frac{\Gamma}{2\pi}\left(\frac{x-a}{(x-a)^2+y^2} + \frac{2(x+a)}{(x+a)^2+y^2}\right)$$

für $y = 0$: $\quad v = \frac{\Gamma}{2\pi}\left(\frac{1}{x-a} + \frac{2}{x+a}\right) = \frac{\Gamma}{2\pi}\frac{3x-a}{x^2-a^2} \quad \star)$

$v = 0$, wenn $3x - a = 0 \implies$ Staupunkt: $\quad x_s = \frac{a}{3}, \quad y_s = 0$

alternativ:

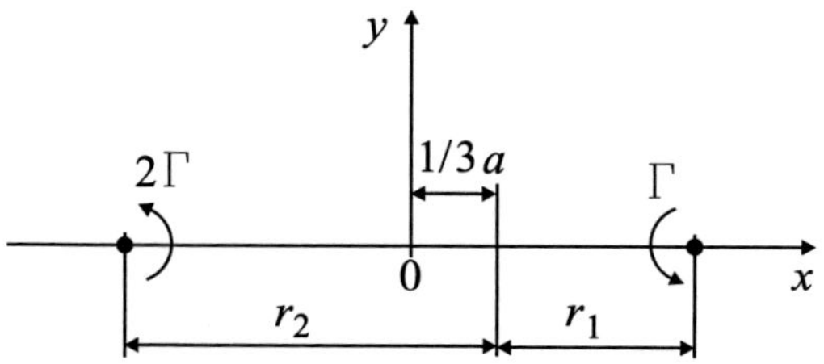

$$v_\theta = \frac{\Gamma}{2\pi r} : v_{\theta_1} = v_{\theta_2} \to \frac{\Gamma}{2\pi r_1} = \frac{2\Gamma}{2\pi r_2} \to r_2 = 2r_1$$

$$2a = r_1 + r_2 \to 2a = 3r_1 \to r_1 = \frac{2}{3}a \to x_s = \frac{a}{3}$$

b)

$c_p(x, y=0) = 1 - \frac{u^2+v^2}{u^2_{(0,0)} + v^2_{(0,0)}} \quad$ mit $u = 0$ für $y = 0$.

$$\implies c_p(x, y=0) = 1 - \frac{v^2}{v^2_{(0,0)}},$$

$v_{(0,0)} = \frac{\Gamma}{2\pi}\frac{1}{a}$ (siehe $\star$) d.h. $c_{p(0,0)} = 0$

mit $\star$) $c_p(x, y=0) = 1 - \left(\frac{\frac{3x-a}{x^2-a^2}}{\frac{1}{a}}\right)^2$

$\Longrightarrow c_p(x, y=0) = 1 - \left(\frac{3xa - a^2}{x^2 - a^2}\right)^2$ für $x \neq a, -a$

14.4

a)

$$F(z) = \frac{2}{3}\frac{u_\infty}{\sqrt{L}} z^{\frac{3}{2}} + \frac{E}{2\pi}\ln z$$

$$= \frac{2}{3}\frac{u_\infty}{\sqrt{L}} r^{\frac{3}{2}} e^{i\frac{3}{2}\theta} + \frac{E}{2\pi}(\ln r + \ln e^{i\theta})$$

$$= Re(r,\theta) + iIm(r,\theta) = \phi(r,\theta) + i\psi(r,\theta)$$

$$\Longrightarrow \phi(r,\theta) = \frac{2}{3}\frac{u_\infty}{\sqrt{L}} r^{\frac{3}{2}} \cos\frac{3}{2}\theta + \frac{E}{2\pi}\ln r$$

$$\Longrightarrow \psi(r,\theta) = \frac{2}{3}\frac{u_\infty}{\sqrt{L}} r^{\frac{3}{2}} \sin\frac{3}{2}\theta + \frac{E}{2\pi}\theta$$

b)

$$v_r = \frac{\partial\phi}{\partial r} = u_\infty\sqrt{\frac{r}{L}}\cos\frac{3}{2}\theta + \frac{E}{2\pi r}$$

$$v_\theta = \frac{1}{r}\frac{\partial\phi}{\partial\theta} = -u_\infty\sqrt{\frac{r}{L}}\sin\frac{3}{2}\theta$$

c) Staupunkt bei

$$(x = -L, y = 0) \quad \rightarrow \quad \left(r = L, \theta = \frac{2}{3}\pi\right)$$

$$\Longrightarrow v_\theta = 0 = -u_\infty\sqrt{\frac{L}{L}}\underbrace{\sin\pi}_{=0}$$

$$\Longrightarrow v_r = 0 = u_\infty \sqrt{\frac{L}{L}} \underbrace{\cos\pi}_{=-1} + \frac{E}{2\pi L}$$

$$\Longrightarrow u_\infty = \frac{E}{2\pi L} \rightarrow E = 2\pi u_\infty L$$

d)

$$\psi\left(r = L, \theta = \frac{2}{3}\pi\right) = \frac{2}{3} u_\infty \frac{L^{\frac{3}{2}}}{\sqrt{L}} \underbrace{\sin\pi}_{=0} + \frac{E}{2\pi}\frac{2}{3}\pi = \frac{E}{3}$$

$$\Longrightarrow \psi\left(r = L, \theta = \frac{2}{3}\pi\right) = \frac{2}{3}\pi u_\infty L \stackrel{!}{=} \psi_k(r,\theta)$$

$$\Longrightarrow \frac{2}{3}\pi u_\infty L = \frac{2}{3} u_\infty \frac{r^{\frac{3}{2}}}{L^{\frac{1}{2}}} \sin\frac{3}{2}\theta + u_\infty L\theta$$

$$\Longrightarrow r_k(\theta) = L\left(\frac{\pi - \frac{3}{2}\theta}{\sin\frac{3}{2}\theta}\right)^{\frac{2}{3}}$$

14.5

a) $|\bigtriangledown \times \vec{v}| = 0:$ Potential existiert.

b)

$$u = \frac{U}{L}x, \qquad v = -\frac{U}{L}y$$

Staupunkte:

$u = v = 0: \quad x = y = 0$

Druckbeiwert:

$$c_p = \frac{p - p_{ref}}{\frac{\rho}{2}\vec{v}_{ref}^2} = 1 - \frac{u^2 + v^2}{u_{ref}^2 + v_{ref}^2} = 1 - \frac{x^2 + y^2}{x_{ref}^2 + y_{ref}^2}$$

Isotachen:

$$\vec{v}^2 = u^2 + v^2 = \left(\frac{U}{L}\right)^2 (x^2 + y^2)$$

$$x^2 + y^2 = \left(\frac{\vec{v}L}{U}\right)^2$$

Kreise um Koordinatenursprung mit Radius $\frac{|\vec{v}|L}{U}$

c)

$$u_1 = 4\ m/s, \qquad v_1 = -4\ m/s, \qquad |\vec{v}_1| = 5,66\ m/s$$

$$p_1 = p_{ref} + c_{p1}\frac{\rho}{2}\vec{v}_{ref}^2 = 0,86 \cdot 10^5\ N/m^2$$

d)

$$t = \int_{x_1}^{x_2} \frac{dx}{u} = \frac{L}{U} \ln \frac{x_2}{x_1}$$

$$x_2 = 5,44\ m$$

$$\psi = konst: \quad x_1 y_1 = x_2 y_2, \qquad y_2 = 0,74\ m$$

e)

$$p_1 - p_2 = (c_{p1} - c_{p2})\frac{\rho}{2}\vec{v}_{ref}^2 = 0,442 \cdot 10^5\ N/m^2$$

f)

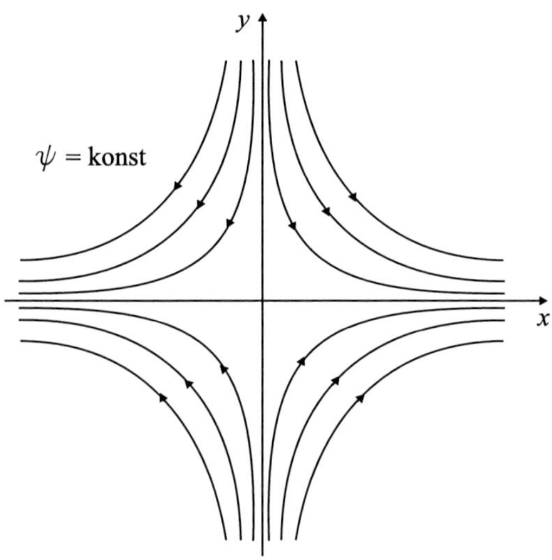

14.6

a)

$$\psi = u_\infty y + \frac{E}{2\pi}\theta + c = u_\infty \left[y + \frac{h}{\pi} \arctan\left[\frac{y}{x}\right]\right] + c$$

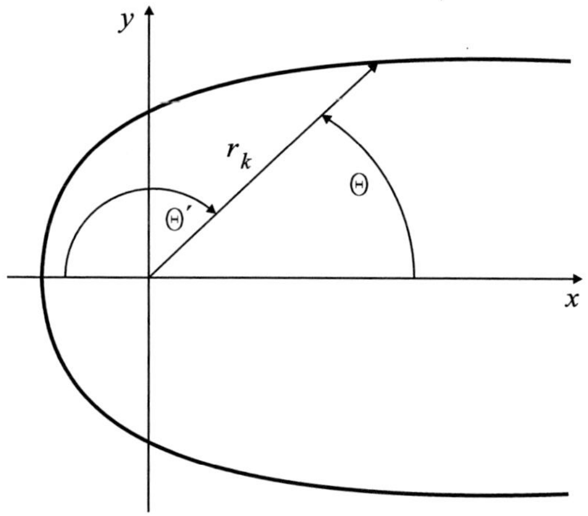

$$u = u_\infty \left[1 + \frac{h}{\pi}\frac{x}{x^2+y^2}\right]$$

$$v = u_\infty \frac{h}{\pi}\frac{y}{x^2+y^2}$$

Staupunkt: $u = v = 0:\quad x_s = -\frac{h}{\pi}, y_s = 0$

$$u(x_s, h) = u_\infty \frac{\pi^2}{1+\pi^2}$$

$$v(x_s, h) = u_\infty \frac{\pi}{1+\pi^2}$$

b) Kontur: Stromlinie durch den Staupunkt

$$r_k = \frac{h}{\pi}\,\frac{\pi-\theta}{\sin\theta} = \frac{h}{\pi}\,\frac{\theta'}{\sin\theta} \quad \text{mit} \quad \theta' = \pi - \theta$$

c)

$$c_p = 1 - \frac{u^2+v^2}{u_\infty^2} = -\frac{h}{\pi}\frac{2x+\frac{h}{\pi}}{x^2+y^2}$$

$$c_{pk} = \frac{\sin(2\theta')}{\theta'} - \left(\frac{\sin\theta'}{\theta'}\right)^2$$

d)

$$c_p = konst: \quad \left[x + \frac{h}{\pi c_p}\right]^2 + y^2 = (1 - c_p)\left(\frac{h}{\pi c_p}\right)^2$$

Kreise um $\left(-\frac{h}{\pi c_p}, 0\right)$ mit Radius $\frac{h\sqrt{1-c_p}}{\pi c_p}$

e)

$$c_p = \frac{1}{2}: \quad \left(x + \frac{2h}{\pi}\right)^2 + y^2 = 2\left(\frac{h}{\pi}\right)^2$$

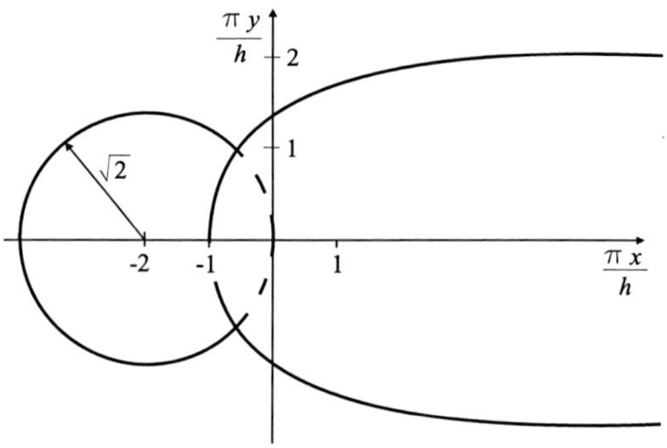

f)

$$\frac{\sqrt{u^2+v^2}}{u_\infty} = k$$

$$\left(x - \frac{\frac{h}{\pi}}{k^2-1}\right)^2 + y^2 = \left(\frac{\frac{kh}{\pi}}{k^2-1}\right)^2$$

Kreise um $\left(\frac{h}{\pi(k^2-1)}, 0\right)$ mit Radius $\frac{kh}{\pi(k^2-1)}$

g)

$$v = u_\infty \frac{h}{\pi} \frac{y}{x^2+y^2} > \frac{u_\infty}{2}$$

$$x^2 + \left(y - \frac{h}{\pi}\right)^2 < \left(\frac{h}{\pi}\right)^2$$

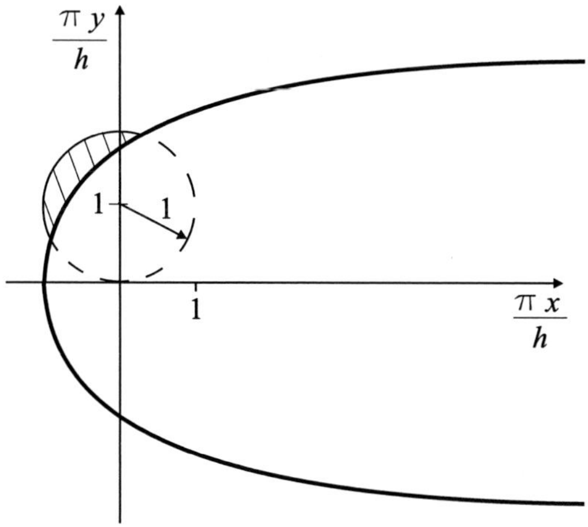

h)

$$\tan\alpha = \frac{v}{u} = 1$$

$$\left(x + \frac{h}{2\pi}\right)^2 + \left(y - \frac{h}{2\pi}\right)^2 = \frac{1}{2}\left(\frac{h}{\pi}\right)^2$$

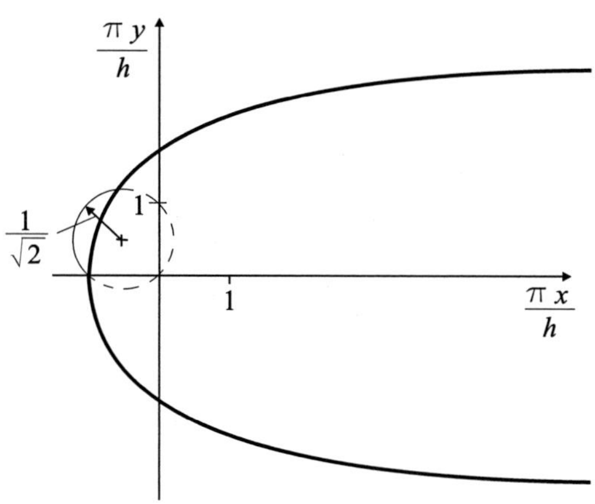

i) Beschleunigung auf der x-Achse:

$$b = \frac{du}{dt} = u\frac{\partial u}{\partial x} = -u_\infty \frac{h}{\pi}\left(\frac{1}{x^2} + \frac{h}{\pi}\frac{1}{x^3}\right)$$

$$\frac{db}{dx} = 0: \quad x_{max} = -\frac{3}{2}\frac{h}{\pi}$$

$$b_{max} = -\frac{4}{27}\frac{\pi}{h}u_\infty^2$$

14.7

a)

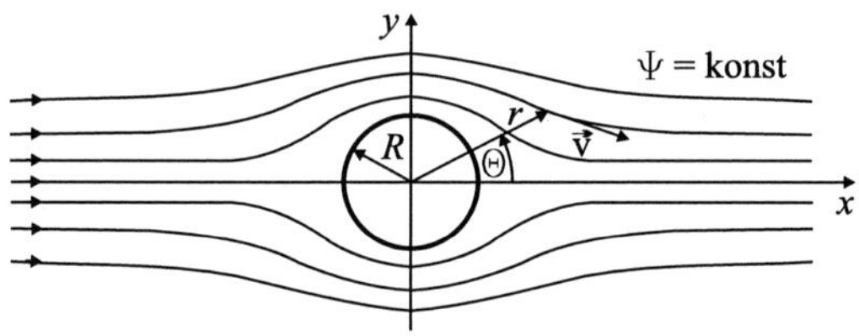

$$\psi = 0: \quad y = 0$$

$$x^2 + y^2 = R^2$$

$r = \sqrt{x^2+y^2} \to \infty: \quad \psi \to u_\infty y$ (Parallelströmung)

Stromfunktion beschreibt eine Zylinderumströmung.

b)

$$c_p = 1 - \frac{v_r^2 + v_\theta^2}{u_\infty^2}$$

$$v_r = u_\infty \left[1 - \left(\frac{R}{r}\right)^2\right] \cos\theta$$

$$v_\theta = -u_\infty \left[1 + \left(\frac{R}{r}\right)^2\right] \sin\theta$$

$$r = R : c_p = 1 - 4\sin^2\theta$$

c)

$$\triangle t = \int_{-3R}^{-2R} \frac{dx}{u(x,0)}$$

$$u(x,0) = u_\infty \left(1 - \frac{R^2}{x^2}\right)$$

$$\triangle t = \frac{1}{u_\infty}\left[x + \frac{R}{2}\ln\frac{x-R}{x+R}\right]_{-3R}^{-2R} = \frac{R}{u_\infty}(1 + 0,5\ln 1,5)$$

14.8

a)

$$\rho g h_\infty + \frac{\rho}{2}u_\infty^2 = \rho g h(\theta) + \frac{\rho}{2}\vec{v}^2$$

$$r = R : \vec{v}^2 = v_\theta^2 = 4u_\infty^2 \sin^2\theta$$

$$h(\theta) - h_\infty = \frac{u_\infty^2}{2g}(1 - 4\sin^2\theta)$$

b) Staupunkte: $\theta = 0$ und $\theta = \pi$

$$h = h_\infty + \frac{u_\infty^2}{2g} = 6,05\ m$$

c)

$$\theta_{min} = \frac{\pi}{2}, \frac{3\pi}{2}$$

$$h_{min} = h_\infty - \frac{3u_\infty^2}{2g} = 5,85\ m$$

14.9

a)

$$F(z) = u_\infty z + 0,8\frac{u_\infty H^2}{z} = u_\infty(x+iy) + 0,8\frac{u_\infty H^2}{x^2+y^2}(x-iy)$$

$$\Longrightarrow \psi = u_\infty y - 0,8 \frac{u_\infty H^2}{x^2 + y^2} y$$

$$\psi_k = \psi(x = 0, y = H) = u_\infty H - 0,8 \frac{u_\infty H^2}{H^2} H = 0,2 H u_\infty$$

Konturgleichung:

$$0,2 H u_\infty = u_\infty y - 0,8 \frac{u_\infty H^2}{x^2 + y^2} y$$

$$\Longrightarrow \frac{y}{H} - 0,8 \frac{H^2}{x^2 + y^2} \frac{y}{H} = 0,2$$

b)

$$\frac{P}{\dot{V}} = \frac{\rho}{2} \vec{v}^2 \quad \Longrightarrow \quad P = \frac{\rho}{2}(u^2 + v^2) \frac{\dot{V}}{B} \quad \text{(bezogen auf die Breite)}$$

$$u = \frac{\partial \psi}{\partial y} = u_\infty - 0,8 H^2 u_\infty \frac{(x^2 + y^2) - 2y^2}{(x^2 + y^2)^2} = u_\infty - 0,8 H^2 u_\infty \frac{x^2 - y^2}{(x^2 + y^2)^2}$$

$$v = -\frac{\partial \psi}{\partial x} = -\left(-0,8 H^2 u_\infty y \frac{-2x}{(x^2 + y^2)^2} \right) = -1,6 u_\infty H^2 \frac{xy}{(x^2 + y^2)^2}$$

I. weit vor dem Berg ($x \to -\infty$)

$u = u_\infty, v = 0$ mit $\frac{\dot{V}}{B} = H u_\infty \to P_I = \frac{\rho}{2} H u_\infty^3$

II. auf dem Berg ($x = 0, y$)

$$u = u_\infty + 0,8 u_\infty \frac{H^2}{y^2}; \quad v = 0$$

$$P = \frac{\rho}{2} \int_H^{2H} u^3(y) dy = \frac{\rho}{2} \int_H^{2H} (u_\infty + 0,8 u_\infty \frac{H^2}{y^2})^3 dy$$

$$P = \frac{\rho}{2} u_\infty^3 \int_H^{2H} (1 + 3 \cdot 0,8 \frac{H^2}{y^2} + 3 \cdot 0,8^2 \frac{H^4}{y^4} + 0,8^3 \frac{H^6}{y^6}) dy$$

$$= \frac{\rho}{2} u_\infty^3 \left(y - 3 \cdot 0,8 \frac{H^2}{y} - 3 \cdot 0,8^2 \frac{H^4}{3y^3} - 0,8^3 \frac{H^6}{5y^5} \right) \Bigg|_H^{2H}$$

$$P = 2,86 \frac{\rho}{2} H u_\infty^3$$

c) Parallelströmung + Dipol $\hat{=}$ Zylinderumströmung.

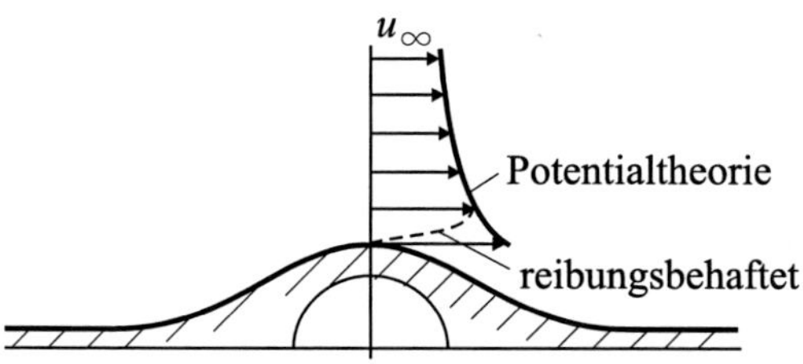

14.10

a)

$$\psi = u_\infty r \sin\theta \left[1 - \left(\frac{R}{r} \right)^2 \right] - \frac{\Gamma}{2\pi} \ln\ r$$

$$v_r = u_\infty \left[1 - \left(\frac{R}{r} \right)^2 \right] \cos\theta$$

$$v_\theta = -u_\infty \left[1 + (\frac{R}{r})^2 \right] \sin\theta + \frac{\Gamma}{2\pi r}$$

$$r = R: \quad v_\theta|_{\text{Wirbel}} = v_t = \frac{\Gamma}{2\pi R}$$

$$\Gamma = 2\pi R v_t$$

b) Strömungsfeld für $v_t = u_\infty$:

$$\psi = u_\infty \left[r \sin\theta \left(1 - \frac{R^2}{r^2} \right) - R \ln\ r \right]$$

$$v_r = u_\infty \left[1 - \frac{R^2}{r^2}\right] \cos\theta$$

$$v_\theta = u_\infty \left[\frac{R}{r} - \left(1 + \frac{R^2}{r^2}\right) \sin\theta\right]$$

Kontur:

$$\psi = \psi_K = \psi(r = R, \theta = 0) = -\ u_\infty\ R\ \ln R$$

$$\Rightarrow u_\infty \left[r\ \sin\left(1 - \frac{R^2}{r^2}\right) - R \ln\left(\frac{r}{R}\right)\right] = 0 \ \ \text{(Bestimmungsgleichung der Kontur)}$$

2 Staupunkte auf der Kontur ($r = R$):
$\theta_s = \dfrac{\pi}{6}, \dfrac{5\pi}{6}$; keine freien Staupunkte

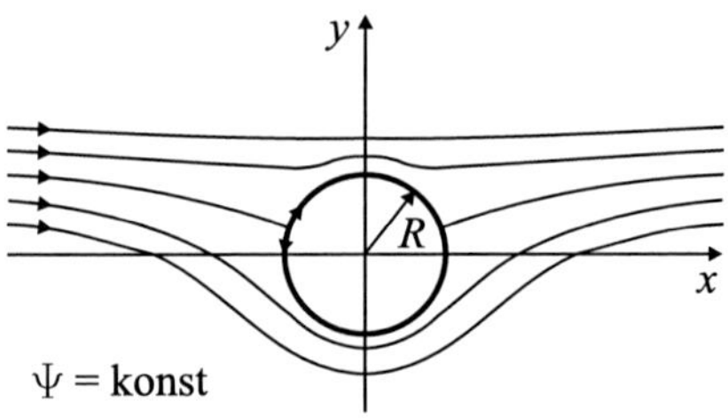

c)

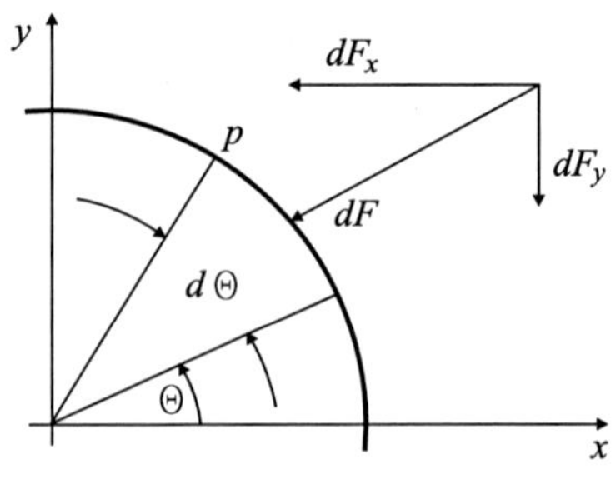

$$dF_x = -pLR\cos\theta d\theta$$

$$dF_y = -pLR\sin\theta d\theta$$

$$p = p_\infty + c_p \frac{\rho}{2} {u_\infty}^2$$

$$r = R: \quad c_p = 1 - \left[\frac{v_t}{u_\infty} - 2\sin\theta\right]^2$$

$$F_x = -LR \int_0^{2\pi} \left\{\frac{\rho}{2} {u_\infty}^2 \left[1 - \left(\frac{v_t}{u_\infty} - 2\sin\theta\right)^2\right] + p_\infty\right\} \cos\theta d\theta = 0$$

$$F_y = -LR \int_0^{2\pi} \left\{\frac{\rho}{2} u_\infty^2 \left[1 - \left(\frac{v_t}{u_\infty} - 2\sin\theta\right)^2\right] + p_\infty\right\} \sin\theta d\theta$$
$$= -2\pi\rho L R v_t u_\infty = -\rho u_\infty \Gamma L$$

14.11

a)

$$F = Az^{\frac{2}{3}} = A\left(re^{i\theta}\right)^{\frac{2}{3}} = Ar^{\frac{2}{3}}\left(\cos\frac{2}{3}\theta + i\sin\frac{2}{3}\theta\right) = \phi + i\psi$$

$$\psi = Ar^{\frac{2}{3}} \sin\frac{2}{3}\theta$$

$$v_r = \frac{1}{r}\frac{\partial\psi}{\partial\theta} = \frac{2}{3}Ar^{-\frac{1}{3}}\cos\frac{2}{3}\theta$$

$$v_\theta = -\frac{\partial\psi}{\partial r} = -\frac{2}{3}Ar^{-\frac{1}{3}}\sin\frac{2}{3}\theta$$

$$\theta = 0, r = l : v_r = \frac{2}{3}Al^{-\frac{1}{3}} = u_1 \longrightarrow A = \frac{3}{2}u_1 l^{\frac{1}{3}}$$

b)

$$c_p = 1 - \frac{\vec{v}^2}{u_1^2} = 1 - \left(\frac{r}{l}\right)^{-\frac{2}{3}}$$

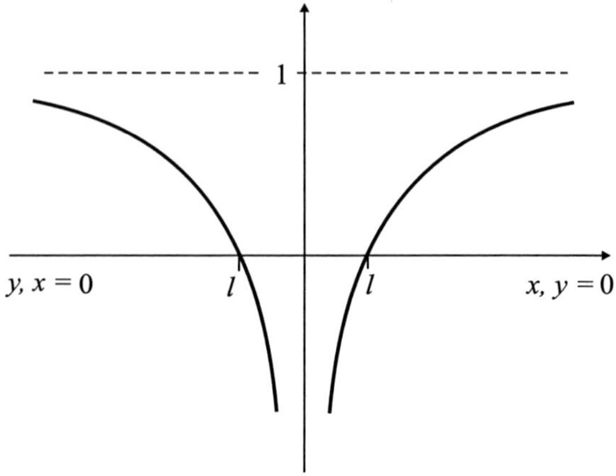

c)
Linien $p = konst.$:

$r = konst. \rightarrow c_p = konst. \rightarrow p = konst.$

Kreise um Ursprung

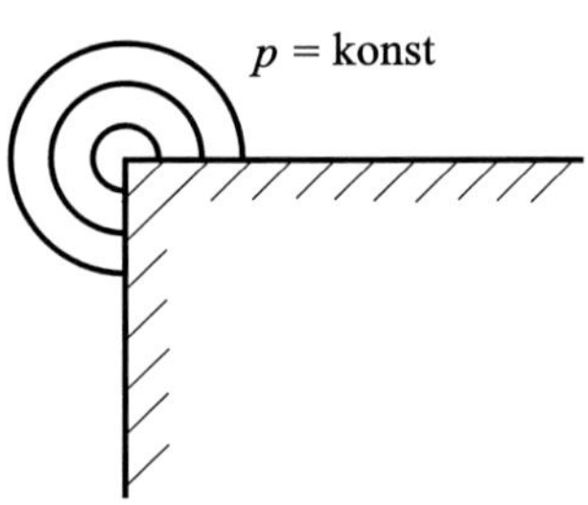

d)
Stromlinien: $\psi = Ar^{\frac{2}{3}} \sin \frac{2}{3}\theta = konst.$

$$\Longrightarrow \quad r_s^{\frac{2}{3}} = \frac{\psi}{A \sin \frac{2}{3}\theta} \quad \Longrightarrow \quad r_s(\theta) = \left(\frac{\psi}{A \sin \frac{2}{3}\theta} \right)^{\frac{3}{2}}$$

e)

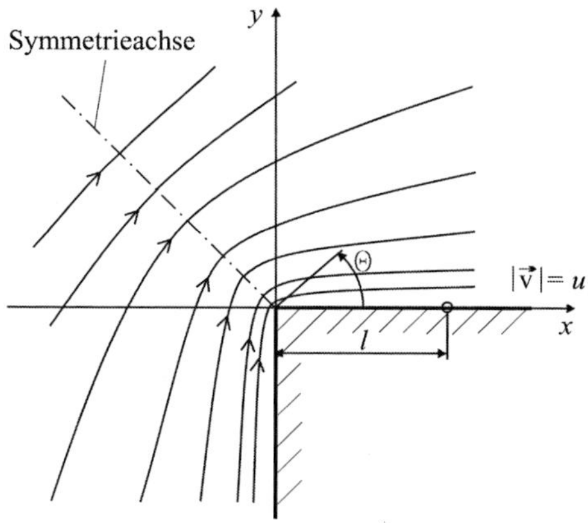

14.12

a)

Voraussetzung: $\omega = 0 \rightarrow \dfrac{\partial^2\psi}{\partial x^2} + \dfrac{\partial^2\psi}{\partial y^2} = 0$

$$\frac{\partial^2\psi(x,y)}{\partial y^2} = 0 \rightarrow \frac{\partial^2\psi}{\partial x^2} = \frac{\partial}{\partial x}\left(yu_\infty L\frac{\partial}{\partial x}\left(\frac{1}{h(x)}\right)\right) = 0$$

$$\frac{\partial}{\partial x}\left(-yu_\infty L\frac{h'(x)}{h^2(x)}\right) = 0 \rightarrow \frac{d}{dx}\left(\frac{h'(x)}{h^2(x)}\right) = 0$$

2 × integriert: $-\dfrac{1}{h(x)} = C_1x + C_2$

R.B.:

$$x = L, \quad h = L \quad \Longrightarrow \quad -\frac{1}{L} = C_1L + C_2$$

$$x = 3L, \quad h = \frac{1}{3}L \quad \Longrightarrow \quad -\frac{3}{L} = 3C_1L + C_2$$

$$\Longrightarrow \quad C_2 = 0, \quad C_1 = -\frac{1}{L^2} \quad \Longrightarrow \quad h(x) = \frac{L^2}{x}$$

b)

$$u = \frac{\partial\psi}{\partial y}; \quad v = -\frac{\partial\psi}{\partial x}; \quad \psi = \frac{u_\infty}{L}xy$$

$$u = u_\infty \frac{x}{L}; \qquad v = -u_\infty \frac{y}{L}$$

c)

$$\dot{V} = \psi_{(y=h)} - \psi_{(y=-h)}|_{x=L}$$

$$\dot{V} = (h_1 + h_1) B u_\infty$$

mit $h_1 = L$ folgt:

$$\dot{V} = 2 u_\infty L B$$

15 Laminare Grenzschichten

15.1

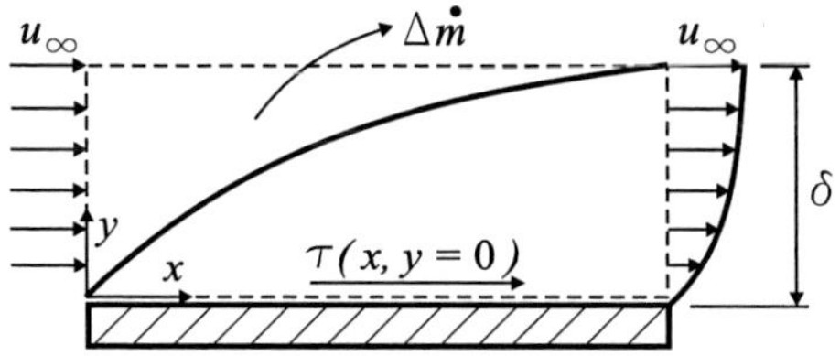

$$-\rho u_\infty^2 \delta + \rho \int_0^\delta u^2 dy + \triangle \dot{m} u_\infty = \int_0^x \tau(x',\ y=0) dx'$$

$$\triangle \dot{m} = \rho \int_0^\delta (u_\infty - u) dy$$

$$\int_0^\delta \frac{u}{u_\infty}\left(1 - \frac{u}{u_\infty}\right) dy = \delta_2 = -\int_0^x \frac{\tau(x',\ y=0)}{\rho u_\infty^2} dx'$$

15.2

a) $Re_L = 3,33 \cdot 10^5$: Grenzschicht laminar

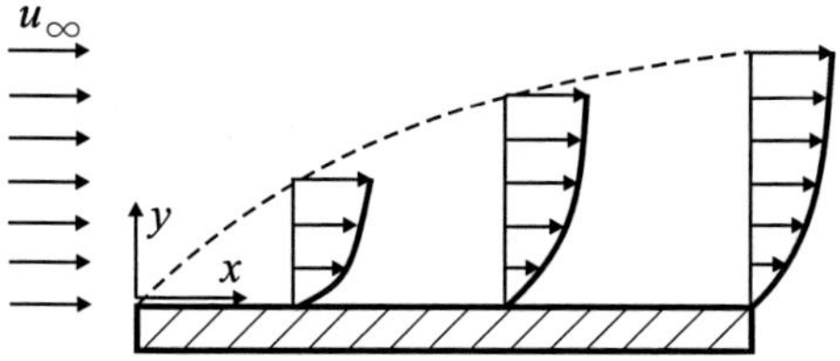

b)

$$y = 0 : u = v = 0$$

$$y \to \infty : u \to u_\infty$$

c) aus Grenzschichtgleichung :

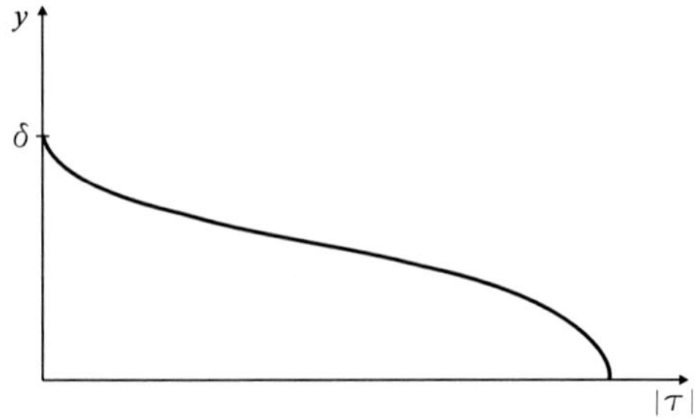

$$\frac{\partial \tau}{\partial y} = 0 \text{ für } y = 0 \text{ und } y = \delta$$

d) aus Blasius-Lösung:

$$\delta(x = L) = \frac{5L}{\sqrt{Re_L}} \qquad c_f = \frac{0,664}{\sqrt{Re_x}}$$

$$\delta(x = L) = 4,33\ mm$$

$$F_w = 2\int_0^L B\tau_w dx = \rho u_\infty^2 B \int_0^L c_f dx = 0,144\ N$$

15.3

Bestimmung der Koeffizienten $a_0,\ a_1,\ a_2$ durch einsetzen von Randbedingungen:

R.B.1: Haftbedingung $u(x, y = 0) = 0$

R.B.2: Grenzschichtrand $u(x, y = \delta) = u_\infty$

R.B 3: Wandbindungsgleichung (aus x-Impuls) $\eta \frac{\partial^2 u(x, y = 0)}{\partial y^2} = \frac{\partial p}{\partial x} = 0$

Falls weitere Randbedingungen notwendig sind, dann kann man annehmen, daß am Grenzschichtrand $\frac{y}{\delta} = 1$ ein glatter Übergang zur Außenströmung vorhanden ist, d.h.
$\left.\frac{\partial^n u}{\partial y^n}\right|_{y=\delta} = 0$ mit $n \geq 1$

$\Longrightarrow$ aus R.B.1 folgt $a_0 = 0$

aus R.B.2 folgt $a_1 + a_2 = 1$

aus R.B.3 folgt

$$\frac{\partial^2 u}{\partial y^2} = u_\infty \frac{1}{\delta^2} \frac{\partial^2 (u/u_\infty)}{\partial (y/\delta)^2} = 2u_\infty \frac{1}{\delta^2} a_2 = 0$$

$$\Longrightarrow a_2 = 0, \quad a_1 = 1$$

$$\Longrightarrow \frac{u(x,y)}{u_\infty} = \frac{y}{\delta} \qquad \text{linearer Verlauf.}$$

Hätte man die Reihenfolge der Randbedingungen vertauscht, z. B.

R.B.1 $u(x, y = 0) = 0$

R.B.2 $u(x, y = \delta) = u_\infty$

R.B.3 $\left.\dfrac{\partial u}{\partial y}\right|_{y=\delta} = 0$

$\Longrightarrow a_0 = 0; \quad a_1 = 2; \quad a_2 = -1$ parabolischer Verlauf

Da die angegebene Näherung des Geschwindigkeitsprofils keine exakte Lösung der Grenzschichtgleichungen darstellt, sind die Randbedingungen nicht für alle Näherungen erfüllbar. Deshalb ist darauf zu achten, die Reihenfolge der R.B. so zu wählen, dass die physikalischen Randbedingungen zuerst erfüllt werden.

Bestimmung der Grenzschichtdicke $\delta(x)$:

$$\tau_w = \eta \left.\frac{\partial u}{\partial y}\right|_{y=0} = \eta \frac{u_\infty}{\delta} \left.\frac{\partial u/u_\infty}{\partial y/\delta}\right|_{y=0} = \eta \frac{u_\infty}{\delta}$$

$$u(u_\infty - u) = u_\infty \frac{y}{\delta}\left(u_\infty - u_\infty \frac{y}{\delta}\right) = u_\infty^2 \left(\frac{y}{\delta} - \left(\frac{y}{\delta}\right)^2\right)$$

mit der Gleichung

$$B \int_0^x \tau_w(x) dx = B\rho \int_0^{\delta(x)} u(u_\infty - u) dy$$

$$\Longrightarrow \int_0^x \eta \frac{u_\infty}{\delta(x)} dx = \rho u_\infty^2 \int_0^1 \delta \left(\frac{y}{\delta} - \left(\frac{y}{\delta}\right)^2 \right) d\left(\frac{y}{\delta}\right)$$

$$\eta u_\infty \int_0^x \frac{dx}{\delta(x)} = \rho u_\infty^2 \delta(x) \left(\frac{1}{2}\left(\frac{y}{\delta}\right)^2 - \frac{1}{3}\left(\frac{y}{\delta}\right)^3 \right)\Bigg|_0^1$$

$$= \rho u_\infty^2 \delta(x) \frac{1}{6}$$

Durch differenzieren erhält man

$$\frac{1}{\delta(x)} = \frac{1}{6}\frac{\rho}{\eta} u_\infty \frac{d\delta(x)}{dx}$$

$$\Longrightarrow dx = \frac{1}{6}\frac{\rho}{\eta} u_\infty \delta(x) d\delta(x)$$

Integration:

$$x = \frac{1}{12}\frac{\rho}{\eta} u_\infty \delta^2(x)$$

$$\Longrightarrow \delta(x) = \sqrt{\frac{12\nu x}{u_\infty}}$$

$$\Longrightarrow \delta(x) = \sqrt{12}\sqrt{\frac{\nu x}{u_\infty}} \approx 3,5\sqrt{\frac{\nu x}{u_\infty}}$$

Vgl. Blasius Lösung: $\delta(x) = 5,2\sqrt{\frac{\nu x}{u_\infty}}$

15.4

a) $\frac{\partial p}{\partial x}$ in der Strömung:

reibungsfreie Außenströmung : $\rho u_a \frac{\partial u_a}{\partial x} = -\frac{\partial p}{\partial x}$

$$\Longrightarrow \frac{\partial p}{\partial x} = -\rho u_a \frac{\partial u_a}{\partial x} = -\rho(u_{a_1} - C(x-x_1)^2) \cdot (-2C(x-x_1))$$

$$\frac{\partial p}{\partial x} = +2\rho C(x-x_1)(u_{a_1} - C(x-x_1)^2)$$

$$\left.\frac{\partial p}{\partial x}\right|_{x_1} = 0$$

$$\left.\frac{\partial p}{\partial x}\right|_{x_2} = 2\rho C(x_2 - x_1)(u_{a_1} - C(x_2 - x_1)^2)$$

b) 4 R.B:

I $\frac{y}{\delta} = 0 \quad u = 0 \quad H.B. \Longrightarrow a_0 = 0$

II $\frac{y}{\delta} = 1 \quad u = u_a$

III $\frac{y}{\delta} = 0 \quad \frac{\partial p}{\partial x} = \eta \frac{\partial^2 u}{\partial y^2}$ Wandbindung

IV $\frac{y}{\delta} = 1 \quad \frac{\partial u}{\partial y} = 0$

$$u = \left(a_1 \left(\frac{y}{\delta}\right) + a_2 \left(\frac{y}{\delta}\right)^2 + a_3 \left(\frac{y}{\delta}\right)^3\right) u_a$$

$$\frac{\partial u}{\partial y} = \left(a_1 \frac{1}{\delta} + 2a_2 \frac{y}{\delta^2} + 3a_3 \frac{y^2}{\delta^3}\right) u_a$$

$$\frac{\partial^2 u}{\partial y^2} = \left(\qquad + 2a_2 \frac{1}{\delta^2} + 6a_3 \frac{y}{\delta^3}\right) u_a$$

II: $\quad 1 = a_1 + a_2 + a_3$

IV: $\quad 0 = a_1 + 2a_2 + 3a_3$

III: $\quad \frac{\partial p}{\partial x} = \eta\, u_a \frac{2a_2}{\delta^2} \quad \Longrightarrow \quad a_2 = \frac{1}{2} \frac{\delta^2}{\eta\, u_a} \frac{\partial p}{\partial x}$

$$\Longrightarrow \quad a_2(x) = \frac{\delta^2}{2\eta} \frac{2\, \rho\, C\, (x - x_1)(u_{a_1} - C\, (x - x_1)^2)}{(u_{a_1} - C \cdot (x - x_1)^2)}$$

$$a_2(x) = \frac{\delta^2\, \rho\, C}{\eta}\, (x - x_1)$$

II / IV: $a_3 = -\frac{1}{2} - \frac{1}{2}\,a_2$

$$a_1 = \frac{3}{2} - \frac{1}{2}\,a_2$$

also:

$$a_1(x) = \frac{3}{2} - \frac{1}{2}\,\frac{\delta^2\,\rho\,C}{\eta}\,(x - x_1)$$

$$a_3(x) = -\frac{1}{2} - \frac{1}{2}\,\frac{\delta^2\,\rho\,C}{\eta}\,(x - x_1)$$

15.5

a)

$$\frac{d\delta_2}{dx} + \frac{1}{u_a}\frac{du_a}{dx}(2\delta_2 + \delta_1) + \frac{\tau(y=0)}{\rho u_a^2} = 0$$

- $\frac{\delta_1}{\delta_0} = \int_0^1 \left(1 - \frac{u}{u_a}\right) d\left(\frac{y}{\delta}\right) = \int_0^1 \left(1 - \left(\frac{y}{\delta_0}\right)^{\frac{1}{2}}\right) d\left(\frac{y}{\delta}\right) = \left(\frac{y}{\delta} - \frac{2}{3}\left(\frac{y}{\delta}\right)^{\frac{3}{2}}\right)_0^1$

$$\Longrightarrow \delta_1 = \frac{1}{3}\,\delta_0$$

- $\frac{\delta_2}{\delta_0} = \int_0^1 \frac{u}{u_a}\left(1 - \frac{u}{u_a}\right) d\left(\frac{y}{\delta}\right) = \int_0^1 \left(\left(\frac{y}{\delta}\right)^{1/2} - \left(\frac{y}{\delta}\right)\right) d\left(\frac{y}{\delta}\right) = \left(\frac{2}{3}\left(\frac{y}{\delta}\right)^{3/2} - \frac{1}{2}\left(\frac{y}{\delta}\right)^2\right)_0^1$

$$\Longrightarrow \delta_2 = \frac{1}{6}\,\delta_0$$

- $\frac{d\delta_2}{dx} = 0$, da $\delta_0 = konst.$

oben angesetzt: $\rho\;u_a\;\frac{du_a}{dx}(2\delta_2 + \delta_1) = \tau_w$

aus der x-Impulsgleichung für $y = \delta_0$:

$$\rho u_a \frac{du_a}{dx} = -\frac{dp}{dx}$$

$$\Longrightarrow \tau_w = -\frac{dp}{dx}(2\delta_2 + \delta_1)$$

mit $\frac{dp}{dx} = p_0 \frac{d}{dx}\left(1 - k\left(\frac{x}{l}\right)^2\right) = -p_0\;k\;\frac{2x}{l^2}$

$$\Longrightarrow \tau_w = p_0 k \frac{2x}{l^2}\frac{2}{3}\delta_0 = \frac{4}{3} p_0 k \frac{\delta_0 x}{l^2}$$

15.6

Konti.: $\underbrace{\frac{\partial u}{\partial x}}_{=0} + \frac{\partial v}{\partial y} = 0 \rightarrow v = v_a = konst$

Impulssatz:

$$\frac{d\vec{I}}{dt} = \int \rho\, \vec{u}\, (\vec{u}\, \cdot \vec{n})\, dA = \sum\, \vec{F}_{KV} = \vec{F}_R$$

Impulsbilanz in x-Richtung:

$$-\rho\ v_a\ u_a\ dx\ B - \rho\ u^2(y)\ dy\ B + \rho\ u^2(y)\ dy\ B + \rho\ v_a\ 0\ dx\ B = \tau_{y=0}\ dx\ B$$

$$-\rho\ v_a\ u_a\ dx\ B = \tau_{y=0}\ dx\ B$$

mit

$$\tau_{y=0} = -\eta \frac{du}{dy} = -\eta \frac{u_a}{\delta} \quad \Longrightarrow \quad \rho v_a = \frac{\eta}{\rho} \quad \Longrightarrow \quad v_a = \frac{\eta}{\rho\delta}$$

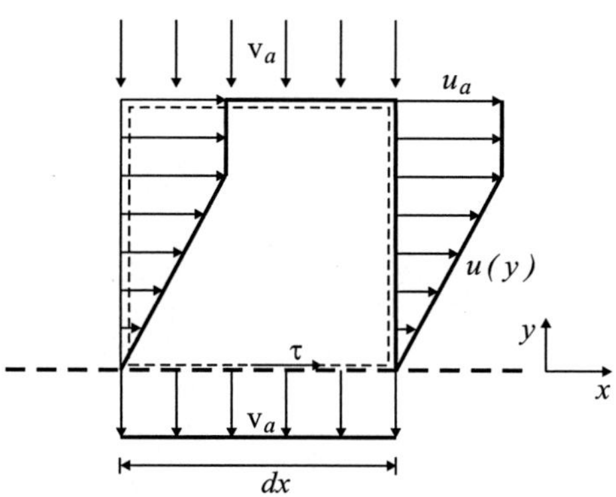

15.7

a) Randbedingungen:

$$\frac{y}{\delta} = 0: \quad \frac{u}{u_a} = 0, \quad \frac{v}{u_a} = 0$$

$$\frac{y}{\delta} = 1: \quad \frac{u}{u_a} = 1$$

aus Grenzschichtgleichung

$$\rho\left(u\frac{\partial u}{\partial x} + v\frac{\partial u}{\partial y}\right) = \eta\frac{\partial^2 u}{\partial y^2}:$$

$$\frac{y}{\delta}=0: \qquad u=v=0: \qquad \frac{\partial^2(u/u_a)}{\partial(y/\delta)^2}=0$$

$$\frac{y}{\delta}=1: \qquad \frac{\partial u}{\partial x}=\frac{\partial u}{\partial y}=0: \qquad \frac{\partial^2(u/u_a)}{\partial(y/\delta)^2}=0$$

reibungsfreie Außenströmung:

$$\frac{y}{\delta}=1: \qquad \tau \sim \frac{\partial(u/u_a)}{\partial(y/\delta)}=0$$

$$\frac{u}{u_a}=2\left(\frac{y}{\delta}\right)-2\left(\frac{y}{\delta}\right)^3+\left(\frac{y}{\delta}\right)^4$$

b)

$$\frac{\delta_1}{\delta}=\int_0^1\left(1-\frac{u}{u_a}\right)d\left(\frac{y}{\delta}\right)=\frac{3}{10}$$

$$\frac{\delta_2}{\delta}=\int_0^1\frac{u}{u_a}\left(1-\frac{u}{u_a}\right)d\left(\frac{y}{\delta}\right)=\frac{37}{315}$$

von Kármánsche Integralbeziehung:

$$\frac{d\delta_2}{dx}+\frac{\tau(y=0)}{\rho u_a^2}=0$$

$$\tau(y=0)=-\frac{\eta u_a}{\delta}\left.\frac{d(u/u_a)}{d(y/\delta)}\right|_{y/\delta=0}=-2\frac{\eta u_a}{\delta}$$

Integration: $\dfrac{\delta}{x}=\dfrac{5,84}{\sqrt{Re_x}}$

$$c_D=\frac{2}{L}\int_0^L\frac{\tau_w}{\rho u_a^2}dx=-\frac{2}{L}\int_0^L\frac{\tau(y=0)}{\rho u_a^2}dx=\frac{1,371}{\sqrt{Re_L}}$$

15.8

a)

$$\frac{u(x,y)}{u_a(x)}=a_0+a_1\frac{y}{\delta_0}$$

R.B. $y=0 \implies u=0 \implies a_0=0$

$y=\delta_0 \implies u=u_a(x) \implies a_1=1$

$$\implies \frac{u(x,y)}{u_a(x)}=\frac{y}{\delta_0}$$

b)

$$\frac{d\delta_2}{dx}+\frac{1}{u_a}\frac{du_a}{dx}(2\delta_2+\delta_1)=\frac{\tau_w}{\rho u_a^2}$$

Verdrängungsdicke $\frac{\delta_1}{\delta_0}=\int_0^1\left(1-\frac{u}{u_a}\right)d\left(\frac{y}{\delta_0}\right)=1/2$

Impulsverlustdicke $\frac{\delta_2}{\delta_0}=\int_0^1\left(1-\frac{u}{u_a}\right)\frac{u}{u_a}d\left(\frac{y}{\delta_0}\right)=\frac{1}{6}\neq f(x)\implies\frac{d\delta_2}{dx}=0$

$$\tau_w=\eta\left.\frac{\partial u}{\partial y}\right|_{y=0}=\eta\frac{u_a}{\delta}\left.\frac{\partial\left(\frac{u}{u_a}\right)}{\partial\left(\frac{y}{\delta}\right)}\right|_{y=0}=\eta\frac{u_a}{\delta}$$

von Kármán-Integralbeziehung nach $\frac{du_a}{dx}$ aufgelöst

$$\implies\frac{du_a}{dx}=\frac{6}{5}\frac{\eta}{\rho}\frac{1}{\delta_0^2}$$

$$\implies u_a(x)=\frac{6}{5}\frac{\eta}{\rho}\frac{x}{\delta_0^2}+C$$

R.B.: $x=0\implies u_a(x)=0\implies C=0$

$$\implies u_a(x)=\frac{6}{5}\frac{\eta}{\rho}\frac{x}{\delta_0^2}$$

c)

$$F=\int_0^L\tau_w(x)Bdx,\qquad\tau_w=\eta\frac{u_a(x)}{\delta_0}$$

$$\implies F=\frac{6}{5}\frac{\eta^2}{\rho}\frac{B}{\delta_0^3}\int_0^L xdx=\frac{3}{5}\frac{\eta^2}{\rho}\frac{BL^2}{\delta_0^3}$$

15.9

a) Lösungsweg siehe Aufgabe 15.7

A)

$$\frac{\delta_1}{\delta}=\frac{3}{8}$$

$$\frac{\delta_2}{\delta}=\frac{39}{280}$$

$$\frac{\delta}{x} = \frac{4,641}{\sqrt{Re_x}}$$
$$c_D = \frac{1,293}{\sqrt{Re_L}}$$

B)

$$\frac{\delta_1}{\delta} = 1 - \frac{2}{\pi} = 0,363$$
$$\frac{\delta_2}{\delta} = \frac{2}{\pi} - \frac{1}{2} = 0,137$$
$$\frac{\delta}{x} = \frac{\sqrt{\frac{2\pi^2}{4-\pi}}}{\sqrt{Re_x}} = \frac{4,795}{\sqrt{Re_x}}$$
$$c_D = \frac{2\sqrt{2-\pi/2}}{\sqrt{Re_L}} = \frac{1,310}{\sqrt{Re_L}}$$

b)
A)

$$\delta(x = L) = 3,28\ mm$$
$$F_w = c_D \frac{\rho}{2} u_a^2 2LB = 0,91\ N$$

B)

$$\delta(x = L) = 3,39\ mm$$
$$F_w = 0,93\ N$$

16 Turbulente Grenzschichten

16.1

a)

$$x_{krit} = \frac{\nu Re_{krit}}{u_\infty} = 0,167\ m$$

b)

$$\begin{aligned}
\xi &= \frac{y}{x}\sqrt{Re_x} = 1,095 \\
\frac{u}{u_\infty} = 0,36 &: \quad u = 16,2\ m/s \\
\text{(siehe Diagramm } \xi &= f(u/u_\infty), \quad \text{Umdruck Kap. 15.4)} \\
x = 0,15\ m &: \quad Re_x = 4,5 \cdot 10^5 \\
\frac{y}{x}\sqrt{Re_x} = 1,095 &: \quad y = 2,45 \cdot 10^{-4}\ m
\end{aligned}$$

c)

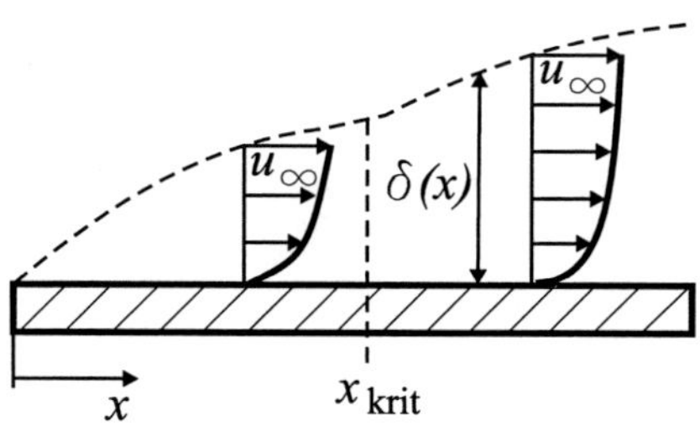

d)

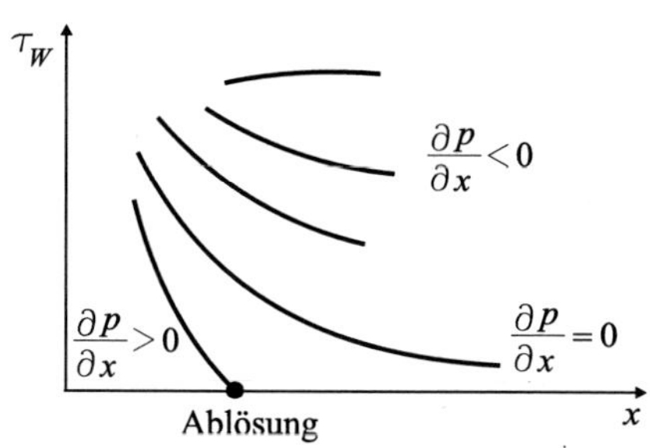

16.2

a)

Mit der Produktregel folgt

$$\rho\left(\frac{\partial u}{\partial t}+\frac{\partial u^2}{\partial x}+\frac{\partial(uv)}{\partial y}\right)=\rho\left(\frac{\partial u}{\partial t}+2u\frac{\partial u}{\partial x}+u\frac{\partial v}{\partial y}+v\frac{\partial u}{\partial y}\right)=$$

$$\rho\left(\frac{\partial u}{\partial t}+u\frac{\partial u}{\partial x}+v\frac{\partial u}{\partial y}\right)+\rho u\left(\frac{\partial u}{\partial x}+\frac{\partial v}{\partial y}\right)$$

Mit $\partial u/\partial x+\partial v/\partial y=0$ (Konti.) ergibt sich

$$\rho\left(\frac{\partial u}{\partial t}+\frac{\partial u^2}{\partial x}+\frac{\partial(uv)}{\partial y}\right)=\rho\left(\frac{\partial u}{\partial t}+u\frac{\partial u}{\partial x}+v\frac{\partial u}{\partial y}\right).$$

b)

$$u=\overline{u}+u^{'},\quad v=\overline{v}+v^{'},\quad p=\overline{p}+p^{'}$$

$$\overline{\rho\left(\frac{\partial(\bar{u}+u')}{\partial t}+\frac{\partial(\bar{u}+u')^2}{\partial x}+\frac{\partial((\bar{u}+u')(\bar{v}+v'))}{\partial y}\right)}=$$

$$\overline{f_x-\frac{\partial(\bar{p}+p')}{\partial x}+\eta\left(\frac{\partial^2(\bar{u}+u')}{\partial x^2}+\frac{\partial^2(\bar{u}+u')}{\partial y^2}\right)}$$

Die Rechenregeln 2 und 4 ergeben mit $\overline{f}_x=f_x$

$$\rho\left(\frac{\overline{(\overline{u}+u')}}{\partial t}+\frac{\partial\overline{(\overline{u}+u')^2}}{\partial x}+\frac{\partial\overline{((\overline{u}+u')(\overline{v}+v'))}}{\partial y}\right)=$$

$$\overline{f}_x-\frac{\partial\overline{(\overline{p}+p')}}{\partial x}+\eta\left(\frac{\partial^2\overline{(\overline{u}+u')}}{\partial x^2}+\frac{\partial^2\overline{(\overline{u}+u')}}{\partial y^2}\right)$$

$$\rho\left(\frac{\partial\overline{\overline{u}}}{\partial t}+\frac{\partial\overline{u'}}{\partial t}+\frac{\partial\overline{(\overline{u}+u')^2}}{\partial x}+\frac{\partial\overline{((\overline{u}+u')(\overline{v}+v'))}}{\partial y}\right)=$$

$$f_x - \frac{\partial \overline{\overline{p}}}{\partial x} - \frac{\partial \overline{p'}}{\partial x} + \eta \left(\frac{\partial^2 \overline{\overline{u}}}{\partial x^2} + \frac{\partial^2 \overline{u'}}{\partial x^2} + \frac{\partial^2 \overline{\overline{u}}}{\partial y^2} + \frac{\partial^2 \overline{u'}}{\partial y^2} \right)$$

Mit $\overline{u'} = 0$ und $\overline{p'} = 0$ erhält man

$$\rho \left(\frac{\partial \overline{u}}{\partial t} + \frac{\partial \overline{(\overline{u} + u')^2}}{\partial x} + \frac{\partial \overline{((\overline{u} + u')(\overline{v} + v'))}}{\partial y} \right) = f_x - \frac{\partial \overline{p}}{\partial x} + \eta \frac{\partial^2 \overline{u}}{\partial x^2} + \frac{\partial^2 \overline{u}}{\partial y^2}.$$

Betrachtung von

$$\frac{\partial \overline{(\overline{u} + u')^2}}{\partial x} \qquad \text{und} \qquad \frac{\partial \overline{(\overline{u} + u')(\overline{v} + v')}}{\partial y}$$

ergibt

$$\frac{\overline{\partial (\bar{u} + u')^2}}{\partial x} = \frac{\overline{\partial (\bar{u}^2 + 2\bar{u}u' + u'^2)}}{\partial x} = \frac{\partial \overline{\bar{u}^2}}{\partial x} + \frac{\partial \overline{(2\bar{u}u')}}{\partial x} + \frac{\partial \overline{u'^2}}{\partial x} = \frac{\partial \overline{u}^2}{\partial x} + \frac{\partial \overline{u'^2}}{\partial x}$$

und

$$\frac{\partial \overline{(\overline{u} + u')(\overline{v} + v')}}{\partial y} = \frac{\partial \overline{(\overline{u}\overline{v} + \overline{u}v' + u'\overline{v} + u'v')}}{\partial y} =$$

$$\frac{\partial \overline{(\bar{u}\bar{v})}}{\partial y} + \frac{\partial \overline{(\overline{u}v')}}{\partial y} + \frac{\partial \overline{(u'\overline{v})}}{\partial y} + \frac{\partial \overline{(u'v')}}{\partial y} = \frac{\partial \bar{u}\bar{v}}{\partial y} + \frac{\partial \overline{u'v'}}{\partial y}.$$

Einsetzen ergibt die Reynolds-gemittelte x-Impulsgleichung

$$\rho \left(\frac{\partial \overline{u}}{\partial t} + \frac{\partial \bar{u}^2}{\partial x} + \frac{\partial \overline{u'^2}}{\partial x} + \frac{\partial (\bar{u}\bar{v})}{\partial y} + \frac{\partial \overline{(u'v')}}{\partial y} \right) = f_x - \frac{\partial \overline{p}}{\partial x} + \eta \left(\frac{\partial^2 \overline{u}}{\partial x^2} + \frac{\partial^2 \overline{u}}{\partial y^2} \right)$$

Umgeformt erhält man

$$\rho \left(\frac{\partial \overline{u}}{\partial t} + \frac{\partial \bar{u}^2}{\partial x} + \frac{\partial (\bar{u}\bar{v})}{\partial y} \right) = f_x - \frac{\partial \overline{p}}{\partial x} + \eta \left(\frac{\partial^2 \overline{u}}{\partial x^2} + \frac{\partial^2 \overline{u}}{\partial y^2} \right) + \rho \left(-\frac{\partial \overline{u'^2}}{\partial x} - \frac{\partial \overline{(u'v')}}{\partial y} \right)$$

16.3

a)

$$\frac{F_{w1}}{F_{w2}} = \frac{c_{w1}}{c_{w2}}$$

u_∞	Re_1	$10^3\ c_{w1}$	Re_2	$10^3\ c_{w2}$	$\frac{F_{w1}}{F_{w2}}$
$0,4 m/s$	$4 \cdot 10^5$	$2,10$	$2 \cdot 10^5$	$2,97$	$0,707$
$0,8 m/s$	$8 \cdot 10^5$	$2,76$	$4 \cdot 10^5$	$2,10$	$1,313$
$1,6 m/s$	$1,6 \cdot 10^6$	$3,19$	$8 \cdot 10^5$	$2,76$	$1,156$

b) $Re_1 = 1,96 \cdot 10^5$

$c_{w1} = c_{w2} = 3,0 \cdot 10^{-3}$

1) $Re_2 = Re_1 :$ $\quad u_{\infty 2} = 0,392\ m/s$

2) $Re_2 \approx 1,3 \cdot 10^6 :$ $\quad u_{\infty 2} = 2,6\ m/s$

3) $Re_3 \approx 9 \cdot 10^6 :$ $\quad u_{\infty 2} = 18\ m/s$

(siehe Diagramm, Umdruck Kap. 16.2)

17 Grenzschichtablösung

17.1 Zuerst werden die Koeffizienten $a_0(x)$, $a_1(x)$, $a_2 \cdot x$, $a_3(x)$ des Polynoms bestimmt. Dafür sind mindestens 4 Randbedingungen notwendig. Da $\frac{dp}{dx}$ nicht bekannt ist, wird die Wandbindungsgleichung keine weitere Information liefern. Die Bedingung für eine Ablösung ergibt eine zusätzliche Randbedingung:

Ablösung findet statt bei $\left.\frac{\partial u/u_a}{\partial y/\delta}\right|_{y=0} = 0.$

Randbedingungen:

$$\begin{aligned}
y = 0 &\implies u = 0 && \implies a_0(x) = 0 \\
y = \delta &\implies u = u_a(x) && \implies 1 = a_1(x) + a_2 x + a_3(x) \\
y = \delta &\implies \left.\frac{\partial u/u_a}{\partial y/\delta}\right|_{y=\delta} = 0 && \implies 0 = a_1(x) + 2a_2 x + 3a_3(x)
\end{aligned}$$

für $x = x_a$ gilt

$$y = 0 \implies \left.\frac{\partial u/u_a}{\partial y/\delta}\right|_{y=0} = 0 \implies 0 = a_1(x_a)$$

Man erhält an der Stelle $x = x_a$

$$a_2 x_a + a_3(x_a) = 1 \quad ; \quad 2a_2 x_a + 3a_3(x_a) = 0$$

$$\implies a_2 = \frac{3}{x_a} \qquad a_3(x_a) = -2$$

$$\implies \frac{u(x_a, y/\delta(x_a))}{u_a(x_a)} = 3\left(\frac{y}{\delta(x_a)}\right)^2 - 2\left(\frac{y}{\delta(x_a)}\right)^3$$

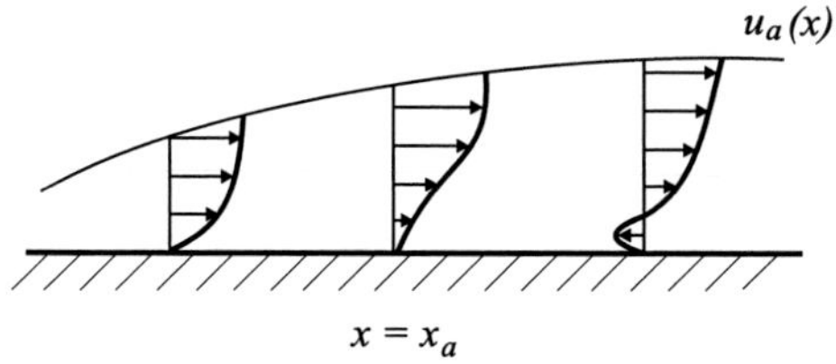

17.2

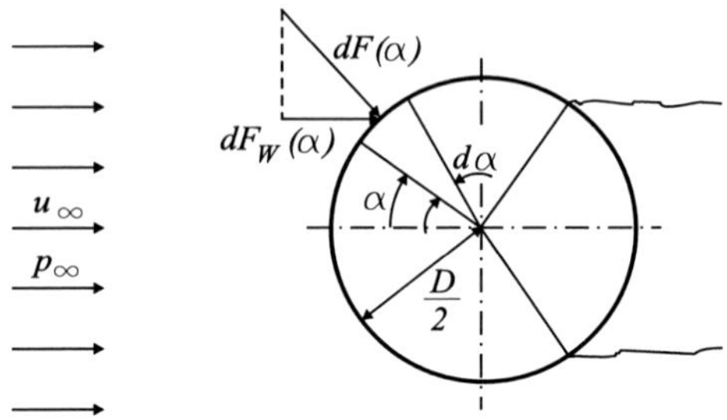

$$c_w = \frac{2\int_0^\pi dF_w(\alpha)}{\frac{\rho}{2}u_\infty^2 DL}$$

$$dF_w(\alpha) = dF(\alpha)\cos(\alpha) = p(\alpha)L\frac{D}{2}\cos(\alpha)d\alpha$$

$$p(\alpha) = c_p(\alpha)\frac{\rho}{2}u_\infty^2 + p_\infty$$

$$0 \le \alpha \le \frac{2}{3}\pi : p(\alpha) = (1 - 4\sin^2\alpha)\frac{\rho}{2}u_\infty^2 + p_\infty$$

$$\frac{2}{3}\pi \le \alpha \le \pi : p(\alpha) = \left[1 - 4\sin^2\left(\frac{2}{3}\pi\right)\right]\frac{\rho}{2}u_\infty^2 + p_\infty = -2\frac{\rho}{2}u_\infty^2 + p_\infty$$

$$c_w = \sqrt{3}$$

17.3

a)

Bestimmung der Koeffizienten a_i mit folgenden Randbedingungen

(I) $u(y=0) = 0$

(II) $u(y=\delta) = u_a$

(III) Wandbindung: $y \to 0 : u \to 0, v \to 0, \frac{dp}{dx} = \eta \left.\frac{\partial^2 u}{\partial y^2}\right|_{y=0}$

(IV) $\tau(y=\delta) = 0$

$$\frac{dp}{dx} = \frac{dp_a}{dx} = -\rho u_a(x)\frac{du_a(x)}{dx} = -2\rho\frac{u_\infty^2}{R}\sin\frac{2x}{R}$$

Einsetzen des Ansatzes:

$$\frac{dp}{dx} = \eta \frac{u_a}{\delta^2} \left. \frac{\partial^2 \frac{u}{u_a}}{\partial \left(\frac{y}{\delta}\right)^2} \right|_{\frac{y}{\delta}=0} = \frac{\eta u_a}{\delta^2} 2a_2 = \frac{\rho u_a^2}{25x} 2a_2 = -4\rho \frac{u_\infty^2}{R} \sin\frac{x}{R} \cos\frac{x}{R}$$

$$\Longrightarrow a_2 = -\frac{25}{2}\frac{x}{R}\cot\frac{x}{R}$$

Anhand der Randbedingungen folgt

$$\begin{aligned} a_0 &= 0 \\ a_1 + a_2 + a_3 &= 1 \\ a_1 + 2a_2 + 3a_3 &= 0 \end{aligned}$$

$$\begin{aligned} \Longrightarrow \quad a_3 &= -\frac{1}{2}(1 + a_2) \\ a_1 &= \frac{3}{2} - \frac{1}{2}a_2 \end{aligned}$$

b)

Ablösung: $\tau_w = 0$

$$\tau_w = \eta \left. \frac{\partial u}{\partial y} \right|_{y=0} \stackrel{!}{=} 0 \qquad \left. \frac{\partial \frac{u}{u_a}}{\partial \left(\frac{y}{\delta}\right)} \right|_{\frac{y}{\delta}} \stackrel{!}{=} 0 \quad \Longrightarrow \quad a_1 = 0$$

$$-\frac{25}{2}\frac{x}{R}\frac{\cos\left(\frac{x}{R}\right)_A}{\sin\left(\frac{x}{R}\right)_A} = 3 \quad ;$$

Annahme: $\left(\frac{x}{R}\right)_A \approx \frac{\pi}{2} \quad \Longrightarrow \quad \left(\frac{x}{R}\right)_A \left(\frac{\pi}{2} - \left(\frac{x}{R}\right)_A\right) = -\frac{6}{25} \quad \Longrightarrow \quad \left(\frac{x}{R}\right)_A = 1,71$,

($\approx \frac{\pi}{2}$damit Annahme gerechtfertigt)

$$\Theta_A = 98^o$$

17.4

a)

Kräftegleichgewicht: $F_w = G$ (Auftrieb vernachlässigbar)

Kugel:

$$c_w \frac{\rho_L}{2} v^2 \frac{\pi D_K^2}{4} = \rho \frac{\pi D_K^3}{6} g$$

$$v = Re \frac{\nu_L}{D_K}$$

$$D_K = \sqrt[3]{18 Re \frac{\rho_L}{\rho} \frac{\nu_L^2}{g}}$$

$$Re = 0,5: \quad D_{K_{max}} = 6,81 \cdot 10^{-2}\ mm$$

Zylinder (Länge L):

$$c_w \frac{\rho_L}{2} v^2 D_Z L = \rho \frac{\pi D_Z^2}{4} L g$$

$$D_Z = \sqrt[3]{\frac{16}{2 - lnRe} \frac{Re}{} \frac{\rho_L \nu_L^2}{\rho \quad g}}$$

$$Re = 0,5: \quad D_{Z_{max}} = 4,71 \cdot 10^{-2}\ mm$$

b)

$$v_K = 0,110\ m/s$$

$$v_Z = 0,159\ m/s$$

17.5

a)

$$G = F_{w1} = c_{w1} \frac{\rho_L}{2} v_1^2 \frac{\pi D^2}{4} \quad \text{(Auftrieb vernachlässigt)}$$

$$c_{w1} = 0,4 \qquad (Re_1 = 3,03 \cdot 10^5)$$

b)

$$Re_2 = \frac{v_2 D}{\nu_L} = 4,2 \cdot 10^5$$

aus Diagramm: $c_{w2} = 0,1$

$$F_{w2} = c_{w2} \frac{\rho_L}{2} v_2^2 \frac{\pi D^2}{4} = 1,95 N < G$$

Beschleunigung auf v_3, so dass $G = F_{w3}$ ist:

$$G = c_{w3} \frac{\rho_L}{2} v_3^2 \frac{\pi D^2}{4}$$

aus Diagramm: $c_{w3} = 0,1$

$$v_3 = 26,0 \ m/s$$

17.6

a)

$$\rho_K \frac{\pi D^3}{6} \frac{dv}{dt} = -c_w \frac{\rho_L}{2} v^2 \frac{\pi D^2}{4} - \rho_K \frac{\pi D^3}{6} g$$

Einführen der stationären Sinkgeschwindigkeit:

$$v_s^2 = \frac{4}{3} \frac{\rho_k D g}{\rho_L c_w}$$

$$-\frac{1}{g} \frac{dv}{1 + \left(\frac{v}{v_s}\right)^2} = dt = \frac{dz}{v}$$

$$H = -\frac{1}{g} \int_{v_0}^{0} \frac{v dv}{1 + \left(\frac{v}{v_s}\right)^2} = \frac{v_s^2}{2g} ln \left[1 + \left(\frac{v_0}{v_s}\right)^2\right]$$

b)

$$T_H = -\frac{1}{g} \int_{v_0}^{0} \frac{dv}{1 + \left(\frac{v}{v_s}\right)^2} = \frac{v_s}{g} arctan \frac{v_0}{v_s}$$

c)

$$\rho_K \frac{\pi D^3}{6} \frac{dv}{dt} = -c_w \frac{\rho_L}{2} v^2 \frac{\pi D^2}{4} + \rho_K \frac{\pi D^3}{6} g$$

$$\frac{1}{g} \frac{dv}{1 - \left(\frac{v}{v_S}\right)^2} = dt = \frac{dz}{v}$$

$$H = \frac{1}{g}\int_0^{V_B} \frac{vdv}{1-\left(\frac{v}{v_S}\right)^2} = -\frac{v_s^2}{2g} ln\left[1-\left(\frac{v_B}{v_S}\right)^2\right]$$

$$v_B = \frac{v_S}{\sqrt{1+\left(\frac{v_S}{v_0}\right)^2}}$$

d)

$$T_B = \frac{1}{g}\int_0^{v_B} \frac{dv}{1-\left(\frac{v}{v_S}\right)^2} = \frac{v_S}{2g} ln\frac{v_S+v_B}{v_S-v_B}$$

e)

	$c_w = 0,4$		$c_w = 0$
	Holzkugel	Metallkugel	
$H[m]$	$37,2$	$44,0$	45
$T_H[s]$	$2,64$	$2,96$	3
$v_B[m/s]$	$24,9$	$29,3$	30
$T_B[s]$	$2,81$	$2,98$	3

18 Mehrphasenströmung

18.1

a)

$$Re = \frac{\rho u d_p}{\eta} = \frac{1,25\ \dfrac{kg}{m^3}\ 70\ \dfrac{m}{s}\ 50\cdot 10^{-6}\ m}{1,79\cdot 10^{-5}\ \dfrac{kg}{ms}} = 244$$

$$c_D = \frac{2}{5} + \frac{24}{Re} + \frac{4}{\sqrt{Re}}$$

b)

Herleitung aus Umdruck:

$$z = \frac{k_2}{k_1}\left(t + \frac{e^{-k_1 t} - 1}{k_1}\right)$$

$$\text{mit}\ \ k_1 = 18\ \frac{\nu}{d_p^2}\ \frac{\delta}{1+\alpha\delta} = 105,23\ s^{-1}$$

$$\text{und}\ \ k_2 = g\ \frac{1-\delta}{1+\alpha\delta} = 9,795\ m/s^2$$

Es folgt mit

$$d_p = 50\ \mu m, \quad z_1 = 0,5\ m \quad \Longrightarrow \quad t_1 = 5,38\ s$$

t_1 wird entweder iterativ bestimmt oder unter der Annahme, dass das Exponentialglied sofort sehr klein ist. Damit ergibt sich der kritische Tellerabstand x_1 aus

$$x_1 = \frac{v_{p,x,0}}{k_1}\left(1 - e^{-k_1 t_1}\right)$$

$$\text{mit}\ \ v_{p,x,0} = 70\ m/s$$

$$\Longrightarrow\ x_1 = 0,67\ m$$

c)

Widerstandsbeiwert wird dadurch zu klein angenommen, Widerstand in Realität größer, daher Flugbahn in der Realität kürzer

d)

mit Tellerabstand $x_2 = 0,5\ m$ und

$$x_2 = \frac{v_{p,x,0}}{k_1}\left(1 - e^{-k_1 t_2}\right)$$

folgt

$$t_2 = -\frac{1}{k_1}\ln\left(1 - \frac{k_1 x_2}{v_{p,x,0}}\right) = 0,013\ s$$

$$\Longrightarrow\ z_2 = \frac{k_2}{k_1}\left(t_2 + \frac{e^{-k_1 t_2} - 1}{k_1}\right) = 5,67\cdot 10^{-4}\ m$$

Damit müßte Herr Schmitz fast 50 cm kleiner sein.

18.2

a)

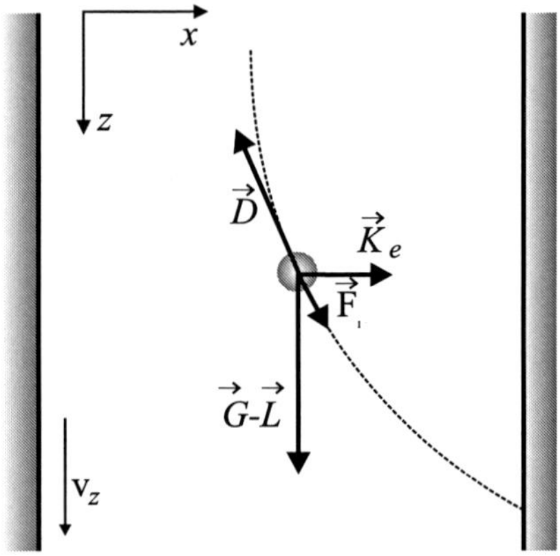

$$\vec{g_e} = \frac{\vec{F_e}}{m_p} = \frac{Q\,\vec{E}}{m_p} \quad \text{und} \quad \vec{E} = \frac{\vec{U}}{a}$$

b) Kräftegleichgewicht in x-Richtung:

$$\begin{aligned} F_{I,x} &= K_e - D_x \\ m_b \frac{dv_{p,x}}{dt} &= m_p g_e + 3\pi\nu\rho d_p (v_x - v_{p,x}) \\ v_{p,x} &= k_1 \left(1 - e^{-k_2 t}\right) \\ x &= k_1 \left(t - \frac{e^{-k_2 t} - 1}{k_2}\right) \end{aligned}$$

$$\text{mit} \quad k_1 = \frac{m_p g_e}{3\pi\nu\rho d_p} \quad \text{und} \quad k_2 = \frac{3\pi\nu\rho d_p}{m_b}$$

$$m_b = \frac{\pi}{6} d_p^3 (\rho_p + \alpha\rho) \text{ und } \; v_x = 0$$

Kräftegleichgewicht in z-Richtung:

$$\begin{aligned} F_{I,z} &= G - L - D_z \\ m_b \frac{dv_{p,z}}{dt} &= \rho_p \frac{\pi}{6} d_p^3 g - \rho \frac{\pi}{6} d_p^3 g + 3\pi\rho\nu d_p (v_z - v_{p,z}) \\ v_{p,z} &= (k_4 + v_z)\left(1 - e^{-k_3 t}\right) + v_{p,z,0} e^{-k_3 t} \\ z &= (k_4 + v_z)\left(t + \frac{e^{-k_3 t} - 1}{k_3}\right) + \frac{v_{p,z,0}}{k_3}\left(1 - e^{-k_3 t}\right) \end{aligned}$$

$$\text{mit} \quad k_3 = k_2 = \frac{3\pi\rho\nu d_p}{m_b} \quad \text{und} \quad k_4 = \frac{m_b g (1 - \delta)}{3\pi\rho\nu d_p}$$

c)

$$
\begin{aligned}
x &= \frac{a}{2} = k_1 \left(t + \frac{e^{-k_2 t} - 1}{k_2}\right) \\
&\text{mit} \quad k_1 = \frac{m_p g_e}{3\pi\nu\rho d_p} = 0.122 \ \frac{m}{s} \quad \text{und} \quad k_2 = \frac{3\pi\nu\rho d_p}{m_b} = 821.1 \ \frac{1}{s} \\
&\Rightarrow \quad t = 0.207 \ s \\
z &= (k_4 + v_z)\left(t + \frac{e^{-k_3 t} - 1}{k_3}\right) + \frac{v_{p,z,0}}{k_3}\left(1 - e^{-k_3 t}\right) \\
&\text{mit} \quad v_{p,z,0} = v_z \quad \text{und} \quad z = L \\
v_z &= \frac{L - k_4\left(t + \left(\frac{e^{-k_3 t} - 1}{k_3}\right)\right)}{t} \\
&= 0.988 \ m/s
\end{aligned}
$$

18.3

$$
\begin{aligned}
\vec{r} &= r\vec{e}_r \\
\dot{\vec{r}} &= \dot{r}\vec{e}_r + r\dot{\vec{e}}_r \\
&\text{es gilt} \\
&\vec{e}_r = \vec{e}_1 \cos\varphi + \vec{e}_2 \sin\varphi \\
&\vec{e}_\varphi = -\vec{e}_1 \sin\varphi + \vec{e}_2 \cos\varphi \\
\Rightarrow \dot{\vec{r}} &= \dot{r}\vec{e}_r + r\left(-\vec{e}_1 \sin\varphi\dot{\varphi} + \vec{e}_2 \cos\varphi\dot{\varphi}\right) \\
\dot{\vec{r}} &= \dot{r}\vec{e}_r + r\dot{\varphi}\vec{e}_\varphi \\
\ddot{\vec{r}} &= \ddot{r}\vec{e}_r + \dot{r}\dot{\vec{e}}_r + \dot{r}\dot{\varphi}\vec{e}_\varphi + r\ddot{\varphi}\vec{e}_\varphi + \dot{r}\varphi\dot{\vec{e}}_\varphi \\
&\text{mit} \quad \dot{\varphi} = \frac{v_\varphi}{r} \Rightarrow \ddot{\varphi} = \frac{\dot{v_\varphi} r - v_\varphi \dot{r}}{r^2} \\
\ddot{\vec{r}} &= \left(\ddot{r} - r\dot{\varphi}^2\right)\vec{e}_r + \left(2\dot{r}\dot{\varphi} + r\ddot{\varphi}\right)\vec{e}_\varphi
\end{aligned}
$$

damit folgt

$$
\begin{aligned}
F_{I,r} &= m_b\left(\ddot{r} - r\dot{\varphi}^2\right) = c_D \frac{\pi}{8}\rho d_p^2 ||\vec{v}_r|| v_{r,r} - m_p g \sin\varphi + m_p \delta g \sin\varphi \\
F_{I,\varphi} &= m_b\left(2\dot{r}\dot{\varphi} + r\ddot{\varphi}\right) = c_D \frac{\pi}{8}\rho d_p^2 ||\vec{v}_r|| v_{r,\varphi} - m_p g \cos\varphi + m_p \delta g \cos\varphi
\end{aligned}
$$

19 Kompressible Strömung

19.1

a)

$$M = \frac{v}{\sqrt{\gamma R T}} = 2,0$$

b)

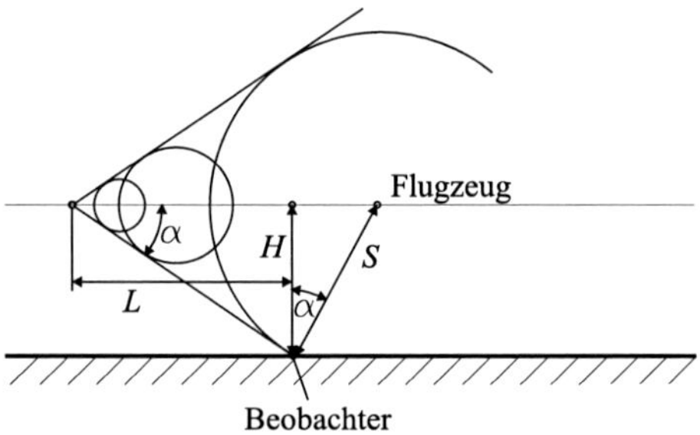

$$L = \frac{H}{\tan\alpha}$$

$$\alpha = \arcsin\left(\frac{1}{M}\right)$$

$$L = 1001\ m$$

c)

$$\Delta t = \frac{S}{c}$$

$$\cos\alpha = \frac{H}{S}$$

$$\Delta t = 1,96\ s \text{ vor Überfliegen}$$

19.2

$$\Delta t = \frac{b}{(v_B - v_A)\tan\alpha}$$

$$M_B = 2; \quad \alpha = 30^o$$

$$\Delta t = 1,73\ s$$

19.3

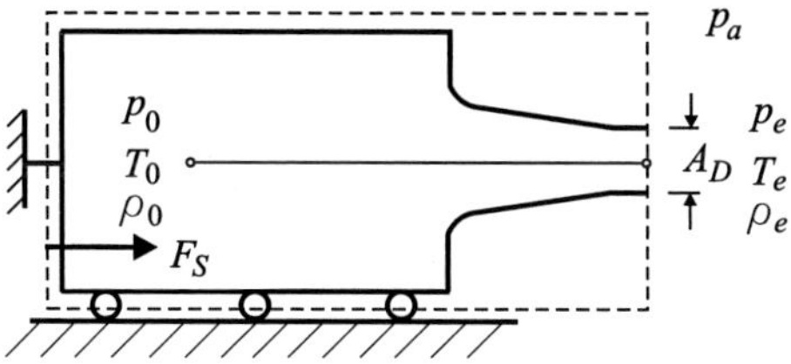

a)
Impulssatz:

$$\rho_e v_e^2 A_D = (p_a - p_e)A_D + F_s$$

Energiegleichung:

$$v_e^2 = 2c_p(T_0 - T_e)$$

$$c_p = \frac{\gamma R}{\gamma - 1}$$

$$\frac{F_s}{p_0 A_D} = \frac{2\gamma}{\gamma - 1}\frac{\rho}{\rho_0}\left(1 - \frac{T_e}{T_0}\right) - \frac{p_a}{p_0} + \frac{p_e}{p_0}$$

$$\frac{T}{T_0} = \left(\frac{\rho}{\rho_0}\right)^{\gamma-1} = \left(\frac{p}{p_0}\right)^{\frac{\gamma-1}{\gamma}}$$

$$\frac{F_s}{p_0 A_D} = \frac{2\gamma}{\gamma - 1}\left(\frac{p_e}{p_0}\right)^{\frac{1}{\gamma}} - \frac{\gamma+1}{\gamma-1}\frac{p_e}{p_0} - \frac{p_a}{p_0}$$

unterkritisch: $p_e = p_a$

überkritisch: $p_e = p^* = 0,528 \cdot p_0$

b)

Impulssatz:

$$F_s = \rho v_e^2 A_D$$

Bernoulli:

$$v_e^2 = \frac{2(p_0 - p_a)}{\rho}$$

$$\frac{F_s}{p_0 A_D} = 2\left(1 - \frac{p_a}{p_0}\right)$$

$\frac{p_a}{p_0}$	$\frac{F_s}{p_0 A_D}$	
	a) kompr.	b) inkompr.
1	0	0
0,6	0,66	0,8
0,2	1,07	1,6
0	1,27	2

19.4

Energiegleichung:

$$c_p T_1 + \frac{u_1^2}{2} = c_p T_2 + \frac{u_2^2}{2}$$

$$\frac{u_1}{u_2} = \frac{(\gamma+1)(M_1^2)}{2+(\gamma-1)M_1^2} \quad \text{(siehe Vorlesungsumdruck)}$$

$$c_p = \frac{\gamma R}{\gamma - 1}$$

$$T_2 - T_1 = \frac{(\gamma-1)(u_1^2 - u_2^2)}{2\gamma R} = 197,9\ K$$

19.5

$$\dot{m} = \rho_1 v_1 A = \sqrt{\frac{\gamma}{RT_1}} p_1 M_1 A$$

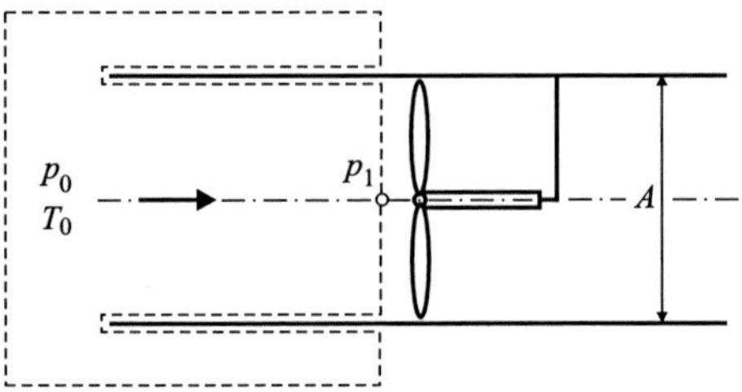

Impulssatz:

$$\rho_1 v_1^2 A = (p_0 - p_1) A$$

$$M_1 = \sqrt{\frac{1}{\gamma}\left(\frac{p_0}{p_1} - 1\right)}$$

Energiegleichung:

$$c_p T_0 = c_p T_1 + \frac{v_1^2}{2}$$

$$T_1 = \frac{T_0}{1 + \frac{\gamma-1}{2} M_1^2}$$

$$\dot{m} = 1,41\ kg/s$$

19.6

$$\begin{aligned}
\dot{m} = &\ \rho_1 u_1 A_1 = \frac{\rho_1}{\rho_0}\frac{p_0}{RT_0}\frac{u_1}{\sqrt{\gamma R T_1}}\sqrt{\gamma R T_0}\sqrt{\frac{T_1}{T_0}}A_1 \\
M_1 > &\ 1, \quad M_2 < 1; \quad p_2 = p_a \\
0 \rightarrow &\ 1 \text{ isentrope Strömung} \\
\frac{A^*}{A_1} = &\ \frac{1}{1,8} \quad \text{(aus Diagramm)} \quad \rightarrow \quad M_1 = 2, \\
p_1 = &\ \frac{p_2}{1 + \frac{2\gamma}{\gamma+1}(M_1^2 - 1)} = 2,22 \cdot 10^4 \ N/m^2 \\
T_1 = &\ \frac{T_0}{1 + \frac{\gamma-1}{2}M_1^2} \\
p_0 = &\ p_1\left(\frac{T_0}{T_1}\right)^{\frac{\gamma}{\gamma-1}} = p_1\left(1 + \frac{\gamma-1}{2}M_1^2\right)^{\frac{\gamma}{\gamma-1}} = 1,74 \cdot 10^5 \ N/m^2 \\
\dot{m} = &\ \left(\frac{1}{1 + \frac{\gamma-1}{2}M_1^2}\right)^{\frac{\gamma+1}{2(\gamma-1)}} M_1 \frac{p_0}{\sqrt{RT_0}}\sqrt{\gamma}A_1 = 4,43 \ kg/s
\end{aligned}$$

b)

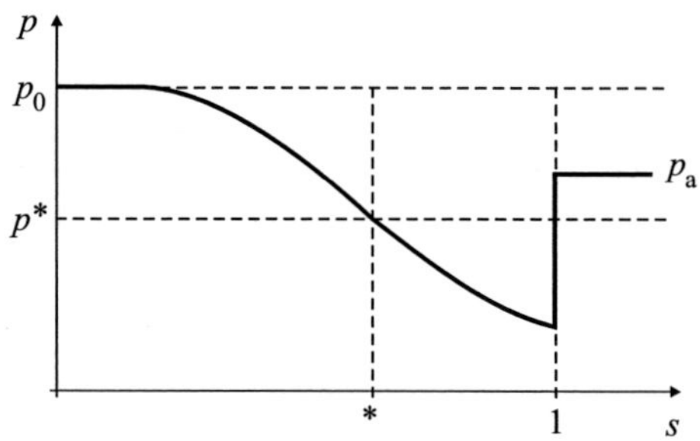

19.7

aus Hinweis: $$\frac{A_2^*}{A_1^*} = \frac{M_{E_2}}{M_{E_1}}\left(\frac{\frac{2}{\gamma+1}\left(1 + \frac{\gamma-1}{2}M_{E_1}^2\right)}{\frac{2}{\gamma+1}\left(1 + \frac{\gamma-1}{2}M_{E_2}^2\right)}\right)^{\frac{1}{2}\frac{\gamma+1}{\gamma-1}} \qquad *)$$

mit $M_{E_1} = 2$

Energiegleichung: $c_p T + \frac{u^2}{2} = c_p T_0$ mit $c_p = \frac{\gamma R}{\gamma - 1}$

$$\Longrightarrow \quad T + \frac{1}{2}\frac{u^2}{c^2}\frac{c^2}{c_p} = T_0 \quad \Longrightarrow \quad T + \frac{1}{2}M^2\frac{\gamma RT}{\gamma R}(\gamma - 1) = T_0$$

$$\Longrightarrow \quad T_0 = \left(1 - \frac{1}{2}M^2(\gamma - 1)\right)T \quad \Longrightarrow \quad T_0 = (1 + 0,2M^2)T \qquad **)$$

$$\Longrightarrow \quad \frac{T_0}{T_{E_1}} = (1 + 0,2M_{E_1}^2) = 1,8$$

$$\left.\begin{array}{lll} Boden & : & \dfrac{p_a}{p_0} = \left(\dfrac{T_{E_1}}{T_0}\right)^{\frac{\gamma}{\gamma-1}} \\ Höhe\ H & : & \dfrac{\frac{1}{4}p_a}{p_0} = \left(\dfrac{T_{E_2}}{T_0}\right)^{\frac{\gamma}{\gamma-1}} \end{array}\right\} \quad \frac{T_0^{\frac{\gamma}{\gamma-1}}}{p_0} = \frac{T_{E_1}^{\frac{\gamma}{\gamma-1}}}{p_a} = \frac{T_{E_2}^{\frac{\gamma}{\gamma-1}}}{\frac{1}{4}p_a}$$

$$\Longrightarrow \quad T_{E_2} = (\frac{1}{4})^{\frac{\gamma-1}{\gamma}} T_{E_1} = 0,673 \qquad T_{E_1} = \frac{0,673}{1,8}T_0 \quad \Longrightarrow \quad \frac{T_0}{T_{E_2}} = 2,67$$

mit $**)$ $M_{E_2} = \sqrt{5\left(\frac{T_0}{T_{E_2}} - 1\right)} = 2,89$

in $*)$ eingesetzt: $\frac{A_2^*}{A_1^*} = 0,44$

19.8

a)

$$M_2 = \frac{u_2}{c_2}. \quad h_0 = konst: \quad T_0 = T_{01} = T_{02}$$

Energiegleichung:

$$c_p T_0 = c_p T_2 + \frac{u_2^2}{2}$$

$$c_2 = \sqrt{\gamma R T_2}$$

$$c_p = \frac{\gamma}{\gamma - 1}R$$

$$M_2 = \sqrt{\frac{2}{\gamma - 1}\left(\frac{T_0}{T_2} - 1\right)}$$

$$\frac{T_0}{T_2} = \left(\frac{p_{02}}{p_2}\right)^{\frac{\gamma-1}{\gamma}} = 1,14$$

$$p_{02} = p_{01'} = \frac{p_{01'}}{p_0}p_0$$

$$M_2 < 1: \quad p_a = p_2$$

$$M_2 = 0,837$$

b)

$$u_2 = M_2\sqrt{\gamma R T_2} \quad T_2 = \frac{T_2}{T_0} \cdot T_0 = 263,12\ K$$
$$\Longrightarrow u_2 = 272,2\ m/s$$

c)

$$\rho_{02} = \frac{p_{02}}{RT_{02}} = 1,838\ kg/m^3$$

d)

$$\dot{m} = \rho_2 u_2 A_2 \qquad \rho_2 = \frac{p_2}{R \cdot T_2} = 1,324\ kg/m^3$$
$$A_2 = \frac{\dot{m}}{\rho_2 u_2} = 0,555\ m^2$$

19.9

a)

$$\frac{T_2}{T_1} = 1,2$$
$$\frac{T_2}{T_1} = f(M_1 \sin\sigma)$$

Diagramm oder Formel: $M_1 \sin\sigma = 1,31$

$$\sigma = \arctan\left(\frac{u_{n1}}{u_{t1}}\right) = 53,13^o$$
$$\Longrightarrow M_1 = 1,64$$
$$M_1 = \frac{\mid \vec{v}_1 \mid}{c_1} = \sqrt{\frac{u_{n1}^2 + u_{t1}^2}{\gamma R T_1}}$$
$$\Longrightarrow T_1 = \frac{u_{n1}^2 + u_{t1}^2}{\gamma R M_1^2} = 229\ K$$

b)

Impulssatz tangential zum Verdichtungsstoß + Konti:

$$u_{t2} = u_{t1} = 300\ m/s$$
$$\frac{u_{n1}}{u_{n2}} = f(M_1,\ \sin\sigma)$$

Diagramm oder Formel:

$$\frac{u_{n1}}{u_{n2}} = 1,55$$

$$\Longrightarrow u_{n2} = \frac{u_{n2}}{u_{n1}} u_{n1} = 2,58\ m/s$$

$$M_2 = \frac{\sqrt{u_{n2}^2 + u_{t2}^2}}{\sqrt{\gamma R \frac{T_2}{T_1} T_1}} = 1,2$$

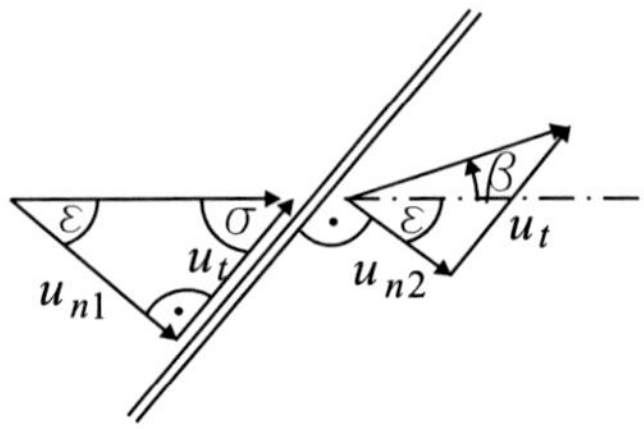

$$\tan(\beta + \varepsilon) = \frac{u_t}{u_{n2}}$$

$$\tan(\varepsilon) = \frac{u_t}{u_{n1}}$$

$$\Longrightarrow \beta = \arctan\frac{u_t}{u_{n2}} - \arctan\frac{u_t}{u_{n1}} = 12^o$$

oder β aus Diagramm $\beta = f(M_1,\ \sigma)$

c)

$$M_1 = konst = 1,64$$

$$M_2 = 1$$

aus Diagramm $\beta = f(M_1,\ \sigma)$:

$$\beta = 15^o; \qquad \sigma = 61^o$$

$$u_{n1} = M_1 \sin\sigma \sqrt{\gamma R T_1} = 440\ m/s$$

$$M_1 = \frac{\sqrt{u_{n1}^2 + u_{t1}^2}}{c_1}$$

$$\Longrightarrow u_{t1} = \sqrt{M_1^2 c_1^2 - u_{n1}^2} = 234\ m/s$$

19.10

$$\sigma = 40^o \quad M_1 = 2,2 \quad \Longrightarrow \quad M_1 \sin\sigma_{12} = 1,41$$

Formel oder Diagramm $\beta = f(M_1,\ \sigma):\quad \beta_{12} = 14^o$

$$M_2^2 \sin^2(\sigma_{12} - \beta_{12}) = \frac{(\gamma-1) M_1^2 \sin^2\sigma_{12} + 2}{2\gamma M_1^2 \sin^2\sigma_{12} - (\gamma - 1)} \Longrightarrow M_2 = 1,65$$

Formel oder Diagramm $\frac{p_1}{p_2} = f(M_1, \sigma_{12}) \implies \frac{p_2}{p_1} = 2,17$

$$\frac{T_2}{T_1} = f(M_1,\ \sigma_{12}) \implies \frac{T_2}{T_1} = 1,26$$

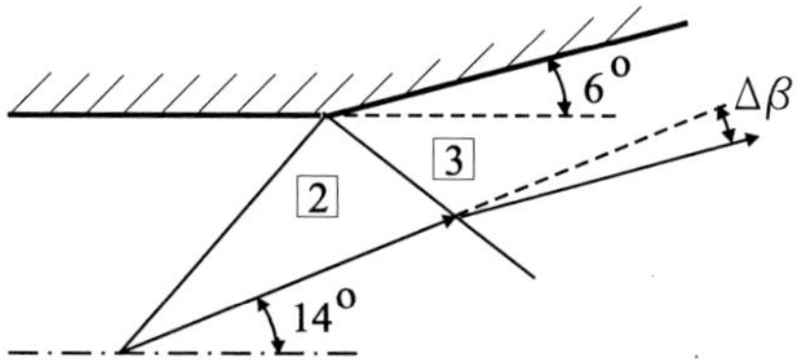

$$\Delta\beta = 14^o - 6^o = 8^o = \beta_{23}$$

$$M_2 = 1,65$$

aus Diagramm $\sigma = f(\beta_{23},\ M_2)$, schwacher Stoß:

$$\sigma_{23} = 46^o$$

über Formel $M_3 = f(M_2,\ \sigma_{23},\ \beta_{23})$:

$$M_3 = 1,37$$

aus Diagramm $\frac{p_3}{p_2} = f(M_2,\ \sigma_{23}) \implies \frac{p_3}{p_2} = 1,53$

$$\frac{T_3}{T_2} = f(M_2,\ \sigma_{23}) \implies \frac{T_3}{T_2} = 1,13$$

19.11

Durch Ansaugen steigt der Druck $p_k(t)$ im Kessel. Strömung in der Meßstrecke ist solange ungestört, bis ein Verdichtungsstoß im Endquerschnitt A_E der Meßstrecke entsteht.

$M_E = 2,3$

$$\frac{p_0}{p_{E\,Ausl}} = \left(1 + \frac{\gamma - 1}{2} M_E^2\right)^{\frac{\gamma}{\gamma-1}} = 12,5$$

mit $p_0 = 1$ bar, folgt $p_{E\,Ausl} = 0,08$ bar $= p_k(t = 0)$

Bestimmung des Kesseldrucks $p_k(\Delta t)$ am Ende der Meßzeit:

Beziehung über senkrechten Verdichtungsstoß:

$$\frac{p_k(\Delta t)}{p_{E\,Ausl}} = 1 + \frac{2\gamma}{\gamma+1}(M_E^2 - 1) = 6,0$$

$$\Longrightarrow p_k(\Delta t) = 0,48\ bar$$

$$\dot{m} = \rho^* A^* c^* = \frac{\rho^*}{\rho_0}\rho_0 A^* \sqrt{\gamma R \frac{T^*}{T_0}}\sqrt{T_0}$$

$$= \left(\frac{2}{\gamma+1}\right)^{\frac{1}{\gamma-1}} \frac{p_0}{RT_0} A^* \sqrt{\gamma R \frac{T^*}{T_0}}\sqrt{T_0}$$

$$A^* = A_H$$

$$\Longrightarrow \dot{m} = 24,2\ kg/s$$

$$p_k(t=0) = \rho_k(t=0) RT_K$$

$$p_k(\Delta t) = \rho_k(\Delta t) RT_K$$

$$\Delta m = \dot{m}\Delta t = V_k\ [\rho(\Delta t) - \rho(t=0)]$$

$$\Longrightarrow \Delta t = \frac{V_k}{\dot{m}}\ \frac{1}{RT_K}\ [p_k(\Delta t) - p_k(t=0)\ ] = 20,6\ s$$

b)

$$\frac{p_k}{p_{E\,Ausl}} = 2$$

aus Diagramm $\dfrac{p_k}{p_{E\,Ausl}} = f(M_E \sin\sigma)$:

$M_E \sin\sigma = 1,36$ mit $M_E = 2,3$ folgt $\sigma = 36,2^o$

β aus Diagramm $\beta = f(M,\ \sigma):\quad \beta = 12^o$

aus Diagramm $\dfrac{p_{01}}{p_{02}} = f(M_E \cdot \sin\sigma):\quad \dfrac{p_{01}}{p_{02}} = 1,03$

$$\frac{T_2}{T_1} = 1,22$$

mit $p_{01} = 1$ bar folgt $p_{02} = 0,97$ bar

$$T_1 = \frac{T_1}{T_0}\,T_0 = \frac{1}{1 + \frac{\gamma-1}{2}M_E^2}\,T_0 = 136\ K$$

$$\Longrightarrow \quad T_2 = 166\ K$$

$$M_2^2 \sin^2(\sigma - \beta) = \frac{(\gamma - 1)M_1^2 \sin^2 \sigma + 2}{2\gamma M_1^2 \sin^2 \sigma - (\gamma - 1)}$$

$$\Longrightarrow \quad M_2 = 1,83$$

$$\frac{T_{02}}{T_2} = 1 + \frac{\gamma - 1}{2}\, M_2^2 \quad \Longrightarrow \quad T_{02} = 277,2\ K$$

$$V_2 = c_2\ M_2 = \sqrt{\gamma R T_2}\ M_2 = 473\ m/s$$

c)

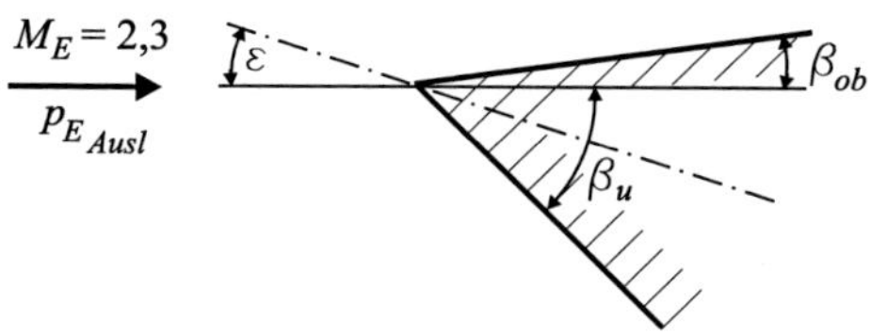

$$\beta_{ab} = \beta_k - \varepsilon = 20^o - \varepsilon$$

$$\beta_u = \beta_k + \varepsilon = 20^o + \varepsilon$$

$$\beta_k + \varepsilon \leq \beta_{max}(M_E = 2,3) = 27,5^o \Longrightarrow \varepsilon \leq 7,5^o$$

$$\beta_{ob} = 12,5^o \qquad M_E = 2,3$$

aus Diagramm $\sigma = f(\beta,\ M):\quad \sigma_{ob} = 37^o$

$$\Longrightarrow \quad M_E \sin\sigma_{ob} = 1,384$$

$$\beta_u = 27,5^o, \quad M_E = 2,3$$

aus Diagramm $\sigma = f(\beta,\ M):\quad \sigma_u = 62^o$

$$\Longrightarrow \quad M_E \sin\sigma_u = 2,03$$

$$p_u - p_{ob} = \left(\frac{p_u}{p_{E\,Ausl}} - \frac{p_{ob}}{p_{E\,Ausl}}\right) p_{E\,Ausl}$$

$\dfrac{p_u}{p_{E\,Ausl}}$ und $\dfrac{p_{ob}}{p_{E\,Ausl}}$ aus Diagramm $\dfrac{p_2}{p_1} = f(M_1 \sin\sigma)$:

$$\Longrightarrow p_u - p_{ob} = 0,22\ bar$$

über $M_2^2 \sin^2(\sigma - \beta) = \dfrac{(\gamma-1)M_1^2 \sin^2\sigma + 2}{2\gamma M_1^2 \sin^2\sigma - (\gamma - 1)}$ erhält man $M_{ob} = 1{,}85$ und $M_u = 0{,}94$

19.12

a)

$M_\infty = 3; \quad \beta_1 = 15^o \quad \rightarrow \quad$ Diagramm $\sigma_1 = f(\beta_1,\ M_\infty)$: $\quad \sigma_1 = 33^o$

mit $M_1^2 \sin^2(\sigma_1 - \beta_1) \ = \ \dfrac{(\gamma-1)M_\infty^2 \sin^2\sigma_1 + 2}{2\gamma M_\infty^2 \sin^2\sigma_1 - (\gamma - 1)}$ folgt $\quad M_1 = 2{,}2$

$\beta_{12} = \beta_1 - \beta_2 = 5^o \quad \rightarrow \quad$ Diagramm $\sigma_2 = f(\beta_{12},\ M_1)$ folgt $\quad \sigma_2 = 31^o$

über $M_2 = f(\beta_{12},\ \sigma_2,\ M_1)$ folgt $M_2 = 2{,}02$

b)

$$c^* = \sqrt{\gamma R \frac{T^*}{T_0}\frac{T_0}{T_\infty} T_\infty} = 503{,}2\ m/s$$

$$\frac{u_n}{c^*} = 1{,}29$$

$$M_2^* = \sqrt{\frac{\gamma+1}{(\gamma-1) + \dfrac{2}{M_2^2}}} = 1{,}64$$

$$M_2 \sin\sigma_3 = \frac{u_n}{c}$$

$$\Longrightarrow \quad M_2^* \sin\sigma_3 = \frac{u_n}{c^*}$$

$\Longrightarrow \quad \sigma_3 = 52^o \quad \rightarrow \quad$ Diagramm $\quad \beta = f(\sigma_3,\ M_2): \quad \beta = 20^o$

$$\beta_3 = \beta - \beta_2 = 10^o$$

über $M_3 = f(\beta, \sigma_3, M_2)$ $\quad$ folgt $\quad M_3 = 1{,}27$

$M_\infty \sin\sigma_1 = 1{,}63 \Longrightarrow$ Diagramm $\dfrac{p_1}{p_\infty} = f(M_\infty \sin\sigma_1) : \dfrac{p_1}{p_\infty} = 2{,}9$

$M_1 \sin\sigma_2 = 1{,}13 \Longrightarrow$ Diagramm $\dfrac{p_2}{p_1} = f(M_1 \sin\sigma_2) : \dfrac{p_2}{p_1} = 1{,}4$

$M_2 \sin\sigma_3 = 1{,}59 \Longrightarrow$ Diagramm $\dfrac{p_3}{p_2} = f(M_2 \sin\sigma_3) : \dfrac{p_3}{p_2} = 2{,}7$

$$p_3 = \frac{p_3}{p_2} \cdot \frac{p_2}{p_1} \cdot \frac{p_1}{p_\infty} \cdot p_\infty = 10{,}96\ bar$$

19.13

a)

$$M_1 = 1,6$$

$$\frac{p_1}{p_{01}} = \left(1 + \frac{\gamma - 1}{2} M_1^2\right)^{-\frac{\gamma}{\gamma-1}} = 0,235$$

$$p_2 = p_1$$

$$\frac{p_2}{p_{02}} = \frac{p_{01}}{p_{02}} \frac{p_1}{p_{01}} = 0,282$$

$$\frac{p_2}{p_{02}} = \left(1 + \frac{\gamma - 1}{2} M_2^2\right)^{-\frac{\gamma}{\gamma-1}}$$

$$\Longrightarrow \quad M_2 = 1,48$$

b)

$$\frac{|\vec{V_2}|}{|\vec{V_1}|} = \frac{M_2 \cdot c_2}{M_1 \cdot c_1} = \frac{M_2}{M_1}\sqrt{\frac{T_2}{T_1}} = \frac{M_2}{M_1}\sqrt{\frac{T_2}{T_{02}}\frac{T_{02}}{T_{01}}\frac{T_{01}}{T_1}}$$

$$T_{01} = T_{02}$$

$$\frac{T_2}{T_{02}} = \left(1 + \frac{\gamma - 1}{2} M_2^2\right)^{-1} = 0,69$$

$$\text{analog} \quad \frac{T_1}{T_{01}} = 0,66$$

$$\Longrightarrow \frac{|\vec{V_2}|}{|\vec{V_1}|} = 0,95$$

$$\frac{\rho_2}{\rho_1} = \frac{p_2/(RT_2)}{p_1/(RT_1)} = \frac{T_1}{T_2} = 0,96$$